21世纪全国高职高专土建立体化系列规划教材

建筑装饰工程计量与计价

主　编　李茂英　　何宗花　　陈淳慧
副主编　曾庆军　　杨也容　　何韵仪
　　　　全　玥

内 容 简 介

本书是高等职业教育工程造价专业核心教材之一，是根据高职高专教育培养高技能应用型人才的要求，按项目教学的方法组织教材内容——即按建筑工程项目施工过程这条主线来展开工程量计算和计价的。本书主要包括计量与计价基础知识，建筑面积计算规范，土(石)方工程工程量计算，桩及基础工程工程量计算，砌筑工程工程量计算，混凝土工程工程量计算，钢筋工程量计算，金属结构工程工程量计算，屋面及防水工程工程量计算，防腐、隔热、保温工程工程量计算，楼地面工程工程量计算，墙、柱面装修工程工程量计算，天棚工程工程量计算，门窗工程工程量计算，油漆、涂料、裱糊工程工程量计算，其他工程工程量计算，模板工程工程量计算，脚手架工程量计算共18章。各章节根据书后所附的真实工程案例图纸，围绕该章知识点详细地进行案例讲解，做到理论联系实际，帮助学生加深对该章知识的理解，从而获得该章所具备的计量与计价能力。同时各章节最后都配有综合案例和针对性习题，可进一步加强学生的实操性锻炼。

本书力求做到简明、易学、实用，强化实际应用能力的培养。

本书可作为高职高专院校工程造价专业、建筑工程管理专业、房地产经营与估价专业、建筑经济管理专业、建筑工程技术专业及工程监理等专业的教材，也可作为土建类工程技术人员继续教育和造价员岗位的培训教材，还可作为造价管理人员和相关专业工程技术人员的参考书。

图书在版编目(CIP)数据

建筑装饰工程计量与计价/李茂英，何宗花，陈淳慧主编. —北京：北京大学出版社，2012.2
(21世纪全国高职高专土建立体化系列规划教材)
ISBN 978-7-301-20055-1

Ⅰ. ①建… Ⅱ. ①李…②何…③陈… Ⅲ. ①建筑装饰—工程造价—高等职业教育—教材
Ⅳ. ①TU723.3

中国版本图书馆CIP数据核字(2012)第006900号

书　　　名：	建筑装饰工程计量与计价
著作责任者：	李茂英　何宗花　陈淳慧　主编
策 划 编 辑：	吴　迪
责 任 编 辑：	伍大维
标 准 书 号：	ISBN 978-7-301-20055-1/TU·0220
出　版　者：	北京大学出版社
地　　　址：	北京市海淀区成府路205号　100871
网　　　址：	http://www.pup.cn　http://www.pup6.cn
电　　　话：	邮购部 62752015　发行部 62750672　编辑部 62750667
电 子 邮 箱：	pup_6@163.com
印　刷　者：	北京鑫海金澳胶印有限公司
发　行　者：	北京大学出版社
经　销　者：	新华书店
	787毫米×1092毫米　16开本　22.25印张　554千字
	2012年2月第1版　2018年8月第6次印刷
定　　　价：	42.00元

未经许可，不得以任何方式复制或抄袭本书之部分或全部内容。
版权所有，侵权必究　　举报电话：010-62752024
　　　　　　　　　　　电子邮箱：fd@pup.pku.edu.cn

前　言

本书根据国家新颁布的《建设工程工程量清单计价规范》(GB 50500—2008)和广东省新颁发的《广东省建筑与装饰工程综合定额》(2010)所规定的计价规则和计量办法，结合高职高专培养高技能应用型人才的特点，按项目教学的方法来组织教材的内容。全书围绕一个建设项目(一个三层框架结构的综合楼)，按定额章节编排的顺序来详细介绍两种计价模式下各分项工程量的计算方法、计算内容和计算注意事项，然后再用案例进行实际综合练习。本书各章节主题鲜明，实用性较强，突出了高职教材强化实际应用能力培养的特点。

本书可作为高职高专工程造价专业、建筑工程技术专业、建筑工程管理及相关专业的教材，也可作为普通本科、专科、电大及工程造价员岗位的培训教材，还可作为相关专业工程技术人员和造价管理人员的参考书。

本书具体编写分工如下：广东交通职业技术学院的李茂英编写了前言、第1章、第3章、第6章、第7章，并提供本书所附综合楼案例图纸等内容；广州工程职业技术学院的陈淳慧编写了第5章、第8章、第12章、第14章；广东水电职业技术学院的何宗花编写了第10章、第17章、第18章；广东交通职业技术学院的曾庆军编写了第4章、第16章；广州城建职业技术学院的杨也容编写了第9章、第11章；广州市建筑工程职业学校的何韵仪、全玥分别编写了第2章、第13章、第15章。全书由李茂英统稿。其中，李茂英、何宗花、陈淳慧任主编，曾庆军、杨也容、何韵仪、全玥任副主编。

本书参考了一些文献资料，在此谨向其作者和编委表示衷心感谢！

由于编写时间紧迫，编者水平有限，书中难免存在不足和疏漏之处，恳请广大读者、同行批评指正。

编　者
2011年10月

目 录

第1章 计价与计量基础知识 ……… 1
  1.1 工程计价 …………………………… 2
    1.1.1 工程造价的含义 ………… 2
    1.1.2 建设工程项目的划分与
建设工程造价的组合 …… 2
    1.1.3 建筑装饰工程计价依据 … 3
  1.2 工程量计算基本规定 ……………… 3
    1.2.1 计量单位规定 …………… 3
    1.2.2 工程量计算顺序 ………… 4
    1.2.3 工程量计算注意事项 …… 4
  1.3 工程量清单计价 …………………… 4
    1.3.1 工程量清单计价方法 …… 4
    1.3.2 工程量清单的组成 ……… 5
    1.3.3 工程量清单的格式 ……… 5
    1.3.4 工程量清单的编制 ……… 5
    1.3.5 工程量清单计价费用组成及
计价程序 ………………… 7
  1.4 定额计价 …………………………… 8
    1.4.1 建筑工程定额 …………… 8
    1.4.2 定额计价费用组成及
计价程序 ………………… 10
    1.4.3 定额计价表格 …………… 12
  本章小结 …………………………………… 12
  本章习题 …………………………………… 12

第2章 建筑面积计算规范 ……………… 13
  2.1 建筑面积及其相关概念 …………… 14
  2.2 计算建筑面积的规定与
计算方法 …………………………… 14
  2.3 不计算建筑面积的范围 …………… 22
  2.4 综合案例 …………………………… 22
  本章小结 …………………………………… 23
  本章习题 …………………………………… 23

第3章 土(石)方工程工程量计算 …… 26
  3.1 土(石)方工程量计算准备 ………… 27
  3.2 定额计价方式下土(石)方工程量
的计算 ……………………………… 28
  3.3 清单计价方式下土(石)方工程量
的计算 ……………………………… 34
  3.4 石方工程量的计算 ………………… 38
  3.5 土方综合案例 ……………………… 38
  本章小结 …………………………………… 42
  本章习题 …………………………………… 42

第4章 桩及基础工程工程量计算 …… 44
  4.1 桩基础知识 ………………………… 45
  4.2 混凝土预制桩 ……………………… 47
  4.3 沉管灌注桩 ………………………… 53
  4.4 钻(冲)孔灌注桩 …………………… 55
  4.5 人工挖孔桩 ………………………… 59
  4.6 钢板桩 ……………………………… 61
  4.7 钢管桩 ……………………………… 62
  4.8 其他桩 ……………………………… 63
  本章小结 …………………………………… 63
  本章习题 …………………………………… 63

第5章 砌筑工程工程量计算 ………… 65
  5.1 砌筑工程工程量计算准备 ………… 66
  5.2 砖基础工程量计算 ………………… 69
  5.3 实心砖墙、空心砖墙、砌块墙、
石墙工程量计算 …………………… 71
  5.4 零星砌体工程量计算 ……………… 80
  5.5 砖散水工程量计算 ………………… 82
  5.6 地沟、明沟工程量计算 …………… 83
  本章小结 …………………………………… 87
  本章习题 …………………………………… 87

第6章 混凝土工程工程量计算 ……… 89
  6.1 定额计价方式下现浇混凝土工程量
计算 ………………………………… 90
    6.1.1 现浇混凝土基础定额工程量
的计算 …………………… 90

6.1.2 混凝土柱定额工程量的
　　　　　　计算 …………………… 92
　　　6.1.3 混凝土梁定额工程量的
　　　　　　计算 …………………… 94
　　　6.1.4 混凝土板定额工程量的
　　　　　　计算 …………………… 95
　　　6.1.5 混凝土墙定额工程量的
　　　　　　计算 …………………… 96
　　　6.1.6 混凝土楼梯定额工程量的
　　　　　　计算 …………………… 97
　　　6.1.7 混凝土其他构件定额工程量
　　　　　　的计算 ………………… 98
　　6.2 清单计价方式下现浇混凝土工程量
　　　　计算 …………………………… 98
　　6.3 后浇带 ………………………… 103
　　6.4 预制混凝土工程量计算 ……… 103
　　本章小结 …………………………… 107
　　本章习题 …………………………… 107

第7章 钢筋工程量计算 ………… 109
　　7.1 钢筋的基础知识 ……………… 110
　　　7.1.1 钢筋类别、级别及表示
　　　　　　方法 …………………… 110
　　　7.1.2 钢筋工程量计算方法及
　　　　　　保护层、锚固长度、
　　　　　　弯钩及搭接长度取值 …… 110
　　　7.1.3 箍筋工程量计算 ……… 114
　　　7.1.4 钢筋工程量计算步骤 … 116
　　7.2 混凝土基础钢筋 ……………… 116
　　7.3 混凝土柱钢筋 ………………… 117
　　7.4 混凝土梁钢筋 ………………… 121
　　7.5 混凝土板钢筋 ………………… 125
　　7.6 混凝土楼梯钢筋 ……………… 127
　　7.7 预应力钢筋、钢丝束、钢绞线及
　　　　其他 …………………………… 128
　　本章小结 …………………………… 129
　　本章习题 …………………………… 130

第8章 金属结构工程工程量计算 … 131
　　8.1 定额计价下金属结构工程的工程量
　　　　计算 …………………………… 132

　　8.2 工程量清单计价下金属结构工程
　　　　的工程量计算 ………………… 136
　　本章小结 …………………………… 141
　　本章习题 …………………………… 141

第9章 屋面及防水工程工程量
　　　　计算 ……………………… 143
　　9.1 工程量计算准备 ……………… 144
　　9.2 定额计价方式下屋面及防水
　　　　工程量计算 …………………… 146
　　9.3 清单计价方式下屋面及防水
　　　　工程量计算 …………………… 150
　　9.4 楼地面综合案例分析 ………… 154
　　本章小结 …………………………… 159
　　本章习题 …………………………… 160

第10章 防腐、隔热、保温工程工程量
　　　　　计算 …………………………… 161
　　10.1 防腐工程 …………………… 162
　　　10.1.1 整体面层防腐 ……… 162
　　　10.1.2 聚氯乙烯板面层 …… 164
　　　10.1.3 块料防腐面层 ……… 165
　　　10.1.4 隔离层 ……………… 166
　　　10.1.5 砌筑沥青浸渍砖 …… 167
　　　10.1.6 耐酸防腐涂料 ……… 168
　　10.2 保温隔热工程 ……………… 168
　　本章小结 …………………………… 175
　　本章习题 …………………………… 176

第11章 楼地面工程工程量计算 …… 177
　　11.1 工程量计算准备(基础知识) … 178
　　11.2 定额计价方式下楼地面工程量
　　　　 计算 ………………………… 181
　　11.3 清单计价方式下楼地面工程量
　　　　 计算 ………………………… 189
　　11.4 楼地面综合案例分析 ……… 193
　　本章小结 …………………………… 201
　　本章习题 …………………………… 201

第12章 墙、柱面装修工程工程量
　　　　　计算 ……………………… 203
　　12.1 墙、柱面抹灰 ……………… 204

12.1.1 定额计价方式下墙、柱面抹灰工程工程量计算 … 205
12.1.2 清单计价方式下墙、柱面抹灰工程工程量计算 … 207
12.2 墙、柱面镶贴块料 …………… 208
12.2.1 定额计价方式下墙、柱面镶贴块料工程量计算 … 208
12.2.2 清单计价方式下墙、柱面镶贴块料工程量计算 … 209
12.3 木装饰工程 …………………… 210
12.3.1 木装饰的构造 ……………… 210
12.3.2 定额计价方式下墙、柱面饰面板工程量计算 … 211
12.3.3 清单计价方式下墙、柱面饰面板工程量计算 … 212
12.4 隔墙与隔断 …………………… 212
12.4.1 定额计价方式下隔墙与隔断工程量计算 ………… 213
12.4.2 清单计价方式下隔断工程量计算 ………………… 213
12.5 幕墙 …………………………… 214
12.5.1 定额计价方式下幕墙工程量计算 ………………… 214
12.5.2 清单计价方式下幕墙工程量计算 ………………… 215
12.6 综合案例 ……………………… 215
本章小结 …………………………… 218
本章习题 …………………………… 218

第13章 天棚工程工程量计算 ……… 221

13.1 天棚抹灰 ……………………… 222
13.2 天棚吊顶 ……………………… 225
13.3 灯带、送风口、回风口 ……… 231
13.4 天棚综合案例 ………………… 232
本章小结 …………………………… 235
本章习题 …………………………… 235

第14章 门窗工程工程量计算 ……… 237

14.1 门窗的分类 …………………… 238
14.2 木门窗 ………………………… 240

14.2.1 定额计价下木门窗工程量计算 …………………… 240
14.2.2 清单计价方式下木门窗工程量计算 ……………… 241
14.3 门窗装饰 ……………………… 244
14.4 厂库房大门、特种门 ………… 245
14.5 金属门窗 ……………………… 246
14.6 金属卷帘门、其他门 ………… 250
本章小结 …………………………… 251
本章习题 …………………………… 251

第15章 油漆、涂料、裱糊工程工程量计算 …………………… 253

15.1 门窗油漆 ……………………… 254
15.2 木扶手及其他板条线条油漆 … 257
15.3 木材面油漆 …………………… 258
15.4 金属面油漆 …………………… 261
15.5 抹灰面油漆 …………………… 262
15.6 刷喷涂料 ……………………… 265
15.7 花饰、线条刷涂料 …………… 265
15.8 墙纸裱糊、织锦缎裱糊 ……… 267
本章小结 …………………………… 267
本章习题 …………………………… 268

第16章 其他工程工程量计算 ……… 269

16.1 柜台类、货架、试衣间 ……… 270
16.2 浴厕配件 ……………………… 271
16.3 压条、装饰线 ………………… 273
16.4 雨篷、旗杆 …………………… 276
16.5 广告牌、灯箱、美术字 ……… 276
16.6 开(钻)孔、封洞、石材磨边及开槽、拆除工程 ……………… 278
本章小结 …………………………… 282
本章习题 …………………………… 282

第17章 模板工程工程量计算 ……… 283

17.1 现浇混凝土模板 ……………… 284
17.2 现浇构筑物混凝土模板 ……… 288
17.3 预制混凝土模板 ……………… 289
17.4 混凝土模板工程综合案例 …… 289

본章小结 ············ 295

本章习题 ············ 295

第18章 脚手架工程量计算 ············ 297

18.1 综合脚手架 ············ 298

18.2 单排脚手架 ············ 300

18.3 里脚手架 ············ 302

18.4 满堂脚手架 ············ 303

18.5 安全挡板 ············ 303

18.6 其他脚手架工程量的计算 ············ 304

18.7 脚手架工程量计算综合案例 ············ 304

本章小结 ············ 310

本章习题 ············ 310

部分习题参考答案 ············ 312

参考文献 ············ 321

第1章 计价与计量基础知识

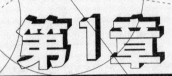

> **教学目标**

要求学生熟悉我国在 2008 年颁发的《建设工程工程量清单计价规范》(GB 50500—2008),掌握广东省建筑装饰工程计价依据、广东省工程量清单计价费用组成、广东省定额计价费用组成和工程量计算依据、计算顺序及注意事项。

> **教学要求**

知识要点	能力要求	相关知识
定额计价费用	(1) 分部分项工程费计算 (2) 措施项目费计算 (3) 其他项目费计算 (4) 规费及税金计算 (5) 价差计算	(1) 分部分项工程费 (2) 措施项目费构成 (3) 其他项目费构成 (4) 规费及税金 (5) 价差
清单计价费用	(1) 编制分部分项工程量清单 (2) 编制措施项目清单 (3) 编制其他项目费清单 (4) 编制规费及税金项目清单	(1) 项目编码、名称、特征描述及计量单位和工程内容、计算规则 (2) 措施项目清单构成 (3) 其他项目费清单构成 (4) 规费及税金项目清单构成
工程量计算依据及注意事项	(1) 能快速找出工程计量依据,熟悉工程量计算注意事项	(1)《建设工程工程量清单计价规范》(GB 50500—2008) (2)《广东省建筑装饰综合定额》

引言

平时，人们强调在招标时一定要在招标文件中写明投标书到底采用哪种计价方式来投标，这里的计价方式主要就是清单计价方式和定额计价方式。这两种计价方式有什么不同？其费用组成具体有哪些？它们的计价依据和计价程序如何？

1.1 工程计价

1.1.1 工程造价的含义

工程造价有两种含义。

第1种含义：

工程造价是指建设一项工程预期开支或实际开支的全部固定资产投资费用。

这一含义是从投资者——业主的角度来定义的。从这个意义上说，工程造价就是工程投资费用，建设项目工程造价就是建设项目的固定资产投资。

第2种含义：

工程造价是指工程价格，即为建成一项工程，在市场交易活动中所形成的建筑安装工程的价格和建设工程总价格。它是在建筑市场通过投标，由需求主体（投资者）和供给主体（建筑商）共同认可的价格。

工程造价的确定方法有两大类：

(1) 定额计价法（施工图预算法）。

(2) 工程量清单计价方法。

工程量清单计价方法是在建设工程招投标中，招标人按照国家统一的工程量计算规则编制工程量清单，由投标人依据工程量清单自主报价，并按照经评审低价中标的工程造价计价的方法。

1.1.2 建设工程项目的划分与建设工程造价的组合

1. 建设工程项目的划分

将建设工程项目划分为建设项目、单项工程、单位工程、分部工程、分项工程5个层次。

(1) 建设项目。一个具体的基本建设工程通常就是一个建设项目，它是由一个或几个单项工程组成的。

(2) 单项工程（又称工程项目）。单项工程是指在一个建设项目中具有独立的设计文件，竣工后可以独立发挥生产能力或效益的工程。在民用建筑中，一所学校里的一座教学楼、图书馆、食堂均为一个单项工程。

(3) 单位工程。单位工程是指在竣工后一般不能独立发挥生产能力或效益，但具有独立设计文件、可以独立组织施工的工程。一个生产车间（单项工程）的建造可分为厂房建造、电气照明、给排水、机械设备安装、电气设备安装等若干单位工程。

(4) 分部工程。分部工程是单位工程的组成部分，是单位工程的进一步细化。如房屋的土建工程，按其不同的工种、不同的结构和部位，可分为基础工程、砖石工程、混凝土及钢筋混凝土工程、木结构及木装修工程、金属结构制作及安装工程、混凝土及钢筋混凝土构件运输与安装工程、屋面工程等。

（5）分项工程。分项工程是分部工程的组成部分。按照不同的施工方法、不同的材料、不同的规格，可将一个分部工程分解为若干个分项工程。如砖石工程（分部工程），其中砖砌体又可按部位不同分为外墙、内墙等分项工程。

分项工程是建设项目划分的最小单位，分项工程是计算工、料及资金消耗的最基本的构成要素。

2．建设工程造价的组合

建设项目的划分是由总到分的过程，而建设工程造价的组合是由分到总的过程，其具体组合过程如下。

首先，确定各分项工程的造价，由若干分项工程的造价组合成分部工程的造价；其次，由若干分部工程的造价组合成单位工程的造价；再次，由若干单位工程的造价组合成单项工程的造价；最后，由若干单项工程的造价汇总成建设项目的总造价。

其中，分项工程的造价＝分项工程数量×分项工程单价。

1.1.3 建筑装饰工程计价依据

一般包括以下内容：

（1）《广东省建设工程计价通则》（2010）。
（2）《建设工程工程量清单计价规范》（GB 50500—2008）。
（3）《建筑工程建筑面积计算规范》（GB/T 50353—2005）。
（4）《建筑安装工程费用项目组成》（建标［2003］206号）。
（5）《广东省建筑与装饰工程综合定额》（2010）。
（6）设计图纸。
（7）我国现行的建设工程有关标准图集、施工验收规范、安全操作规程、质量评定标准和有关专业相关资料。
（8）其他有关资料。

1.2 工程量计算基本规定

1.2.1 计量单位规定

除另有规定外，计量单位一般采用以下单位：

（1）以重量计算——吨或千克（t 或 kg），一般保留3位小数。
（2）以体积计算——立方米（m^3），一般保留两位小数。
（3）以面积计算——平方米（m^2），一般保留两位小数。
（4）以长度计算——米（m），一般保留两位小数。
（5）以个（件或组）计算——个（件、组），一般取整数。
（6）没有数量——宗或项，一般取整数。
（7）使用本条以外的计量单位时，必须加以说明。

1.2.2 工程量计算顺序

（1）工程量的计算顺序主要有两种：一是按工程施工顺序，二是按清单项目顺序。

① 工程施工顺序：按照工程施工的先后顺序来计算。如一般民用建筑可按照土方、基础、主体框架(梁、柱、板)、墙体、地面、楼面、屋面、门窗工程、外墙抹灰、内墙装饰、油漆等的顺序来计算。（初学者可优先采用。）

② 清单项目顺序：按清单项目编码顺序分别计算每个项目工程量。

（2）分部分工程计算顺序。

① 顺时针方向计算法，就是先从图纸的左上角开始，自左到右，然后再由上到下，最后转回到左上角为止，依次进行计算工程量。

② 按"先横后竖，先上后下，先左后右"的顺序计算。

③ 图纸分项编号顺序计算法：按图纸上所标注的结构构件、配件编号的顺序计算工程量。

1.2.3 工程量计算注意事项

1. 口径一致

施工图列出的工程项目(工程项目所包括的内容及范围)必须与计量规则中规定的相应工程项目相一致。工程量计算除必须熟悉施工图纸外，还必须熟悉计量规则中每个工程项目所包括的内容和范围。

2. 必须按工程量计算规则规定计算

例如，1.5 砖墙的厚度，无论施工图中所标注的尺寸是 360mm 还是 370mm，都应以计算规则所规定的 365mm 进行计算。

3. 必须按图纸计算

在进行工程量计算时，应严格按照图纸标注的尺寸进行计算，不得任意加大或缩小，除非有施工组织设计等方案，同时不得漏项和重算。

4. 必须列式计算且要求计算准确

工程量计算的精确度将直接影响着工程造价，为了备查和准确，要求列式，注意构件所处的部位和轴线，并保留工程量计算书。

5. 力求分层分段计算

结合施工图纸尽量做到结构楼层、内装修按楼层分房间计算，外装修按立面分施工层计算，或按使用材料不同分别进行计算。

6. 必须自我复核

工程量计算完毕后，必须进行自我复查审核，检查其项目、算式、数据及小数点等有无错误及遗漏。

1.3 工程量清单计价

1.3.1 工程量清单计价方法

工程量清单计价方法是在建设工程招投标中，招标人按照《建设工程工程量清单计价规范》(GB 50500—2008)的工程量计算规则提供工程量，由投标人依据工程量清单自主报价，并按照经评审低价中标的工程造价计价方法。

1.3.2 工程量清单的组成

工程量清单作为招标文件的组成部分，是招标工程信息的载体。为了使投标人能对工程有全面充分的了解，工程量清单的内容应全面、准确。

根据国家标准《建设工程工程量清单计价规范》的规定，工程量清单主要包括以下几个部分：总说明、分部分项工程量清单、措施项目清单、其他项目清单、规费税金清单。

1.3.3 工程量清单的格式

工程量清单应采用统一格式，应由招标人填写。其核心内容主要包括清单说明和清单表两部分。

（1）工程量清单说明主要是招标人解释拟招标工程的清单编制依据以及重要作用等，提示投标申请人重视清单。

（2）工程量清单表格：工程量清单表格应参照《广东省建设工程计价通则》(2010)中的"18.3.1 工程量清单"的表格格式。

（3）对招标人来讲，工程量清单是进行投资控制的前提和基础，工程量清单表编制的质量直接影响到工程建设的最终结果。

1.3.4 工程量清单的编制

工程量清单是招标文件不可分割的一部分，体现了招标人要求投标人完成的工程项目及相应的工程数量，全面反映了投标报价要求，是编制标底和投标报价的依据，是签订合同、调整工程量和办理工程结算的基础。

工程量清单应由具有编制招标文件能力的招标人，或受其委托具有相应资质的中介机构进行编制。

1. 分部分项工程量清单的项目设置

工程量清单的项目设置规则是为了统一工程量清单的项目名称、项目编码、计量单位和工程量计算而制定的，是编制工程量清单的依据。

分部分项工程量清单名称的设置，应考虑3个因素：一是附录中的项目名称；二是附录中的项目特征；三是拟建项目的实际情况。编制工程量清单时，以附录中的项目名称为主体，考虑该项目的规格、型号、材质等特征要求，结合拟建工程的实际情况，使其工程量清单项目名称具体化、细化，能够反映影响工程造价的主要因素。

1）项目编码

项目编码是用五级编码进行设置的，用12位阿拉伯数字表示。一、二、三、四级编码统一，第五级编码由工程量清单编制人员区分具体工程的清单项目特征而分别编码。同一招标工程的项目编码不得重复。

第五级项目编码由工程量清单编制人员自行设置。

2) 项目名称

项目名称原则上以形成的工程实体命名。这里所指的工程实体，有些项目是可用适当的计量单位计算的简单完整的分部分项工程，有些项目是分部分项工程的组合。不论是上述的哪一种，项目名称的命名应规范、准确、通俗，以避免投标人报价的失误。

3) 项目特征

项目特征是在工程量清单栏目中描述的该项目的特征和包括的分项工程。为满足施工企业计价的需要，工程量清单还应按规定要求考虑项目规格、型号、材质等特征要求，结合拟建工程的实际情况，使工程量清单项目特征描述全面、准确，能够反映与工程造价的有关因素，避免投标人理解错误，而影响招标的公平性。

4) 计量单位

按清单规范规定的单位确定。

5) 工程量

工程量是严格按照国家清单计价规范计算规则计算出来的量，是投标单位投标报价的共同平台。

2. 措施项目清单的项目设置

措施项目是为完成工程项目施工，发生于工程施工前和施工过程中的技术、生活、安全等方面的非工程实体项目。

措施项目清单包括为完成分部实体工程而必须采用的一些措施性工作，如施工排水、模板、脚手架、垂直运输等内容。

如果有清单中未包括但实际建设过程中需要采用的措施，在投标报价时可自行补充，否则按无其他措施认定。

按《建设工程工程量清单计价规范》（GB 50500—2008）规定的建筑装饰措施项目一览表见表1-1。

表1-1 建筑装饰措施项目一览表

序号	项目名称
1	通用项目
1	安全文明施工费（含环境保护、文明施工、安全施工、临时设施）
2	夜间施工
3	二次搬运
4	冬雨季施工
5	大型机械设备进出场及安拆
6	施工排水
7	施工降水
8	地上、地下设施，建筑物的临时保护设施
9	已完工程及设备保护
2	建筑工程
1	混凝土、钢筋混凝土模板及支架
2	脚手架

(续)

序号	项目名称
3	垂直运输机械
3 装饰装修工程	
1	脚手架
2	垂直运输机械
3	室内空气污染测试

3. 其他项目清单的项目编制

其他项目清单应根据拟建工程的具体情况，如暂列金额、材料购置费、总承包服务费、计日工等来编制。

计日工应根据拟建工程的具体情况，详细列出人工、材料、机械的名称、计量单位和相应数量，并随工程量清单发至投标人。

与招标人有关的费用有暂列金额、甲供材料费、计日工等，这部分费用由招标人事先在招标文件中说明。

与投标人有关的费用有总承包服务费等，这部分费用由投标人竞争报价确定。

1.3.5 工程量清单计价费用组成及计价程序

工程量清单计价费用组成和计价程序见表1-2。

表1-2 工程量清单计价费用组成及计价程序表

序号	名称	计算方法
1	分部分项工程费	Σ（清单工程量×综合单价）
2	措施项目费	2.1+2.2
2.1	安全文明施工费	按照规定计算（包括利润）
2.2	其他措施项目费	按照规定计算（包括利润）
3	其他项目费	按照规定计算
4	规费	(1+2+3)×费率
5	税金	按税务部门规定计算
6	含税工程造价	1+2+3+4+5

1. 分部分项工程费

1）计算方法

投标报价时：分部分项工程费=Σ（清单工程量×综合单价）。

实际结算时：分部分项工程费=Σ（可以计量的实际完成工程量×综合单价）。

2）综合单价

综合单价是指完成一个规定计量单位的分部分项工程量清单项目或措施项目所需的人工费、材料费、机械费、企业管理费和利润，以及一定范围内的风险费用。

2. 措施项目费

措施项目费由两部分组成：安全文明施工费和其他措施项目费。而安全文明施工费用也由两部分组成，一是按量计算部分，二是按费率计算的部分。

（1）按量计算安全文明施工费：如综合脚手架、安全挡板等费用同分部分项工程费计算方法相同，即工程量×综合单价，预算时工程量采用清单标明的量，结算时按实际完成的可以计量的量计算，综合单价也是由此由六部分组成，也是用分部分项清单综合单价计算表格计算出这类措施项目的综合单价。

（2）按费率计算的安全文明施工费：其费用＝分部分项工程费合计×费率(3.18%)。

（3）其他措施项费：按《广东省建筑与装饰工程综合定额》(2010)规定计算。

3. 其他项目费用

其他项目费用包括暂列金额、材料购置费、总承包服务费、计日工等费用。

（1）与招标人有关的费用有暂列金额、甲供材料费、计日工等。这部分费用按招标人事先在招标文件中说明的规定计算。

（2）与投标人有关的费用有总承包服务费等，这部分费用由投标人竞争报价确定，也可按定额规定计算。

4. 规费和税金

其中，规费主要由四部分组成，具体见表1-3。其费用＝（分部分项工程费＋措施项目费＋其他项目费）×费率。费率采用工程所在地造价管理部门所规定的费率。

表1-3 规费和税金项目清单与计价表

工程名称： 标段： 第 页 共 页

序号	项目名称	计算基础	费率/%	金额/元
1	规费	分部＋措施项目费＋其他项目费		
1.1	工程排污费	分部＋措施项目费＋其他项目费		
1.2	施工噪声排污费	分部＋措施项目费＋其他项目费		
1.3	防洪工程维护费	分部＋措施项目费＋其他项目费		
1.4	危险作业意外伤害保险	分部＋措施项目费＋其他项目费		
2	税金	分部＋措施项目费＋其他项目费＋规费		

1.4 定 额 计 价

1.4.1 建筑工程定额

1. 定额的产生和发展

（1）定额，简单地讲，"定"即规定，"额"即额度、数量。建筑工程定额是指在正常的施工条件下，完成一定计量单位的合格产品所必须消耗的人工、材料和施工机械台班的数量标准。

(2) 定额的特点：①科学性特点；②系统性特点；③统一性特点；④权威性特点；⑤稳定性和时效性。

2. 定额的分类

(1) 按照定额编制程序和用途分为：施工定额、预算定额、概算定额、概算指标、投资估算指标等5种。

(2) 按专业可分为：建筑装饰定额、安装定额、市政定额、园林绿化定额等。

(3) 为了正确使用消耗量定额，应认真阅读定额手册中的以下内容。

① 总说明。

② 分部工程说明、分节说明。

③ 各分部分项工程的工程量计算规则。

④ 定额附注和附录。

3. 定额的使用

1) 定额的直接套用

当分项工程设计要求的工程内容、技术特征、施工方法、材料规格等与拟套的定额分项工程规定的工作内容、技术特征、施工方法、材料规格等完全相符时，可直接套用定额。这种情况是编制施工图预算的大多数情况。

【例1-1】 人工挖三类土，深1.2m，工程量为560m^3，求广州地区该分项定额费用？

【解】 查广东省建筑装饰综合定额可知：该项目的设计要求在定额的工作内容范围内，可直接套用定额，查得定额编号为：A1-6。

定额分项费用为：1557.56×560÷100＝3122.34(元)

2) 定额的换算

当施工图设计要求与拟套的定额项目的工程内容、材料规格、施工工艺等不完全相符时，则不能直接套用定额。这时应根据定额规定进行计算。如果定额规定允许换算，则应按照定额规定的换算方法进行换算；如果定额规定不允许换算，则对该定额项目不能进行调整换算。

① 预算定额乘系数换算：根据定额的分部说明或附注规定，将定额基价或部分内容乘以规定系数。

当只是定额中部分内容调整时：换算后基价＝定额基价＋调整部分金额×(调整系数－1)

当全部定额调整时：换算后基价＝定额基价×(调整系数)

【例1-2】 某种要求打预制混凝土管桩，桩径为300mm，送桩工程量为112m，试确定一类地区送桩工程的分项费用。

分析：首先查定额分部说明P91：预制管桩送桩套相应打桩定额，但该子目的人工和机械台班消耗量乘以系数1.20。

所以定额基价为A2-8：9291.99－103.8×76.5＋(269.28＋838.93)×0.2＝1572.93 (元/m)

定额分项费用：1572.93÷100×112＝1761.68(元)

② 当工程项目中设计的砂浆、混凝土强度等级、抹灰、砂浆及保温材料配合比与定额项目规定不相符时，可根据定额说明进行相应换算。因为砌筑砂浆（或混凝土）的品种、

强度等级不同,其单价也不同,所以必须换算。在进行换算时,应遵循两种材料交换,定额含量不变的原则。

换算后的定额基价＝换算前原定额基价＋(应换入材料的单价－应换出材料的单价)×应换算材料的定额用量

【例1-3】 某砌体工程中M2.5水泥砂浆半砖混水墙的工程量有20m³,试计算完成该分项工程在一类地区的直接工程费和其中的人工费,并计算其工料用量。

【解】 查《广东省建筑与装饰工程综合定额》(2010)可知,定额编号A3-20换M2.5水泥砂浆半砖混水墙的预算基价为:

$$2606.24+2.46\times130.15=2926.41(元/10m^3)$$

直接工程费:2×2926.41＝5852.82(元)
其中人工费:2×901.68＝1803.36(元)
综合用工:17.68×2＝35.36(工日)
标准砖用量:5.591×2＝11.182(千块)
M2.5水泥砂浆用量:2.460×2＝4.92(m³)

3) 补充预算定额

当分项工程的设计要求与定额条件完全不相符或由于设计采用新结构、新材料、新工艺而预算定额没有这类项目时也属于定额缺项,这就需要补充定额,做法如下。

① 定额代用法:利用性质相似、材料大致相同、施工方法也很接近的定额项目,估算出适当的系数进行使用。这种办法一定要在施工实践中进行观察和测定,以便调整系数,保证定额的精确性,为以后补充定额项目打下基础。

② 定额组合法:尽量利用现行预算定额进行组合,因为一个新定额项目所包含的工艺与消耗往往是现有定额项目的变形与演变。新老定额之间有很多联系,要从中发现这些联系,在补充制定新定额项目时,直接利用现行定额的部分或全部内容,可以达到事半功倍的效果。

③ 计算补充法:按定额编制方法进行计算补充,是最精确补充定额的方法。按图纸构造做法计算相应材料,加入损耗量,人工和机械按劳动定额和机械台班定额计算。

1.4.2 定额计价费用组成及计价程序

具体定额计价费用组成见表1-4。

表1-4 定额计价费用组成及计价程序表

序号	名 称	计 算 方 法
1	分部分项工程(直接)费	1.1+1.2+1.3
1.1	定额分部分项工程(直接)费	Σ(工程量×子目基价)
1.2	价差	Σ[数量×(编制价－定额价)]
1.3	利润	人工费×利润率
2	措施项目费	2.1+2.2
2.1	安全文明施工费	按照规定计算(包括利润)

续表

序号	名称	计算方法
2.2	其他措施项目费	按照规定计算(包括利润)
3	其他项目费	按照规定计算
4	规费	(1+2+3)×费率
5	税金	按税务部门规定计算
6	含税工程造价	1+2+3+4+5

1. 分部分项工程费

分部分项工程费由定额分部分项工程费、价差和利润三部分组成。

1)定额分部分项工程费

定额分部分项工程费＝∑(分项工程量×子目基价)

① 分项工程量是按广东省建筑装饰综合定额规定的工程量计算规则计算出来的各分项工程的量。

② 子目基价是为了完成《广东省建筑工程综合定额》分部分项工程项目所需的人工费、材料费、机械费、管理费之和。

管理费按不同城市分一、二、三、四类标准制定，管理费按工程所在地标准执行。

一类：广州、深圳。

二类：珠海、佛山、东莞、中山。

三类：汕头、惠州、江门。

四类：韶关、河源、梅州、汕尾、阳江、湛江、茂名、肇庆、清远、潮州、揭阳、云浮。

2)价差

价差包括人工价差、材料价差和机械价差三部分。

① 人工价差。

人工价差＝(分部分项工程所需人工数量的总和)×人工单价差。

分部分项工程所需人工数量的总和＝∑(每一个分项工程的工程量×定额消耗量/定额单位)。

人工单价差是工程所在地当时的人工单价与定额所规定的人工单价(51元/工日)之差。

② 材料价差。

材料价差＝∑(分部分项工程所需某种材料的数量和×相应材料单价差)。

分部分项工程所需某种材料的数量和＝∑(每一个分项工程的工程量×定额中某种材料消耗量/定额单位)。

材料单价差是工程所在地当时的某种材料的单价与定额所规定的这种材料单价之差。

③ 机械价差。

机械价差＝∑(分部分项工程所需某种机械的数量和×相应机械的单价差)。

分部分项工程所需某种机械数量和＝∑(每一个分项工程的工程量×定额中某种机械消耗量/定额单位)。

机械单价差是工程所在地当时的某种机械的单价与定额所规定的这种机械单价之差。

3) 利润

利润＝分部分项工程人工费×利润率(18%)。

分部分项工程人工费＝定额分部分项人工费＋人工价差。

利润率：预算时按18%考虑，结算时按企业实际情况确定的利润率考虑。

2. 其他各部分费用

其他各部分费用：与清单计价方法相同。

1.4.3 定额计价表格

定额计价表格，略。[参照《广东省建设工程计价通则》（2010)中的"18.3.4 预算价表"的格式，P119～P134 共 15 个表。]

本 章 小 结

本章主要讲三部分内容：一是工程量计算依据及注意事项；二是清单计价费用组成及计价程序；三是定额计价费用的组成及计价程序。

工程量计算的依据主要有8个，还有其他具体的要求要根据工程的具体情况而定；工程量计算注意事项主要讲小数点单位保留及计算顺序。其中计算顺序主要有两种方法：一是按工程施工顺序；二是按工程量清单编码来计算。

清单计价主要讲有5种清单：一是分部分项工程量清单；二是措施项目清单；三是其他项目清单；四是规费清单；五是税金清单。而清单计价费用组成相应也有五部分：一是分部分项工程费；二是措施项目费用；三是其他项目费用；四是规费；五是税金。清单计价表格主要介绍两种：一是招标方编制的工程量清单表格；二是投标单位编制的投标报价时的表格。其他表格具体见广东省计价通则。

定额计价费用的组成也有五部分：一是分部分项工程费；二是措施项目费用；三是其他项目费用；四是规费；五是税金。其中，分部分项工程费的算法与清单计价的分部分项工程费的算法是有很大区别的，需特别注意。

本 章 习 题

1. 定额计价的分部分项工程费的算法和清单计价的分部分项工程费的算法有什么区别？试举例说明。

2. 工程量计算顺序有几种？分别是哪几种？对于初学者来说哪种最易掌握？

第2章

建筑面积计算规范

教学目标

本章主要介绍了建筑物的建筑面积的计算规则以及不用计算建筑面积的范围。要求学生掌握建筑面积的概念、建筑面积的计算方法、注意事项以及不计算建筑面积的范围。

教学要求

知识要点	能力要求	相关知识
建筑面积的概念	区分建筑面积、结构面积和净面积	(1) 建筑面积、辅助面积、净面积、结构面积 (2) 建筑面积的作用
建筑面积的计算规则	具有编制建筑物建筑面积的能力	(1) 单层建筑面积的计算 (2) 多层建筑面积的计算 (3) 地下室、半地下室建筑面积的计算 (4) 建筑物大厅、门厅及门厅、大厅内有回廊时建筑面积的计算 (5) 建筑物顶部楼梯间、水箱间、电梯机房等建筑面积的计算 (6) 建筑物阳台建筑面积的计算等
不计算建筑面积的范围	能快速找出不计算建筑面积的依据,熟悉不计算建筑积注意事项	不计算建筑面积条款

引言

某人最近买了一套房子,他的同事都很关心,纷纷向他提问:你们家房子的建筑面积有多大?室内净面积有多大?摊销的公共面积有多大?等等。那么有多少人知道建筑面积、室内净面积、辅助面积?这些面积又如何计算,其作用是什么?这一章就是要解决这些问题的。

2.1 建筑面积及其相关概念

1. 建筑面积

(1) 建筑面积是指建筑物各层水平平面的面积之和,也是建筑物外墙勒脚以上各层结构外围的水平投影面积之和。建筑面积包括使用面积、辅助面积和结构面积。

(2) 使用面积指建筑物各层平面布置中可以直接作为生产或生活使用的净面积之和。

(3) 辅助面积指建筑物各层平面布置中作为辅助生产和生活所占净面积之和,如走道等。

(4) 结构面积指建筑物各层平面布置中的墙体、柱等结构所占面积的总和。

(5) 居住面积指民用建筑中的居室净面积。

(6) 有效面积指使用面积与辅助面积之和。

2. 建筑面积的作用

(1) 确定建设规模的重要指标。

(2) 确定技术经济指标的基础。

(3) 计算有关分项工程量的依据。

(4) 编制概算的主要依据。

2.2 计算建筑面积的规定与计算方法

1. 单层建筑物建筑面积的计算

(1) 计算规则:单层建筑物的建筑面积应按其外墙勒脚以上结构外围的水平面积计算,并应符合下列规定。

① 单层建筑物高度在 2.20m 及以上者应计算全面积;高度不足 2.20m 者应计算 1/2 面积。

② 利用坡屋顶内空间时,顶板下表面至楼面的净高超过 2.10m 的部位应计算全面积;净高在 1.20m 至 2.10m 的部位应计算 1/2 面积;净高不足 1.20m 的部位不应计算面积,如图 2.1 所示。

③ 单层建筑物内设有局部楼层者,局部楼层的二层及以上楼层,有围护结构的应按其围护结构外围的水平面积计算,无围护结构的应按其结构底板水平面积计算。层高在 2.20m 及以上者应计算全面积;层高不足 2.20m 者应计算 1/2 面积,如图 2.2 所示。

(2) 注意事项:①结构外围是指不包括外墙装饰抹灰层的厚度;②建筑物高度是指室

内地面标高至屋面板板面结构标高之间的垂直距离。遇有以屋面板找坡的平屋顶单层建筑物，其高度是指室内地面标高至屋面板最低处板面结构标高之间的垂直距离。

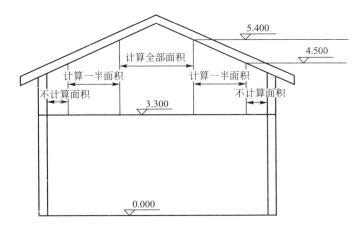

图 2.1　利用坡屋顶内空间时建筑面积的计算

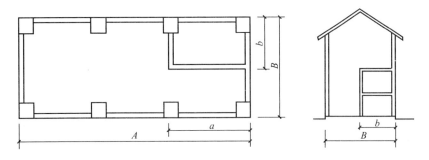

图 2.2　单层建筑物内设有局部楼层时建筑面积的计算

a. 在图 2.2 中，若二层层高 $h \geqslant 2.2\mathrm{m}$，则 $S = A \times B + a \times b$。

b. 在图 2.2 中，若二层层高 $h < 2.2\mathrm{m}$，则 $S = A \times B + 1/2 a \times b$。

【例 2-1】　（1）试计算图 2.3 中单层房屋的建筑面积，假设房屋高度为 3.3m。

（2）试计算图 2.3 中单层房屋的建筑面积，假设房屋高度为 2.1m。

【解】　（1）$S = 3.84 \times 5.64 + 3.6 \times 3.84 = 35.48(\mathrm{m}^2)$

（2）$S = (3.84 \times 5.64 + 3.6 \times 3.84) \times 0.5 = 28.57(\mathrm{m}^2)$

2. 多层建筑物建筑面积的计算

计算规则：多层建筑物的首层应按其外墙勒脚以上结构外围的水平面积计算；二层及以上楼层应按其外墙结构外围的水平面积计算。层高在 2.20m 及以上者应计算全面积；层高不足 2.20m 者应计算 1/2 面积。

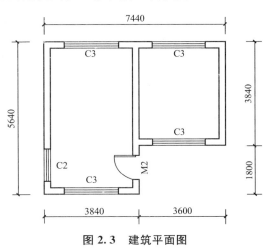

图 2.3　建筑平面图

【例2-2】 试计算图2.4所示三层房屋的建筑面积，房屋层高3.3m。

【解】 $S=(3.48\times 4.48)\times 3=15.59\times 3=46.7(m^2)$

3. 单（多）层建筑坡屋顶内和场馆看台下建筑面积的计算

计算规则：多层建筑坡屋顶内和场馆看台下，当设计加以利用时，净高超过2.10m的部位应计算全面积，净高在1.20m至2.10m的部位应计算1/2面积；当设计不利用或室内净高不足1.20m时，不应计算面积。

4. 地下室、半地下室建筑面积的计算

计算规则：地下室（图2.5）、半地下室（车间、商店、车站、车库、仓库等），包括相应的有永久性顶盖的出入口，应按其外墙上口（不包括采光井、外墙防潮层及其保护墙）外边线所围的水平面积计算。层高在2.20m及以上者应计算全面积；层高不足2.20m者应计算1/2面积。

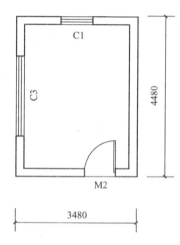

图2.4 建筑平面图

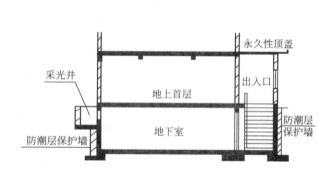

图2.5 地下室示意图

【例2-3】 试计算图2.6所示地下室的建筑面积。

【解】 $S=18\times 10.0+2\times 2.5+(3.5+0.12)\times 2=192.24(m^2)$

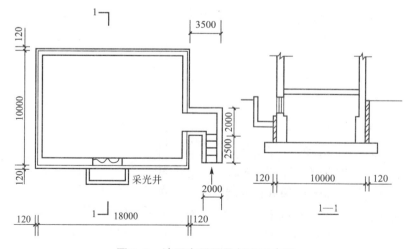

图2.6 地下室平面及剖面示意图

5. **坡地的建筑物吊脚架空层、深基础架空层建筑面积的计算**

计算规则：坡地的建筑物吊脚架空层、深基础架空层，设计加以利用并有围护结构的，层高在 2.20m 及以上的部位应计算全面积；层高不足 2.20m 的部位应计算 1/2 面积。设计加以利用、无围护结构的建筑吊脚架空层，应按其利用部位水平面积的 1/2 计算；设计不利用的深基础架空层 [图 2.7(a)]、坡地吊脚架空层 [图 2.7(b)]、多层建筑坡屋顶内、场馆看台下的空间不应计算面积。

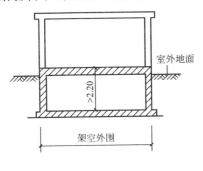
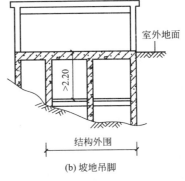

(a) 深基础架空层   (b) 坡地吊脚

图 2.7　深基础架空层及坡地吊脚示意图

6. **建筑物大厅、门厅及门厅、大厅内有回廊时建筑面积的计算**

计算规则：建筑物的门厅、大厅按一层计算建筑面积。门厅、大厅内设有回廊时，应按其结构底板水平面积计算。回廊层高在 2.20m 及以上者应计算全面积；层高不足 2.20m 者应计算 1/2 面积。

【例 2-4】　试求图 2.8 所示建筑物的建筑面积。

【解】　$S = 7.00 \times 12.00 \times 3 + (7.00 + 2.00) \times 12.00 + 2.00 \times 12.00 \times 2 = 408.00 (m^2)$

【例 2-5】　试求图 2.9 所示建筑物的建筑面积。

【解】　$S = 30.00 \times 30.00 \times 3 - 6.00 \times 8.00 = 2700.00 - 48.00 = 2652.00 (m^2)$

7. **建筑物间有架空走廊时建筑面积的计算**

计算规则：建筑物间有围护结构的架空走廊，应按其围护结构外围水平面积计算，层高在 2.20m 及以上者应计算全面积；层高不足 2.20m 者应计算 1/2 面积。有永久性顶盖无围护结构的建筑应按其结构底板水平面积的 1/2 计算。

【例 2-6】　计算如图 2.10 所示架空走廊的建筑面积。

【解】　(1) 如果层高 $h \geq 2.2m$，则 $S = 8.00 \times 1.50 = 12.00 (m^2)$

(2) 如果层高 $h < 2.2m$，则 $S = 1/2 \times 8.00 \times 1.50 = 6.00 (m^2)$

【例 2-7】　计算图 2.11 所示架空走廊的建筑面积。

【解】　$S = 1/2 \times 8.00 \times 1.50 = 6.00 (m^2)$

8. **建筑物有围护结构的落地橱窗、门斗、挑廊、走廊、檐廊的建筑面积的计算**

计算规则：建筑物外有围护结构的落地橱窗、门斗、挑廊、走廊、檐廊，如图 2.12 所示，应按其围护结构外围水平面积计算。层高在 2.20m 及以上者应计算全面积；层高不足 2.20m 者应计算 1/2 面积。有永久性顶盖无围护结构的应按其结构底板水平面积的 1/2 计算。

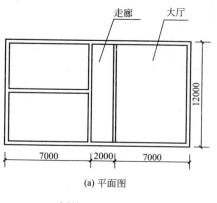

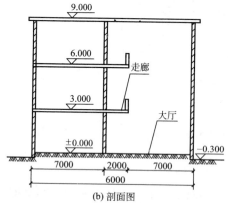

图 2.8　大厅及回廊的平面图及剖面图

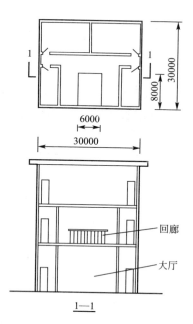

图 2.9　大厅及回廊的平面图及剖面图

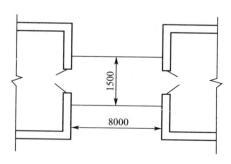

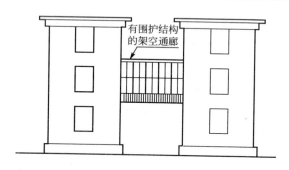

图 2.10　架空走廊示意图

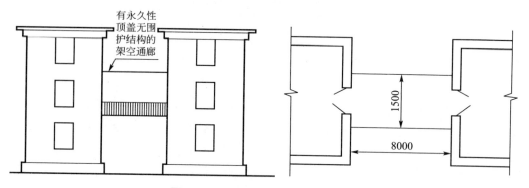

图 2.11　有顶盖的架空走廊示意图

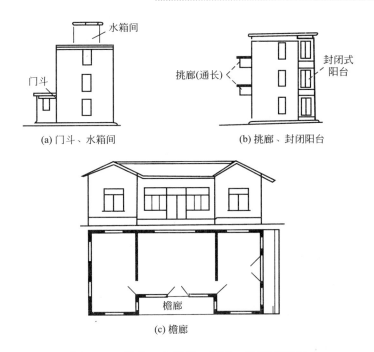

图 2.12 门斗、水箱间、挑廊、檐廊示意图

【例 2-8】 试计算二层走廊建筑面积 [见基础平面图(J-01)]。

【解】 $S = 42 \times 1.5 \times 0.5 = 31.5 (m^2)$

【例 2-9】 试计算图 2.13 所示三层房屋的建筑面积,房屋层高 3.3m。

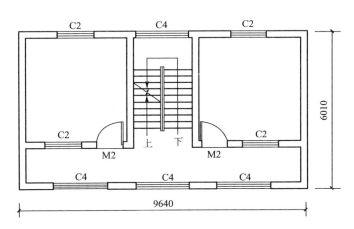

图 2.13 房屋建筑平面图

【解】 $S = (9.64 \times 6.01) \times 3 = 57.94 \times 3 = 173.82 (m^2)$

【例 2-10】 试计算图 2.14 所示三层房屋的建筑面积,房屋层高 3.3m。

【解】 $S = [9.64 \times 4.44 + (1.57 \times 9.64) \div 2] \times 3$
$\quad - (42.80 + 7.57) \times 3$
$\quad = 151.11 (m^2)$

9. 建筑物顶部楼梯间、水箱间、电梯机房等建筑面积的计算

计算规则:建筑物顶部有围护结构的楼梯间、水箱间、电梯机房等,层高在

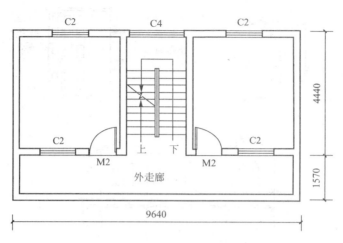

图 2.14 房屋建筑平面图

2.20m 及以上者应按外围水平面积计算全面积；层高不足 2.20m 者应计算 1/2 面积。

【例 2-11】 试计算顶部楼梯间建筑面积［见基础平面图（J-02）］。

【解】 $S=(5+1.5)\times(3+0.18)\times 2=41.34(m^2)$

10. 建筑物内的室内楼梯、电梯井等建筑面积的计算

计算规则：建筑物内的室内楼梯间、电梯井、观光电梯井、提物井、管道井、通风排气竖井、垃圾道、附墙烟囱应按建筑物的自然层计算。

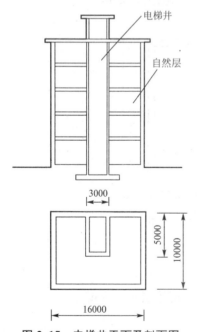

图 2.15 电梯井平面及剖面图

【例 2-12】 试求图 2.15 所示建筑物的建筑面积。

【解】 $S=16.00\times 10.00\times 5+5.00\times 3.00$
$=800.00+15.00$
$=815.00(m^2)$

11. 室外楼梯建筑面积的计算

（1）计算规则：有永久性顶盖的室外楼梯，应按建筑物自然层的水平投影面积的 1/2 计算。

（2）注意事项：上层楼梯可视为下层楼梯的永久性顶盖，下层楼梯应计算面积，如图 2.16 所示。

如图 2.16 所示，室外楼梯的建筑面积为：$S=1/2\times L\times B$。

12. 建筑物阳台建筑面积计算

（1）计算规则：建筑物的阳台均应按其水平投影面积的 1/2 计算。

（2）注意事项：不论是凹阳台、挑阳台、封闭阳台、不封闭阳台，均按其水平投影面积的 1/2 计算。

【例 2-13】 试求图 J-01 号图中二层平面图⑩～⑪轴间阳台的建筑面积。

【解】 $S=(0.21+0.8+0.8+0.39-0.09)\times 0.18\times 0.5=1.90(m^2)$

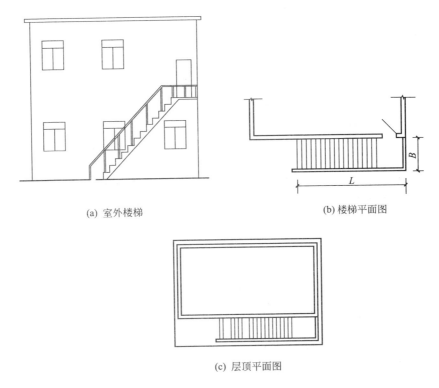

(a) 室外楼梯

(b) 楼梯平面图

(c) 层顶平面图

图 2.16 室外楼梯示意图

13. 雨篷建筑面积的计算

计算规则：雨篷结构的外边线至外墙结构外边线的宽度超过 2.10m 者，应按雨篷结构板的水平投影面积的 1/2 计算。

图 2.17 中的雨篷建筑面积为 $S=1/2\times a\times b$。

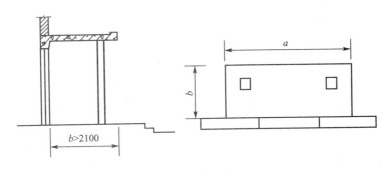

图 2.17 雨篷示意图

14. 车棚、站台等建筑面积的计算

计算规则：有永久性顶盖无围护结构的车棚、货棚、站台、加油站、收费站等，应按其顶盖水平投影面积的 1/2 计算。

如图 2.18 所示，车棚、站台的建筑面积为 $S=1/2\times B\times L$，L 为车棚、站台的长度。

15. 高低联跨建筑物建筑面积的计算

计算规则：高低联跨的建筑物(图2.18)，应以高跨结构外边线为界分别计算建筑面积；其高低跨内部连通时，其变形缝应计算在低跨面积内。

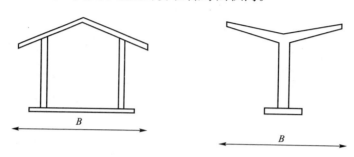

图 2.18　车棚、站台示意图

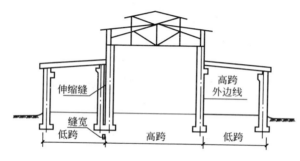

图 2.19　高低联跨建筑物示意图

2.3　不计算建筑面积的范围

（1）建筑物通道(骑楼、过街楼的底层)。

（2）建筑物内的设备管道夹层。

（3）建筑物内分隔的单层房间、舞台及后台悬挂幕布、布景的天桥、挑台等。

（4）屋顶水箱、花架、凉棚、露台、露天游泳池。

（5）建筑物内的操作平台、上料平台、安装箱和罐体的平台。

（6）勒脚、附墙柱、垛、台阶、墙面抹灰、装饰面、镶贴块料面层、装饰性幕墙、空调室外机搁板(箱)、飘窗、构件、配件、宽度在2.10m及以内的雨篷以及与建筑物内不相连通的装饰性阳台、挑廊。

（7）无永久性顶盖的架空走廊、室外楼梯和用于检修、消防等的室外钢楼梯、爬梯。

（8）自动扶梯、自动人行道。

（9）独立烟囱、烟道、地沟、油(水)罐、气柜、水塔、贮油(水)池、贮仓、栈桥、地下人防通道、地铁隧道。

2.4　综合案例

【例2-14】　计算案例图中建筑物的建筑面积。

【解】

表 2-1 工程量计算书

单位工程名称：　　　　　　　　　　　　　　　　　　　　　　　　　　　　第　页　共　页

工程项目	说明	位置 轴线	位置 起讫	件数	列式 长/m	列式 宽/m	列式 高/m	数量	单位	复数量	单位	备注
建筑面积	首层	①～⑫	Ⓐ～Ⓑ	1	42	5		210	m²	210	m²	
	走廊			1	41.4	1.2		24.84	m³	24.84		算一半
	2～3层	①～⑫	Ⓐ～Ⓑ	2	36	6.8		244.8	m²	489.6	m²	
	楼梯间	①～② ⑪～⑫	Ⓐ～Ⓑ	4	5	3		15	m²	60	m²	
	走廊			2	42	1.5		31.5	m²	63	m²	算一半
	扣阳台			16	2.05	1.8		1.845	m²	29.52	m²	算一半
				2	1.65	1.8		1.485	m²	2.97	m²	算一半
	小计									814.95	m²	
	房上梯间	①～② ⑪～⑫	Ⓐ～Ⓑ	2	6.5	3.18		20.67	m²	41.34	m²	
	合计									856.29	m²	

本 章 小 结

本章主要介绍了建筑物的建筑面积的计算规则，以及不用计算建筑面积的范围。在计算建筑面积时，应该根据该建筑工程的施工图纸，合理选择计算规则，正确读取相关数据，从而准确计算出该建筑工程的建筑面积。

本 章 习 题

一、单项选择题

1. 单层建筑物的建筑面积，应按其外墙勒脚以上(　　)计算。
   A. 定位轴线围成的水平面积　　　　　　B. 外墙饰面外围水平面积
   C. 结构外围水平面积　　　　　　　　　D. 外墙勒脚外围水平面积
2. 单层建筑物高度在(　　)m及以上者应计算全面积；高度不足(　　)m者应计算(　　)面积。
   A. 2.20，2.10，1/3　　　　　　　　　　B. 2.20，2.10，1/2
   C. 2.20，2.20，1/2　　　　　　　　　　D. 2.30，2.20，1/3
3. 建筑物外有维护结构的挑廊和走廊，应按其维护结构(　　)计算。
   A. 外围水平面积　　　　　　　　　　　B. 水平面积的全面积
   C. 水平面积的1/2面积　　　　　　　　D. 轴线围成的水平面积
4. 建筑物的门厅、大厅净高6m，按(　　)计算建筑面积。

A. 实际层 B. 自然层
C. 多层 D. 一层

5. 有永久性顶盖无维护结构的场馆看台的建筑面积（　　）。
   A. 应按其顶盖水平投影面积计算 B. 不计算
   C. 应按其顶盖水投影面积的1/2计算 D. 根据场馆的规模确定

6. 多层建筑物首层应按其（　　）计算；二层及以上楼层应按其（　　）计算。
   A. 外墙勒脚以上结构水平面积，外墙结构水平面积
   B. 外墙勒脚以上结构外围水平面积，外墙结构外围水平面积
   C. 轴线围成的水平面积，外墙饰面外围水平面积
   D. 外墙勒脚以上结构外围水平面积，外墙结构水平面积

7. 有永久性顶盖的室外楼梯，应按建筑物（　　）的水平投影面积的（　　）计算。
   A. 自然层，全面积 B. 自然层，1/2
   C. 楼梯层数，1/2 D. 楼梯层数，全面积

8. 建筑物阳台的建筑面积（　　）。
   A. 均应按其水平投影面积的1/2计算 B. 按其实际面积的1/2计算
   C. 按其水平投影面积计算 D. 不同形式的阳台计算方法不同

9. 没有围护结构且直径为2.2m、高为2m的屋顶圆形水箱，其建筑面积为（　　）。
   A. 不计算 B. 3.80m^2
   C. 1.90m^2 D. 8.40m^2

10. 电梯井、提物井、垃圾道、管道井的建筑面积应当（　　）。
    A. 按建筑物自然层计算 B. 按建筑物自然层面积的1/2计算
    C. 按建筑物自然层面积的3/4计算 D. 不计算

11. 某二层矩形砖混结构建筑，长为20m，宽为10m（均为轴线尺寸），抹灰厚为2.5cm，内外墙均为一砖厚，则该建筑物的建筑面积为（　　）m^2。
    A. 207.26 B. 414.52
    C. 208.02 D. 416.04

12. 屋面上有围护结构的电梯机房，其建筑面积应（　　）。
    A. 不计算
    B. 按其围护结构外围水平投影面积计算
    C. 按其围护结构外围水平投影面积的1/2计算
    D. 按其顶盖水平投影面积的1/2计算

13. 高低连跨的建筑物，需分别计算建筑面积时，应以（　　）为界计算。
    A. 低跨建筑外边线 B. 低跨结构外边线
    C. 高跨建筑外边线 D. 高跨结构外边线

14. 某单层建筑物层高2.1m，外墙外围水平投影面积为150m^2，则该建筑物建筑面积为（　　）。
    A. 150m^2 B. 75m^2
    C. 50m^2 D. 0

15. 有顶盖无柱（或未封闭）的通廊、架空通廊按通廊水平投影面积的（　　）计算建筑面积。
    A. 全部 B. 1/2
    C. 3/4 D. 0

二、多项选择题

1. 建筑面积是指建筑物各层水平面积的总和，包括建筑物中的（　　）。
   A. 居住面积 B. 使用面积
   C. 辅助面积 D. 交通面积

E. 结构面积
2. 在下列选项中,(　　)不应计算建筑面积。
A. 过街楼的底层　　　　　　　　B. 建筑物内的设备管道夹层
C. 屋顶水箱　　　　　　　　　　D. 空调机外机搁板
E. 净高≥1.80m 的可利用坡屋顶空间　F. 采光井
3. 建筑物内的(　　)应按建筑物的自然层计算。
A. 室内楼梯间　　　　　　　　　B. 通风道
C. 操作平台　　　　　　　　　　D. 变形缝
E. 观光电梯井　　　　　　　　　F. 附墙烟囱
4. 在以下选项中,不计算建筑面积的有(　　)。
A. 台阶　　　　　　　　　　　　B. 外墙面抹灰
C. 独立烟囱　　　　　　　　　　D. 室外楼梯

第3章

土(石)方工程工程量计算

教学目标

本章主要介绍了两种计价模式下土(石)方工程量的计算方法:定额工程量和清单工程量。要求学生熟悉平整场地、挖基坑、挖沟槽、挖土方的划分条件,掌握定额计价方式下土(石)方定额工程量的计算规则及方法;掌握清单计价方式下土(石)方清单工程量的计算规则及方法、计价工程量(或称报价工程量)的计算规则及方法、综合单价计算及分析。

教学要求

知识要点	能力要求	相关知识
定额计价	(1) 能够根据给定的工程图纸正确计算土(石)方工程的定额工程量 (2) 能够进行土方各分项工程的定额换算	(1) 挖土深度、工作面、放坡系数、干湿土的确定 (2) 平整场地、挖基坑、挖沟槽、挖土方的划分条件 (3) 平整场地、挖沟槽、基坑、大开挖等土方工程量计算规则 (4) 挖淤泥、流砂工程量计算规则 (5) 回填土、余土外运工程量计算规则 (6) 软基处理工程量计算规则
清单计价	(1) 能够根据给定的工程图纸正确计算土(石)方工程的清单工程量 (2) 能够根据给定的工程图纸并结合工程施工方案正确计算土(石)方工程的计价工程量(或称报价工程量) (3) 能够正确计算土(石)方各项清单的综合单价,并进行综合单价分析	(1) 平整场地、挖土方、挖基础土方等清单工程量计算规则及方法 (2) 土(石)方回填清单工程量计算规则及方法 (3) 综合单价计算方法

引言

同学们经常看到有人在某个地方挖一个大坑,或挖一个酷似深井的大洞,或看到挖土机在开挖一大片土或乱石,这时我们都会笼统地说他(它)们在"挖土(石)方"。其实专业人士知道"挖土(石)方"并不单一,根据其开挖深度首先区分出平整场地,再根据开挖宽度与长度的关系以及和开挖场地底面积的限制又区分出挖基槽、挖基坑、挖土(石)方、挖孔桩挖土等,那又为什么要这样分?各自的工程量如何计算?本章就围绕这些问题展开。

3.1 土(石)方工程量计算准备

1. 判别土质类别

判别土质类别(一类土、二类土还是三、四类土等)按定额附表土壤及岩石(普氏)分类表来判断。同时还要根据施工方法判断是采用人工开挖还是机械开挖,以便套定额。

2. 判断土的干湿性

判断土的干湿性,即挖的是干土还是湿土,首先应以地质勘探资料为准,含水率≤25%为干土,含水率>25%为湿土;或以地下常水位来判断,地下水位以上为干土,地下水位以下为湿土;如采用降水措施,应以降水后的水位为地下常水位来判别,降水措施费用应另行计算。

3. 土方项目的区分

判断挖土的分项项目应按表3-1来确定,以便套定额时准确定位。

表3-1 土方项目区分表

项目类型	区分条件		
	挖填平均厚度/cm	坑底面积/m²(长宽比例)	槽底宽度/m(长宽比例)
平整场地	$h \leqslant 30$		
挖沟槽			$w \leqslant 3$,且$L \geqslant 3w$
挖基坑		$\leqslant 20$	
挖土方	$h \geqslant 30$	$\geqslant 20$	$w \geqslant 3$,且$L \geqslant 3w$

4. 挖土深度的确定

预算时,挖土深度按室外地坪(通常在建筑立面图上)到基底垫层底的深度计算;结算时,挖土深度按自然地坪到基底垫层底的深度计算。

5. 工作面宽度的确定

工作面宽度是基础施工时所需要的工作宽度,具体见表3-2。

表3-2 基础施工工作面宽度表

基础材料	每侧工作面宽度/mm	管径/mm(无管座基础)	每侧工作面宽度/mm
毛石、条石基础	150	<200	300
砖基础	200	<1000	400

(续)

基础材料	每侧工作面宽度/mm	管径/mm(无管座基础)	每侧工作面宽度/mm
混凝土垫层、基础支模板	300	<2000	500
基础垂直面防水层	600	>2000	600

注：(1) 有管座基础的管沟挖土方工作面按混凝土垫层、基础支模板的工作面计算。
(2) 挖沟槽、基坑需支挡土板时，按槽、坑底宽每边另增加工作面100mm。

6. 放坡系数

计算土方时，应根据土质和挖土深度选取坡度系数 k 和放坡起点高度。放坡的坡度系数按表3-3进行选用，k 表示深度为1m时应放出的宽度。当挖土深度为 h 时，应放出的宽度即为 kh，计算放坡时，交接处重复的部分工程量不予扣除。

表3-3 放坡系数表

土壤类别	放坡起点/m	人工挖土 $\dfrac{1}{k}$	机械挖土 $\dfrac{1}{k}$（坑内作业）	机械挖土 $\dfrac{1}{k}$（坑上作业）
一、二类土	1.20	1：0.50	1：0.33	1：0.75
三类土	1.50	1：0.33	1：0.25	1：0.67
四类土	2.00	1：0.25	1：0.10	1：0.33

3.2 定额计价方式下土(石)方工程量的计算

1. 平整场地定额工程量的计算

(1) 计算规则：平整场地的工程量按设计图示尺寸以建筑物首层外墙外边线面积计算，包括落地阳台、地下室出入口、采光井和通风竖井所占面积。

(2) 注意事项：如果施工方案或施工组织设计规定超面积平整，那么超出部分的平整场地放入措施项目内。

【例3-1】 计算平整场地的工程量［见首层平面图(J-01)］。

【解】 $5 \times 42 + (1.2 - 0.3) \times (42 - 0.3 \times 2 \times 2) = 246.72 (m^2)$

【例3-2】 如果施工组织设计要求每边超2m来平整场地，求上图工程平整场地工程量？

【解】 定额分项工程量：$5 \times 42 + (1.2 - 0.3) \times (42 - 0.3 \times 2 \times 2) = 246.72 (m^2)$
由于超宽措施增加的工程量：总长=$(42+2) \times 2 + (5+1.2-0.3+2) \times 2 = 103.80 (m)$
（按增加2m宽的中心线来算总长）

$$S = 总长 \times 2 = 103.80 \times 2 = 207.60 (m^2)$$

2. 挖基坑土方定额工程量的计算

(1) 计算规则：挖基坑的工程量按设计图示尺寸以体积计算，包括基础工作面和放坡。计算公式如下：

不放坡时：$V = L \times w \times h$

放坡时：$V=\frac{1}{3}(A_1+A_2+\sqrt[2]{A_1\times A_2})\times h$

式中：V——基坑的体积，m^3；
　　　L——基础底垫层长度加工作面后的长度，m；
　　　w——基础底垫层宽度加工作面后的宽度，m；
　　　h——挖基础基坑深度（按前面的挖土深度确定），m；
　　　A_1——基坑底面积，m^2；
　　　A_2——基坑顶面积，m^2。

（2）注意事项。

① 放坡时在交接处重复工程量不予扣除，但基坑需支挡土板时不得放坡，而挡土板按坑垂直支撑面以面积另行计算。

② 土方体积按挖掘前的天然密实体积计算。如需按天然密实体积折算时，应乘以表 3-4 中的折算系数计算。

表 3-4　土石方体积折算系数表

天然密实度体积	虚方体积	夯实后体积	松填体积
1.00	1.30	0.87	1.08
0.77	1.00	0.67	0.83
1.15	1.49	1.00	1.24
0.93	1.20	0.81	1.00

在实际工程中常见的挖承台、独立基础的土方即是挖基坑。

【例 3-3】　计算挖承台土方（二类土）定额的工程量［见基础平面图（JG-04）］。

【解】　挖土深度：$H=(-0.3)-(-2.1)=1.80(m)$

因为 1.80m＞1.2m　所以放坡，$k=1:0.50$。

$$V=\frac{1}{3}(A_1+A_2+\sqrt[2]{A_1\times A_2})\times h$$

$A_1=(1.8+0.2+2\times0.3)\times(0.9+0.2+2\times0.3)=4.42(m^3)$

$A_2=(1.8+0.2+2\times0.3+2\times0.5\times1.8)\times(0.9+0.2+2\times0.3+2\times0.5\times1.8)=15.40(m^3)$

一个承台基坑：$V=16.84(m^3)$

全部承台基坑：$V=16.84\times24=404.16(m^3)$

3. 挖沟槽土方工程量的计算

（1）计算规则：挖沟槽土方的工程量按设计图示尺寸以体积计算。计算公式如下：

不放坡时：$V=L\times w\times h$

放坡时：$V=S\times L$

其中：$S=1/2\times(w+w+2kh)\times h$　（梯形的面积）

式中：V——沟槽的体积，m^3；
　　　L——沟槽底垫层长度，m；
　　　w——沟槽底垫层宽加工作面后的宽度，m；
　　　h——挖沟槽深度（按前面挖土深度确定），m；

S——沟槽截面积,m^2。

(2) 注意事项。

① 沟槽长度的确定:

a. 墙基沟槽:外墙按设计图示中心线的长度计算;内墙按图示基础底面之间的净长(即基础垫层底之间净长度)计算;内外墙突出部分(垛,附墙烟囱等)的体积并入沟槽土方工程量内计算。

b. 管道沟槽:按设计图示中心线的长度计算。

② 放坡时在交接处重复的工程量不予扣除,但沟槽需支挡土板时不得放坡。

③ 挡土板按槽垂直支撑面以面积另外计算。

在实际工程中常见的挖地梁土方、挖管沟等土方即是挖沟槽。

【例 3-4】 计算挖地梁土方工程量[见基础平面图(JG-04)]。

【解】 挖土深度:$H=(-0.3)-(-1.3)=1.00(m)$

因为 $1.00m<1.2m$,所以不放坡。

1) Ⓐ、Ⓑ轴地梁

$L=42-10×(0.9+0.2+2×0.3)-2×(0.45+0.15+0.1+0.3)=23.00(m)$

$W=0.2+0.2+2×0.3=1.00(m)$

$V=23.00×1.00×1.00×2=46.00(m^3)$

2) ①、②、③、⑧、⑪、⑫轴地梁(共6轴)

$L=5-2×(0.9+0.2+0.1+0.3)=2.00(m)$

$W=0.2+0.2+2×0.3=1.00(m)$

$V=2.00×1.00×1.00×6=12.00(m^3)$

3) ②轴旁地梁

$L=5-2×(0.2+0.1+0.3)=3.80(m)$

$W=0.2+0.2+2×0.3=1.00(m)$

$V=3.80×1.00×1.00=3.80(m^3)$

4) 地梁土方合计

$V_{地总}=46.00+12.00+3.80=61.80(m^3)$

【例 3-5】 某工程采用直埋地下预应力混凝土排水管 150m,管径为 D2000,无管座基础。自然地坪标高为 0.5m,要求管径中心标高为 -3.0m,计算埋这段管沟所挖的土方工程量。其中土为三类土,采用机械挖。

【解】 分析:挖管沟仍是按挖沟槽土方工程量以体积计算。

挖土深度:$H=0.5-(-4.0)=4.50(m)$

因为 $4.5>1.5m$,所以放坡,$k=1:0.67$。

$L=150(m)$

$W_下=2.00+2×0.5=3.00(m)$

$W_上=3.0+2×0.67×4.5=9.03(m)$

$S=1/2×(3.0+9.03)×4.50=27.07(m^2)$

$V=S×L=27.07×150×1.05=4263.53(m^3)$

4. 挖土方工程量的计算

(1) 计算规则:挖土方工程量按图示尺寸以体积计算,包括基础工作面、放坡。

计算公式(同基坑)如下：

不放坡时：$V = L \times w \times h$

放坡时：$V = \frac{1}{3}(A_1 + A_2 + \sqrt{A_1 \times A_2}) \times h$

式中：V——体积，m³；

L——基础底垫层长度加工作面后的长度，m；

w——基础底垫层宽度加工作面后的宽度，m；

h——挖土深度(按前面挖土深度确定)，m；

A_1——底面积，m²；

A_2——顶面积，m²。

(2)注意事项：同基坑。

在实际工程中常见的挖土方即是挖地下室或大开挖球场等。

【例 3-6】 根据图 3.1 所示的基础平面图以及基础剖面图，计算大开挖土方体积。其中土为三类土，采用机械挖。

【解】 分析：挖土深度：$H = (-0.45) - (-3.6) = 3.15(m)$

因为 3.15m>1.5m，所以放坡，$k = 1:0.67$。

先按大棱台体积算，再减去右上角小立方体积即可。

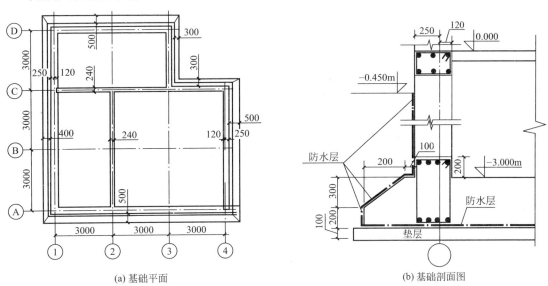

(a) 基础平面   (b) 基础剖面图

图 3.1 筏板基础示意图

$S_{大底} = (9 + 0.75 + 0.65 + 2 \times 0.6) \times (9 + 0.75 + 0.75 + 2 \times 0.6) = 135.72(m^2)$

$S_{大顶} = (9 + 0.75 + 0.65 + 2 \times 0.6 + 2 \times 0.67 \times 3.15) \times (9 + 0.75 + 0.75 + 2 \times 0.6 + 2 \times 0.67 \times 3.15)$

$= 251.89(m^2)$

$V_{大} = 4.5 \times (135.72 + 251.89 + \sqrt{135.72 \times 251.89}) \div 3 = 855.76(m^3)$

$S_{小底} = (3 - 0.55 + 0.75) \times (3 - 0.55 + 0.75) = 10.24(m^2)$

$V_{小} = 32.26(m^3)$

所以大开挖实际土方：$V = V_{大} - V_{小} = 855.76 - 32.26 = 823.50(m^3)$

5. 挖淤泥、流砂工程量的计算

(1) 计算规则：挖淤泥、流砂的工程量按图示尺寸(或限定范围)的开挖面积乘以开挖深度以体积计算。

(2) 注意事项：限定范围一般根据实际情况由发包人和承包人双方认证。

6. 挖运石方及其他工程量的计算

主要包括挖运石方、人工挖孔桩挖土方、截(凿)桩头等。

1) 挖运石方工程量的计算规则

(1) 开凿、爆破石方工程量按设计图示尺寸以体积计算，允许超挖量并入岩石挖方量内计算。平基、沟槽、基坑开凿或爆破岩石，其开凿和爆破宽度及深度允许超挖量为：普坚石和次坚石为200mm，特坚石为150mm。

(2) 石方运输工程量按挖、填石方结合施工组织设计按实以体积计算。其运输距离由施工组织设计以挖方区重心到填方区重心或弃方区重心之间的最短距离确定。

2) 人工挖孔桩、挖土方工程量的计算规则

按桩长乘以设计截面积(含护壁)以体积计算。扩大头工程量按设计图示尺寸以体积计算，并入人工挖孔桩土(石)方工程量中。

3) 截(凿)桩头工程量的计算规则

(1) 桩头钢筋截断工程量按设计数量以根计算。

(2) 机械切割预制桩头工程量按设计数量以个计算。人工凿桩头工程量，除另有规定外，按设计要求以体积。设计没有要求的，预算时其长度从桩头顶面标高计至桩承台底以上100mm，结算时按实调整。

(3) 凿灌注桩、钻(冲)孔桩工程量按凿桩头长度乘以桩设计截面积再乘以系数1.20计算。凿人工挖孔桩护壁工程量应扣除桩芯体积计算。

(4) 人工凿深层搅拌桩桩头工程量按设计数量以个计算。

【例3-7】 某工程采用人工挖孔桩，如图3.2所示，试计算人工挖孔桩的挖土方工程量，并按定额计价方法计算其分项工程项目费。(按二类管理费计算。)

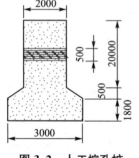

图3.2 人工挖孔桩土方示意图

【解】 1) 计算工程量

① 计算人工挖孔桩挖土方

$$V_{桩主体上} = (\pi d^2/4) \times L = 3.14 \times 2^2/4 \times 20 = 62.80 (m^3)$$

$$V_{桩主体下} = (\pi D^2/4) \times 1.8 = 3.14 \times 3^2/4 \times 1.8 = 12.72 (m^3)$$

$$V_{扩大头} = 1/3 \times \{(\pi d^2/4) + (\pi D^2/4) + \sqrt{(\pi d^2/4) \times (\pi D^2/4)}\} \times 0.5$$

$$= 1/3 \times \{(3.14 \times 2^2/4) + (3.14 \times 3^2/4) + \sqrt{(3.14 \times 2^2/4) \times (3.14 \times 3^2/4)}\} \times 0.5$$

$$= 17.60 (m^3)$$

$$V_{挖总} = V_{桩主体} + V_{扩大头} = 62.80 + 12.72 + 17.60 = 93.12 (m^3)$$

挖淤泥、流砂层增加的工程量 $= (\pi d^2/4) \times L = 3.14 \times 2^2 \div 4 \times 0.5 = 1.57 (m^3)$

2) 计算分项工程费用

表 3-5　定额分部分项工程费汇总表

工程名称：　　　　　　　　　　　　　　　　　　　　　　　　第　页　共　页

序号	定额编号	名称及说明	单位	数量	基价/元	合计
1	A1-133	人工挖孔桩挖土	10m³	9.312	2333.62	21730.70
2	A1-140	人工挖孔桩挖淤泥增加费	10m³	0.157	691.43	108.55

7. 土方回填工程量的计算

(1) 场地回填工程量的计算规则：按回填面积乘以平均回填厚度以体积计算。

(2) 室内回填工程量的计算规则：按主墙间净面积乘以回填厚度以体积计算。

(3) 基础回填工程量的计算规则：区分以下两种情况分别计算。

① 当交付施工场地标高高于设计室外地坪时，按设计室外地坪以挖方体积减去埋设的基础体积计算(包括基础垫层及其他构筑物)。

② 当交付施工场地标高低于设计室外地坪时，按高差填方体积与挖方体积之和减去埋设的基础体积计算(包括基础垫层及其他构筑物)。

(4) 管沟回填：按挖方体积减去管沟外形体积及基础所占体积计算。

(5) 余(取)土工程量按公式计算：余(取)土体积＝挖土体积－回填总体积，式中的计算结果为正时表示余土外运体积，为负值时为需取土体积。

【例 3-8】 计算所附图纸工程基础回填工程量、余土外运工程量[见基础平面图(JG-04)]。

【解】 分析：通过上面的【例 3-3】和【例 3-4】，可知所挖土的总体积为：

$$V_{挖总}=404.21+61.8=466.01(m^3)$$

室外地坪下基础及构筑物的体积：

$$V_{承台}=1.8\times0.9\times1.2\times24=46.66(m^3)$$

$$V_{垫层}=2.0\times1.1\times0.1\times24=5.28(m^3)$$

$$\begin{aligned}V_{地梁}=&\{2\times(42-10\times0.9-2\times0.6)+6\times[5-2\times(0.9+0.2)]\\&+(5-0.2\times2)\}\times0.2\times0.4\\=&6.80(m^3)\end{aligned}$$

$$\begin{aligned}V_{地梁垫}=&\{2\times(42-10\times0.9-2\times0.6)+6\times[5-2\times(0.9+0.2)]\\&+(5-0.4\times2)\}\times0.4\times0.1\\=&3.40(m^3)\end{aligned}$$

$$\begin{aligned}V_{柱}=&0.3\times0.4\times[(-0.3)-(-0.8)]\times24+4\times0.2\times0.3\\&\times[(-0.3)-(-0.8)]\\=&1.56(m^3)\end{aligned}$$

回填工程量：

$$\begin{aligned}V_{填}=&V_{挖总}-(V_{承台}-V_{承台垫}-V_{地梁}-V_{地梁垫}-V_{柱})\\=&466.01-(46.67+5.28+6.8+3.4+1.56)\\=&402.30m^3\end{aligned}$$

余土外运工程量：$V_{外运}=V_{挖总}-V_{填}=466.01-402.30=63.71(m^3)$

8. 软基处理工程量的计算

软基处理主要包括强夯地基、塑料排水板、填砂(石屑、砂石等)抛石挤淤、铺设土工布、袋装砂井等,其工程量计算规则分别如下。

(1) 强夯地基:按设计图示尺寸以面积计算。
(2) 塑料排水板:按设计图示尺寸以长度计算。
(3) 填砂(石屑、砂石等):按设计图示尺寸以体积计算。
(4) 水泥稳定土、机械翻晒:按设计图示尺寸以面积计算。
(5) 抛石挤淤:按设计图示尺寸以体积计算。
(6) 铺设土工布:按设计图示尺寸以面积计算。
(7) 袋装砂井:按设计图示尺寸以长度计算。

3.3 清单计价方式下土(石)方工程量的计算

1. 平整场地清单工程量的计算

1) 清单工程量

(1) 计算规则:平整场地清单工程量按设计图示尺寸以建筑物首层面积计算。

(2) 注意事项:不包括落地阳台、地下室出入口、采光井和通风竖井所占面积,不包括施工组织设计规定超宽范围所平整的部分。

2) 计价工程量

对于平整场地这一个清单来说,计价包含的内容就是这个清单的综合内容,所以工程量往往不是一个。

(1) 计价内容。
① 平整场地工程量。
② 土方外运工程量。
③ 挖方。

(2) 注意事项。
① 平整场地计价工程量在量上有时不等于清单量,因为它包括超宽平整范围,而清单是按图算不包括施工组织设计要求的内容。
② 土方外运工程量不仅是包括平整时外运多出的挖方,也包括当平整场地土方不够时,从外面借土运回来的土方。
③ 挖方是指平整场地土石方不够时需从别的地方借土时,在别的地方所挖的量。

2. 挖基础土方工程量的计算

1) 清单工程量

(1) 计算规则:按设计图示尺寸以基础垫层底面积乘以挖土深度计算。

(2) 注意事项,挖基础土方其实是将定额中挖基坑和挖沟槽(管沟除外)合并,不包括工作面和放坡工程量。

2) 计价工程量
(1) 计价内容。

① 排地表水。
② 土方开挖(包括挖基坑、沟槽)。
③ 土方外运工程量。
④ 挡土板支拆。
⑤ 截桩头。
⑥ 基底钎探。
(2) 注意事项。
① 挖基础土方计价工程量其实是清单表中挖基础清单(010101003)的工程内容(共5项),它是清单的综合内容,但实际工程的计价工程量往往要根据这6项内容进行增减。
② 其中的土方开挖项包括放工作面、放坡增加的工程量,量上同定额计价的挖基坑或挖沟槽工程量。

【例3-9】 编制所附图纸[基础平面图(JG-04)]工程挖基础土方工程量清单。该工程采用人工挖、人工装、自卸汽车外运,外运2.5km,土壤为二类土。

【解】 分析:本题要求编制工程量清单,因此只要求算清单工程量,然后填写工程量清单表即可。清单工程量不放坡、不放工作面。

1) 工程量计算
(1) 挖承台:挖土深度:$H=(-0.3)-(-2.1)=1.80(m)$
$$V=1.1\times 2.0\times 1.8\times 24=95.04(m^3)$$
(2) 挖土梁:挖土深度:$H=(-0.3)-(-1.3)=1.00(m)$
① A、B轴地梁:
$$L=42-10\times(0.9+0.2)-2\times(0.45+0.15+0.1)=29.60(m)$$
$$W=0.2+0.2=0.4(m)$$
$$V=29.60\times 0.4\times 1.00\times 2=23.68(m^3)$$
② 1、2、3、8、11、12轴地梁(共6轴):
$$L=5-2\times(0.9+0.2+0.1)=2.6(m)$$
$$W=0.2+0.2=0.4(m)$$
$$V=2.60\times 1.00\times 0.4\times 6=6.24(m^3)$$
③ 2轴旁地梁:
$$L=5-2\times(0.2+0.1)=4.40(m)$$
$$W=0.2+0.2=0.4(m)$$
$$V=4.4\times 1.00\times 0.4=1.76(m^3)$$
④ 地梁土方合计:$V_{地总}=23.68+6.24+1.76=31.68(m^3)$
(3) 清单工程量合计:
$$V=95.04+31.68=126.72(m^3)$$

2) 填写工程量清单表(表3-6)

3. 挖土方工程量的计算
1) 清单工程量
(1) 计算规则:按设计图示尺寸以体积计算。计算公式如下:
$$V=挖土平均厚度\times 挖土平面面积$$

表 3-6 分部分项工程量清单与计价表

工程名称：　　　　　　　　　　　　标段：　　　　　　　　　　　　第　页　共　页

序号	项目编码	项目名称	项目特征描述	计量单位	工程量	金额/元		
						综合单价	合价	其中：暂估价
1	010101003001	挖基础土方	土壤类别为二类土，桩承台基础，垫层底面积 $2\times1.1m^2$，挖土深度为 1.8m，有机械切割桩头，地梁底宽 0.4m，挖土深度 1.0m，人工挖、人工装、自卸汽车外运 2.5km	m^3	126.72	—	—	

（2）注意事项：挖土平均厚度应由自然地面测量标高到设计地坪标高的平均厚度确定，若地形起伏变化大，不能提供平均厚度，应提供方格网法或断面法施工的设计文件。不包括放坡和工作面增加的量。

2）计价工程量

（1）计价内容。

① 排地表水。

② 土方开挖。

③ 土方外运工程量。

④ 挡土板支拆。

⑤ 截桩头。

⑥ 基底钎探。

（2）注意事项。

① 挖土方实际计价工程量应根据（1）中的 6 项内容进行增减。

② 其中的土方开挖项包括放工作面、放坡增加的工程量，量上同定额计价的挖土方工程量。

4．管沟土方工程量的计算

1）清单工程量

（1）计算规则：按设计图示尺寸以管道中心线长度计算。

（2）注意事项：挖管沟时，由于管沟的宽窄不同，施工费用就有所不同，计算时应列不同清单。

2）计价工程量

（1）计价内容：

① 排地表水。

② 土方开挖。

③ 土方运输工程量。

④ 挡土板支拆。

⑤ 回填。

（2）注意事项。

① 挖管沟土方计价工程量中包括回填，这与其他清单不同。
② 此时的土方开挖包括放工作面、放坡以及接口处增加的工程量，量上同定额计价的管沟工程量，以体积计算。

5. 挖淤泥、流砂工程量的计算

1) 清单工程量

计算规则：按设计图示位置、界限以体积计算。

2) 计价工程量

计价内容：

(1) 挖淤泥、流砂。

(2) 弃淤泥、流砂。

6. 土方回填工程量的计算

1) 清单工程量

(1) 计算规则：按设计图示尺寸以体积计算，分以下几种情况。

① 场地回填：按回填面积乘以平均回填厚度以体积计算。

② 室内回填：按主墙间净面积乘以回填厚度以体积计算。

③ 基础回填：分以下两种情况分别计算。

a. 当交付施工场地标高高于设计室外地坪时，按设计室外地坪以挖方清单工程量减去埋设的基础体积计算(包括基础垫层及其他构筑物)。

b. 当交付施工场地标高低于设计室外地坪时，按高差填方体积与挖方清单工程量之和减去埋设的基础体积计算(包括基础垫层及其他构筑物)。

(2) 注意事项：清单填方工程量＝挖方的清单工程量－室外地坪下的基础、垫层及构件实际体积。不包括工作面和放坡所要填的量。

2) 计价工程量

(1) 计价内容。

① 挖土(石)方。

② 装卸、运输。

③ 回填。

④ 分层碾压、夯实。

(2) 注意事项。

① 计价内容中的挖土方是回填的土(石)方不够时需从别的地方借土方，此时在别的地方所挖的量。

② 计价工程量中的回填＝挖方的计价工程量－室外地坪下基础、垫层与构件实际体积。包括工作面和放坡所需填的量。

【例3-10】 编制所附图纸［基础平面图(JG-04)］的工程基础回填工程量清单。该工程采用人工夯实，土壤为二类土。

【解】 分析：本题要求编制工程量清单，因此只要求算清单工程量，然后填写工程量清单表即可。

1) 工程量计算

基础回填清工程量＝挖方清单工程量－室外地坪下基础、垫层与构件实际体积

由【例 3-9】和【例 3-8】可知：挖方清单工程量=126.76(m^3)

室外地坪下基础、垫层与构件实际体积=46.67+5.28+6.8+3.4+1.56=63.71(m^3)

基础回填清工程量=126.76-63.71=63.05(m^3)

2) 填写工程量清单表(表 3-7)

表 3-7 分部分项工程量清单与计价表

工程名称：　　　　　　　　　　标段：　　　　　　　　　　第　页　共　页

序号	项目编码	项目名称	项目特征描述	计量单位	工程量	金额/元		
						综合单价	合价	其中：暂估价
1	010103001001	基础回填	土壤类别为二类土，用原来挖方堆在旁的土方回填，人工夯实	m^3	63.05	—	—	

3.4 石方工程量的计算

1. 清单工程量

计算规则：按设计图示尺寸以体积计算。

2. 计价工程量

计价内容：

(1) 打眼、装药、放炮。

(2) 处理渗水、积水。

(3) 解小。

(4) 岩石开凿。

(5) 摊座。

(6) 清理。

(7) 运输。

(8) 安全防护、警卫。

3.5 土方综合案例

【例 3-11】 根据前面【例 3-9】和【例 3-10】编制的工程量清单，编制本工程基础土方投标报价的综合单价清单，并进行综合单价分析。本工程所在地在广州，其中人、材、机全部按 2010 年建筑综合定额所给定的价格取定。

【解】 分析：由【例 3-9】和【例 3-10】知，本题有两个清单，应分别对每一个清单进行综合单价计算和分析。

1) 挖基础土方(010101003001)

(1) 清单工程量：126.72m^3(见【例 3-9】工程量清单表)。

(2) 计价工程量：根据清单项目特征所描述的内容进行计价，工程量计算书见表 3-8。

表3-8 工程量计算书

工程名称　　　　　　　　　　　　　　　　　　　　　　　　　　　　　　　　第　页　共　页

工程项目或轴线说明	同样件数	工程量计算式				单位	数量
		长(m)	宽(m)	高(m)	小计		
第3章综合案例							
工程量清单							
ZJ2	24	1.8+0.2=2	0.9+0.2=1.1	(−0.3)−(−2.1)=1.8	3.96	m³	126.72
地梁Ⓐ、Ⓑ轴	2	42−10×1.1−2×0.7=29.6	0.2+0.2=0.4	0.4+0.1+(−0.3)−(−0.8)=1.00	11.84	m³	95.04
地梁①~③轴、⑧、⑪、⑫轴	6	5−1.2×2=2.6	0.4	0.4+0.1+(−0.3)−(−0.8)=1.00	1.04	m³	23.68
②轴旁地梁	1	5−0.3×2=4.4	0.4	1	1.76	m³	6.24
						m³	1.76
计价工程量							
挖基坑及沟槽							
ZJ2	24	1.8+0.2=2.6	0.9+0.2+0.6=1.7	(−0.3)−(−2.1)=1.8	7.96	m³	466.0128
ZJ2下底面积			4.42			m²	404.2128
ZJ2上底面积			15.40			m²	61.8
地梁合计					m³		
地梁Ⓐ~Ⓑ轴	2	42−10×(1.1+0.6)−2×(0.7+0.3)=23	1	1	23	m³	46
地梁①~③轴、⑧、⑪、⑫轴	6	2	1	1	2	m³	12
②轴旁地梁	1	3.8	1	1	3.8	m³	3.8
土方外运	1	466.01−63.71=402.30		466.01−402.30=63.71		m³	63.71
机械切割桩头						个	48

(3) 综合单价分析表见表 3-9。

表 3-9 综合单价分析表

工程名称：　　　　　　　　　　　　　　　标段：

项目编码	010101003001	项目名称		挖基础土方			计量单位	m^3	清单工程量		126.72	
清单综合单价组成明细													
定额编号	定额子目名称	定额单位	数量	单价				合价			
				人工费	材料费	机械费	管理费	利润	人工费	材料费	机械费	管理费	利润
	第3章 综合案例						a						
A1-9	人工挖基坑沟槽	100m^3	4.6601	1377.92	0.00	0.00	213.58	248.03	6421.24	0.00	0.00	995.30	1155.82
A1-57+2×A1-58	人工装自卸汽车外运	100m^3	0.6371	518.59	0.00	1364.54	292.04	93.35	330.39	0.00	869.35	186.06	59.47
A1-60	机械切割桩头	个	48	14.69	0.00	41.33	8.68	2.64	705.12	0.00	1983.84	416.64	126.92
(综合)人工单价				小 计					58.84	0.00	22.52	12.61	10.59
51元/工日				未计价材料费									
清单项目综合单价									104.56				

材料费明细	主要材料名称、规格、型号	单位	数量	单价/元	合价/元
	其他材料费			—	
	材料费小计			—	

(4) 报价表见表 3-10。

表 3-10 分部分项工程报价表

工程名称：　　　　　　　　　　　　　　　　　　　　　　　　　　第　页 共　页

序号	项目编码	项目名称	项目特征描述	计量单位	工程量	金额/元	
						综合单价	合价
1	010101003001	挖基础土方	土壤类别为二类土，桩承台基础，垫层底面积为 2×1.1m^2，挖土深度为 1.8m，地梁底宽 0.4m，挖土深度 1.0m，人工挖、人工装、自卸汽车外运 2.5km	m^3	126.72	104.56	13249.84

2) 土方回填清单(010103001001)

(1) 清单工程量：63.05m^3(见【例 3-10】工程量清单表)。

（2）计价工程量：根据清单项目特征所描述的内容进行计价，工程量计算书见表 3-11。

表 3-11 工程量计算书

工程名称　　　　　　　　　　　　　　　　　　　　　　　　　　　第 页 共 页

顺序	工程项目或轴线说明	同样件数	工程量计算式				单位	数量
			长/m	宽/m	高/m	小计		
	计价工程量							
1	土方回填			466.01－63.71＝402.30			m³	402.30

（3）综合单价分析表见表 3-12。

表 3-12 综合单价分析表

工程名称：　　　　　　　　　　　　标段：

项目编码	010103001001	项目名称		基础土方回填			计量单位	m³	清单工程量		63.05	
清单综合单价组成明细												
定额编号	定额子目名称	定额单位	数量	单价					合价			
				人工费	材料费	机械费	管理费	利润	人工费	材料费	机械费	管理费	利润
第3章 综合案例												
A1-145	回填土（人工夯实）	100m³	4.023	1214.51	0.00	0.00	188.25	218.61	4885.97	0.00	0.00	757.33	879.48
（综合）人工单价			小　计						77.49	0.00	0.00	12.01	13.95
51元/工日			未计价材料费										
清单项目综合单价									103.45				
材料费明细	主要材料名称、规格、型号			单位		数量		单价/元		合价/元			
	其他材料费							—					
	材料费小计												

（4）报价表见表 3-13。

表 3-13 分部分项工程报价表

工程名称：　　　　　　　　　　　　标段：　　　　　　　　　　　　　　第 页 共 页

序号	项目编码	项目名称	项目特征描述	计量单位	工程量	金额/元	
						综合单价	合价
1	010103001001	基础土方回填	土壤类别为二类土，桩承台基础及地梁土方回填，采用人工分层夯实	m³	63.05	103.45	6522.52

本 章 小 结

本章主要介绍了定额计价模式下和清单计价模式下土(石)方工程量的计算方法及注意事项。

在定额计价模式下,工程量统称为定额工程量。要计算土(石)方定额工程量必须明确土(石)方的类别、挖土划分条件(平整场地、挖基坑、挖沟槽、挖土方)、挖土深度、工作面、放坡系数及干湿土划分标准。熟记并掌握这4种类型挖土的工程量计算规则及注意事项。另外,还应熟悉土(石)方回填工程量及余土外运工程量的计算方法和挖淤泥、流砂工程量的计算规则及软基处理工程量计算规则等。

在清单工计价模式下,需要计算的工程量有两个:一是清单工程量,二是计价工程量。

清单工程量:严格按2008国家规范清单的计算原则来计算,每一个清单只对应一个清单工程量。

计价工程量:对应每一个清单规定的组成内容,所以一个清单的计价工程量可能是一个,也可能是多个,根据清单组成内容来定。这些工程量的计算方法同定额工程量的计算方法,并且在量上与定额工程量相等。

清单计价要求学生掌握清单计价方式下土(石)方清单工程量的计算规则及方法、计价工程量(或称报价工程量)的计算规则及方法、综合单价计算及分析。

本 章 习 题

1. 若基础下有垫层,挖土深度超过放坡起点深度,则放坡工程量应自(　　)开始计算。
   A. 基槽底　　　　　　　　　　B. 垫层的下表面
   C. 垫层的上表面　　　　　　　D. 放坡的起点深度
2. 基槽(坑)开挖需支设挡土板时,挡土板的宽度每边各按(　　)cm考虑,支设挡土板后(　　)。
   A. 10,不再考虑放坡　　　　　B. 10,放坡工程量另外计算
   C. 5,放坡工程量另外计算　　 D. 10,不再考虑放坡
3. 一基槽为二类土,人工开挖($k=0.5$),毛石基础底面宽度为 0.9m,开挖深度为 2.0m,则基槽的断面积为(　　)m^2。
   A. 4.4　　　　　　　　　　　B. 3.8
   C. 10.4　　　　　　　　　　 D. 0.9
4. 基坑支挡土板,挡土板工程量按(　　)计算。
   A. 挡土板垂直投影面积　　　　B. 坑垂直支撑面以面积
   C. 坑垂直支撑面以周长　　　　D. 挡土板垂直投影面以周长
5. 某砖基础基槽的计算长度为 60m,槽底垫层宽度为 0.6m,厚度为 0.2m,垫层上表面至设计室外地坪 0.8m,每边加宽工作面宽度为 0.2m,人工开挖,基槽土为二类土,则其挖方量为(　　)m^3。
   A. 79.2　　　　　　　　　　　B. 48
   C. 90　　　　　　　　　　　　D. 60
6. 关于基础施工所需加宽工作面的宽度,下列说法正确的是(　　)。

A. 砖基础每边增加 300mm
B. 毛石、条石基础每边增加 200mm
C. 混凝土基础垫层需支模板的每边增加 300mm
D. 基础垂直面作防水层每边增加 500mm

7. 平整场地是指深度在( )cm 以内的就地挖坑找平,其工程量按建筑物的( )计算。
   A. ±30,一半 B. ±40,底面积
   C. 50,建筑面积 D. ±30,建筑物首层面积

8. 凡满足( )条件者为挖地槽,凡不满足挖地槽条件的,且坑底面积( )的挖土,称为挖地坑。若坑底面积( ),挖土厚度在( )以外,称为挖土方。
   A. $L \geq 5B, B \leq 3m, A \leq 30m^2, A > 30m^2, 50cm$
   B. $L \geq 5B, B \leq 3m, A \leq 20m^2, A > 30m^2, 3cm$
   C. $L \geq 3B, B \leq 3m, A \leq 20m^2, A > 20m^2, 30cm$
   D. $L \geq 3B, B \leq 3m, A \leq 30m^2, A > 30m^2, 50cm$

9. 人工场地整平,挖填土方厚度为 40cm,则应按( )计算。
   A. 挖沟槽 B. 平整场地
   C. 挖基坑 D. 挖土方

10. 已知一基础的挖土体积为 1000m³,室外地坪以下埋设物的体积为 450m³,底层建筑面积为 600m²,1外中=80m,1内=35m,室内外高差为 0.6m,又知地坪层厚度为 100mm,外墙厚 370mm,内墙厚 240mm,则( )。
    A. 基础回填体积为 450m³,室内回填体积为 337.2m³,余土外运体积为 212.8m³
    B. 基础回填体积为 450m³,室内回填体积为 281m³,余土外运体积为 26m³
    C. 基础回填体积为 550m³,室内回填体积为 281m³,余土外运体积为 169m³
    D. 基础回填体积为 550m³,室内回填体积为 337.2m³,余土外运体积为 112.8m³

11. 推土机推土运距( )。
    A. 按挖方区重心至回填区重心之间的最短距离计算
    B. 按挖方区重心至回填区重心加转向距离计算
    C. 按挖方区重心至回填区重心之间的直线距离计算
    D. 按挖方区重心至回填区重心之间的最远距离计算

12. 以下说法不正确的是( )。
    A. 电焊接桩按设计接头以个计算
    B. 硫黄胶泥接桩以平方米计算
    C. 打拔钢板桩的工程量按钢板桩的重量以吨计算
    D. 计算管桩的打桩工程时管桩的空心体积不扣除以体积计算

第4章

桩及基础工程工程量计算

教学目标

本章主要介绍了两种计价模式下桩基工程量的计算方法：定额工程量和清单工程量。要求学生熟悉混凝土预制方桩、管桩、沉管灌注桩、钻孔灌注桩、人工挖孔桩和钢板桩等几种主要桩的生产工艺和施工流程，掌握定额计价方式下桩基定额工程量的计算规则及方法；掌握清单计价方式下桩基清单工程量的计算规则及方法、计价工程量（或称报价工程量）的计算规则及方法、综合单价计算及分析。

教学要求

知识要点	能力要求	相关知识
定额计价	（1）能够根据给定的工程图纸正确计算桩基工程的定额工程量 （2）能够进行桩基础各分项工程的定额换算	（1）混凝土预制方桩、管桩、沉管灌注桩、钻孔灌注桩、人工挖孔桩和钢板桩的生产工艺和施工流程 （2）混凝土预制方桩、管桩、沉管灌注桩、钻孔灌注桩、人工挖孔桩和钢板桩等桩基础工程量的计算规则
清单计价	（1）能够根据给定的工程图纸正确计算桩基工程的清单工程量 （2）能够根据给定工程图纸结合工程施工方案正确计算桩基工程的计价工程量（或称报价工程量） （3）能够正确计算桩基各项清单的综合单价并进行综合单价分析	（1）混凝土预制方桩、管桩、沉管灌注桩、钻孔灌注桩、人工挖孔桩和钢板桩等桩基础清单工程量的计算规则及方法 （2）综合单价计算方法

第4章 桩及基础工程工程量计算

引言

万丈高楼从地起,是什么东西在支撑着这万丈高楼,让其稳若泰山的呢?正是稳固的基础。那么基础又分哪些类别呢?其施工工艺和施工流程怎样?工程量又如何计算呢?

4.1 桩基础知识

1. 桩的相关概念介绍

(1)设计桩长:指设计图纸中标示的桩长。一般设计人员给一个范围值,因为场区各土层很不均匀,尤其是持力层的埋深不一样,因此只能给出一个大致范围。预算设计桩长等于设计桩顶标高减去设计桩底标高。通常在做预算时,桩长按设计桩长取定,结算时按实际入土长度计算。

(2)接桩:指由于一根桩的长度打不到设计规定的深度,需要将预制桩一根一根的连接起来继续向下打,直至打入设计的深度为止,即将已打入的前一根桩的顶端与后一根桩的下端相连接在一块的过程。

接桩方法通常有焊接接桩、法兰接桩和硫黄胶泥接桩3种。前两种方法适用任何各类别的土层,但最后一种方法只适用于软弱土层,焊接接桩应用最多,如图4.1所示。

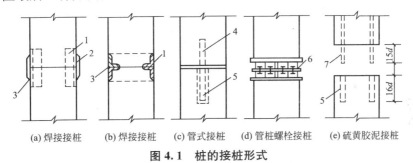

图 4.1 桩的接桩形式

(3)送桩:在打桩工程中,被打的桩顶设计标高低于自然地面标高,用送桩器连接桩顶直到把桩顶打到设计标高,然后把送桩器拔出来称为送桩。从打桩机架底到桩顶设计标高这段距离称为送桩长度(或称设计桩顶到自然地坪另加500mm的距离为送桩长度)。送桩及送桩长度如图4.2所示。

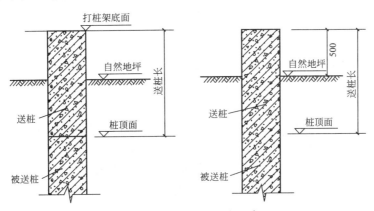

图 4.2 送桩及送桩长度示意图

2. 桩的分类

对于桩的分类，根据不同的目的有不同的分类方法。

1) 按成桩方法分类

一般分为非挤土桩、部分挤土桩和挤土桩 3 类，见表 4-1。

表 4-1 成桩类型及成桩方法

类型	桩型	成桩方法
挤土桩	挤土灌注桩	振动沉管灌注桩 锤击沉管灌注桩 锤击振动沉管灌注桩 夯压成型灌注桩 干振灌注桩 爆扩灌注桩
	挤土预制桩	打入实心混凝土预制桩、闭口钢管桩、混凝土管桩、静压桩
非挤土桩	干作业法成桩	长螺旋钻孔灌注桩 短螺旋钻孔灌注桩 钻孔扩底灌注桩 机动洛阳铲成孔灌注桩 人工挖孔扩底灌注桩
	泥浆护壁法成桩	落水钻成孔灌注桩 反循环钻成孔灌注桩 钻孔扩底灌注桩
	套管护壁法成桩	贝诺托灌注桩 短螺旋钻孔灌注桩
部分挤土桩		冲击成孔灌注桩 钻孔压注成型灌注桩 组合桩 预钻孔打入式预制桩 混凝土(预应力混凝土)灌注桩 H 形钢桩 敞口钢管桩

(1) 挤土桩(排土桩)：在成桩过程中，桩周围的土被挤密或挤开，使桩周围的土受到严重扰动，土的原始结构遭到破坏，土的工程性质发生很大变化。这类桩主要有挤土灌注桩和打入式预制桩等。

(2) 非挤土桩：(非排土桩)：在成桩过程中，将与桩体积相同的土挖出，因而桩周围的土很少受到扰动。这类桩主要有各种形式的挖孔或钻孔桩、井筒管桩和预钻孔埋桩等。

(3) 部分挤土桩：在成桩过程中，桩周围的土仅受到轻微的扰动，土的原状结构和工程性质没有明显变化。这类桩主要有预钻孔打入式预制桩、打入式敞口桩和部分挤土灌注桩等。

2）按桩身材料分类

根据桩身材料不同，可分为混凝土桩、钢桩和组合材料桩等。

（1）混凝土桩：目前应用最广泛的桩，具有制作方便、桩身强度高、耐腐蚀性能好、价格较低等优点。它可分为预制混凝土方桩、预应力混凝土空心管桩和灌注混凝土桩等。

（2）钢桩：由钢管桩和型钢桩组成。钢桩桩身材料强度高，桩身表面积大而截面积小，在沉桩时贯透能力强而挤土影响小，在饱和软粘土地区可减少对邻近建筑物的影响。型钢桩常见的有工字形钢桩和H形钢桩。钢管桩由各种直径和壁厚的无缝钢管制成。

由于钢桩价格昂贵，耐腐蚀性能差，所以应用受到一定的限制。

（3）组合材料桩：指一根桩由两种以上材料组成的桩。如钢管混凝土桩或上部为钢管下部为混凝土的桩。

3）按承载性状分类

（1）摩擦型桩。

① 摩擦桩：在极限承载力状态下，桩顶荷载由桩侧摩擦阻力承受的桩，桩尖部分承受的荷载很小，如在饱和软粘土地基中数十米深度内无坚硬的桩尖持力层的桩。这类桩基的沉降较大。

② 端承摩擦桩：在极限承载力状态下，桩顶荷载主要由桩侧摩擦阻力承受，即在外荷载作用下，桩的端阻力和侧壁摩擦力都同时发挥作用，但桩侧摩擦阻力大于桩尖阻力。如穿过软弱地层嵌入较坚实的硬粘土的桩。

（2）端承型桩。

① 端承桩：在极限荷载作用状态下，桩顶荷载由桩端阻力承受的桩。如通过软弱土层桩尖嵌入基岩的桩，外部荷载通过桩身直接传给基岩，桩的承载力由桩的端部提供，不考虑桩侧摩擦阻力的作用。

② 摩擦端承桩：在极限承载力状态下，桩顶荷载主要由桩端阻力承受的桩。如通过软弱土层桩尖嵌入基岩的桩，由于桩的细长比很大，在外部荷载作用下，桩身被压缩，使桩侧摩擦阻力得到部分的发挥。

4.2 混凝土预制桩

1. 混凝土预制桩的基础知识

混凝土预制桩多为钢筋混凝土桩，钢筋混凝土预制桩按其断面形式可分为方桩和空心预应力管桩两种。

（1）预制混凝土方桩可以在现场制作或在工厂按图纸制作。钢筋混凝土方桩一般可分为桩身和桩尖两部分，如图4.3所示。常用方桩截面有250mm×250mm、300mm×300mm、350mm×350mm、400mm×400mm 4种，长度为每节6～12m，可根据需要将单节桩连接成所需桩长。

（2）预应力管桩已形成定型化，由专业化工厂生产。空心预应力管桩直径为300～600mm，长度为每节4～12m。空心预应力管桩桩尖一般另用钢板制作。空心预应力管桩桩尖如图4.4所示。

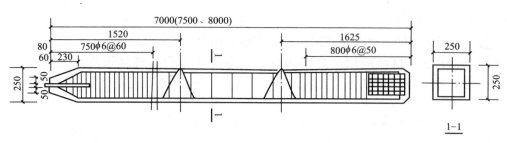

图 4.3　钢筋混凝土预制方桩

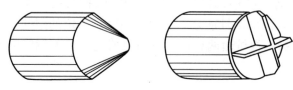

图 4.4　预应力管桩桩尖

2. 定额计价方式下预制混凝土桩工程量的计算

预制混凝土方桩工程量的计算内容包括打(压)预制混凝土方桩、接桩、送桩；空心预应力管桩工程量的计算内容包括打(压)预应力混凝土管桩、钢桩尖、接桩、管桩填芯、送桩等。而预制方桩的制作、场外运输需根据"混凝土及钢筋混凝土工程"计算或计入预制桩成品材料的价格。

1) 计算规则

(1) 打(压)预制混凝土方桩工程量按设计图示尺寸以桩长(包括桩尖)计算。

(2) 打(压)预制混凝土管桩工程量按设计图示尺寸以桩长(不包括桩尖)计算。

(3) 预制混凝土接桩工程量按设计图示接头数量以个计算。

(4) 钢桩尖制作工程量按设计图示尺寸以质量计算，不扣除孔眼(0.04m² 内)、切边、切肢的质量，焊条、铆钉、螺栓等不另增加质量，不规则或多边形钢板以其外接矩形面积乘以厚度再乘以单位理论质量计算。

(5) 预制混凝土管桩填芯工程量按设计长度乘以管内截面积以体积计算。

(6) 送桩工程量按送桩长度(即打桩机架底至桩顶面或自然地坪面另加 0.5m)计算。

2) 注意事项

(1) 打(压)预制方桩定额子目只是施打费用，不包括桩制作、场外运输、接桩三项工程内容，这三项应另按相应子目计算。

① 现场预制混凝土方桩的，按相应子目含量套"混凝土及钢筋混凝土工程"预制方桩制作子目，扣除子目中混凝土方桩的消耗量，其他不变。

② 方桩运输适用于承包方在预制加工场制作后运至施工现场。按混凝土及钢筋混凝土工程中预制混凝土构件运输子目计算。

(2) 打(压)空心预应力管桩定额子目只是施打费用，不包括接桩、桩尖、混凝土管桩桩芯填砂三项工程内容，这三项应另按相应子目计算。

(3) 打(压)桩定额不包括清除地下障碍物，若发生则按实计算。

(4) 单位工程内出现送桩和打桩的应分别计算。预制混凝土桩送桩，人工及机械台班消耗量乘以系数 1.20。

(5) 其他的详见定额说明。

【例 4-1】 计算综合案例上预制管桩的定额工程量。详见预应力管桩统一说明图和基础平面图(JG-03、JG-04)。

【解】 分析：首先根据图纸确定桩的长度，按设计与施工要求来确定。

(1) 打普通桩工程量：$47 \times (12+1.5 \times 0.3) = 585.15(m)$

套定额时与 500m 相比较，确定是否乘以系数 1.25。

(2) 送桩工程量：$48 \times [-0.3-(-1.9+0.45)+0.5] = 79.2(m)$

(3) 打试验桩工程量：12.45m

(4) 接桩：48 个

(5) 截桩：48 个

(6) 钢桩尖：

板：$3.14 \times (0.27 \times 0.27/4) \times 0.01 \times 48 \times 7.85 \times 10^3 = 215.63(kg)$

勒：$0.27 \times 0.018 \times 0.1 \times 2 \times 48 \times 7.85 \times 10^3 = 366.25(kg)$

(7) 桩顶插筋：

竖筋：$4 \times (1.2+0.7) \times 48 \times 0.00617 \times 20^2 = 900.33(kg)$

交叉筋：$2 \times 48 \times 0.3 \times 0.00617 \times 16^2 = 45.49(kg)$

桩顶插筋合计：$900.33+45.49 = 945.82(kg)$

(8) 钢板：$48 \times 3.14 \times (0.3-0.07 \times 2-0.02)^2/4 \times 0.003 \times 7.85 \times 10^3 = 17.39(kg)$

(9) 桩顶混凝土 C30：$48 \times 3.14 \times (0.3-0.07 \times 2)^2/4 \times 1.2 = 1.16(m^3)$

(10) 桩底混凝土 C25：$48 \times 3.14 \times (0.3-0.07 \times 2)^2/4 \times 1.0 = 0.96(m^3)$

3. 清单计价方式下预制混凝土桩工程量的计算

1) 清单工程量

(1) 计算规则：预制钢筋混凝土桩按设计图示尺寸以桩长(包括桩尖)或以根数计算。

(2) 注意事项：清单工程量计量单位是 m 或根，注意计算规则要与其计量单位的一致。

2) 计价工程量

(1) 计价内容。

① 预制混凝土桩制作、运输工程量。

② 打(压)普通桩、试验桩工程量。

③ 送桩工程量。

④ 空心预应力管桩填充材料、刷防护材料工程量。

⑤ 清理、运输工程量。

(2) 注意事项。

① 预制混凝土桩打(压)计价工程量的计量单位不一定与清单工程量的计量单位相同，因而其量不一定等于清单工程量。

② 有的清单的计价工程量可能有多个，也可能只有一个。

③ 每一个计价内容的计价工程量的计算规则同定额工程量，在量上也和定额工程量相等。

【例 4-2】 编制【例 4-1】的工程量清单，并根据《广东省建筑与装饰工程综合定额》(2010)所给定的人、材、机价格，按一类地区计算打预制管桩这一个清单的综合单价并进行报价。管桩内混凝土采用商品混凝土 40 石(1 石=120kg，下同)。详见预应力管桩统一说明图和基础平面图(JG-03、JG-04)。

【解】 第一步：计算清单工程量，填写工程量清单(表4-2、表4-3、表4-4)。
(1) 预制钢筋混凝土桩(010201001001)：48×12=576(m)
(2) 接桩(010201002001)：48个
(3) 桩头插筋(010416001001)：945.82kg(计算同定额工程量)

表4-2 工程量清单

工程名称：　　　　　　　　　　标段：　　　　　　　　　　第 页 共 页

序号	项目编码	项目名称	项目特征描述	计量单位	工程量	金额/元	
						综合单价	合价
1	010201001001	预制钢筋混凝土桩	预制管桩，桩径为300mm，设计桩长2m，打一根试验桩，有送桩，钢桩尖，桩顶填C30，桩底填C25商品混凝土，桩顶有预埋钢板	m	576		

表4-3 工程量清单

工程名称：　　　　　　　　　　标段：　　　　　　　　　　第 页 共 页

序号	项目编码	项目名称	项目特征描述	计量单位	工程量	金额/元	
						综合单价	合价
1	010201002001	接桩	钢板焊接桩	个	48		

表4-4 工程量清单

工程名称：　　　　　　　　　　标段：　　　　　　　　　　第 页 共 页

序号	项目编码	项目名称	项目特征描述	计量单位	工程量	金额/元	
						综合单价	合价
1	010416001001	现浇混凝土钢筋	桩头插筋，每根桩有4根竖筋，直径为20mm；两根交叉筋直径为16mm	t	0.9458		

第二步：计算计价工程量。

(注：题目要求只计算打预制管桩这一个清单的综合单价，所以计价工程量也是只求这个清单的计价工程量。另两个清单的计价工程量和综合单价类似，不再详细计算)。
(1) 打普通桩工程量：47×(12+1.5×0.3)=585.15(m)
(2) 打试验桩工程量：12.45m。
(3) 送桩工程量：48×[-0.3-(-1.9+0.45)+0.5]=79.2(m)
(4) 钢桩尖：581.88kg(同定额)。
(5) 桩顶钢板：48×3.14×(0.3-0.07×2-0.02)^2/4×0.003×7.85×10^3=17.39(kg)
(6) 桩顶混凝土C30：48×3.14×(0.3-0.07×2)^2/4×1.2=1.15(m^3)
(7) 桩底混凝土C25：48×3.14×(0.3-0.07×2)2/4×1.0=0.96(m^3)

第三步：填写综合单价分析表(表4-5)。

表 4-5 综合单价分析表

工程名称:

| 项目编码 | 010201001002 | 项目名称 | 预制钢筋混凝土桩 | | | | | 计量单位 | m | 清单工程量 | 576 |

定额编号	定额名称	定额单位	工程数量	单价					合价			
				人工费	材料费	机械费	管理费	利润	人工费	材料费	机械费	管理费	利润
A2-8换	打预制管桩,桩径为300mm(普通桩)	100m	5.8515	269.28	7776.97	838.93	192.61	48.47	1575.69	45506.94	4908.99	1127.06	283.62
A2-8 J×2,R×2	打预制管桩,桩径为300mm,打(压)试验桩	100m	0.1245	538.56	7776.97	1677.86	192.61	96.94	67.06	1213.21	208.89	23.98	12.07
A2-8换 J×1.2, R×1.2	打预制管桩,桩径为300mm,送桩	100m	0.792	323.14	50.47	1006.72	192.61	58.16	255.92	39.97	797.32	152.55	46.07
A2-31	预制混凝土管桩填芯,填混凝土	10m³	0.211	591.60	6.25	14.37	105.32	106.49	124.83	1.32	3.03	22.22	22.47
8021915	【普通商品混凝土,C25,粒径为40mm石子】	10m³	0.9696		2450					2375.52		0.00	0.00
8021916	换为【普通商品混凝土,C30,粒径为40mm石子】	10m³	0.116		2550					296.18		0.00	0.00
A2-27	钢桩头制作安装	t	0.58188	1018.98	5152.85	429.69	251.78	183.42	592.92	2998.34	250.03	146.51	106.73
A4-213	预埋铁件	t	0.01739	1049.58	6044.5	277.1	381.42	188.92	18.252196	105.113855	4.82	6.6328938	3.285395
小 计									2634.67	52291.62	6173.09	1478.95	474.25
未计价材料费													
综合工日 51元/工日			综合单价								109.47		

人工单价

(续)

	主要材料名称、规格、型号	单位	数量	单价/元	合价/元	暂估单价/元	暂估合价/元
	松杂板枋材	m³	0.142	1313.52	186.687971		
	草袋片	片	21.725	4.46	96.8947488		
	麻袋	个	8.595	1.97	16.9328592		
	金属材料(摊销)	kg	11.167	3.86	41.095296		
	水	m³	0.317	2.8	0.8862		
材料费明细	铁件(综合)	kg	17.564	5.81	102.046259		
	低碳钢焊条(综合)	kg	17.693	4.9	86.693644		
	热轧厚钢板 6~7	t	0.617	4590	2831.07895		
	预应力混凝土管桩 φ300	m	603.576	76.5	46173.564		
	乙炔气	kg	2.421	8.82	21.3498755		
	氧气	m³	5.580	5.89	32.86755		
	普通预拌混凝土, C30, 粒径为 40mm 石子	m³	0.116	255	29.62		
	普通预拌混凝土, C25, 粒径为 40mm 石子	m³	0.9696	245	237.55		
	其他材料费			—		—	
	材料费小计			—		—	

注: J—机械费, R—人工费。

第四步：填写报价表(表4-6)。

表4-6 报价表

工程名称：　　　　　　　　　标段：　　　　　　　　第 页 共 页

序号	项目编码	项目名称	项目特征描述	计量单位	工程量	金额/元	
						综合单价	合价
1	010201001001	预制钢筋混凝土桩	桩径300mm，设计桩长12m，有送桩、钢桩尖，桩顶填C30混凝土，桩底填C25混凝土，桩顶有预埋钢板	m	576	109.47	63054.72

4.3 沉管灌注桩

1. 沉管灌注桩的基础知识

沉管灌注桩是目前使用最为广泛的一种灌注桩。它是将带有活瓣式桩靴或设置钢筋混凝土预制桩尖的钢套管沉入土中，然后边浇混凝土边用卷扬机拔管成桩的，分为锤击沉管灌注桩、振动沉管灌注桩和套管夯打灌注桩3种。该桩可单打，也可复打。其施工流程如图4.5所示。

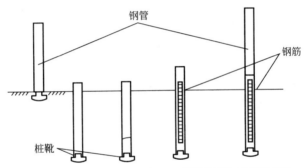

(a) 就位　(b) 沉套管　(c) 开始灌筑混凝土　(d) 下钢筋骨架继续浇灌混凝土　(e) 拔管成型

图4.5 沉管灌注桩施工过程示意图

2. 定额计价方式下沉管灌注桩工程量的计算

1) 计算内容

(1) 打桩(普通桩和试验桩分开算)。

(2) 预制混凝土桩尖(如是套管直接带活瓣式桩靴的就不计算桩尖，只有沉管下是带有预制混凝土桩尖时才计算)。

(3) 截桩(机械截桩或人工凿桩头)。

2) 计算规则

(1) 打桩工程量：按桩长乘以设计截面积以体积计算。计算公式为：

$$V = F \times L \times N$$

式中：F——设计桩截面积，m^2；

L——桩长度(预算时按设计桩长，结算时按实际入土桩长)，m；

N——桩根数。

(2) 桩尖：预制混凝土桩尖以体积计算，可套用预制零星构件定额，注意施工损耗按1%计。

(3) 截桩（即人工凿桩头）按凿桩头长度乘以截面积再乘以1.2以体积计算。

(4) 试验桩：以体积计算，套定额要求时打试验桩按相应子目的人工费、机械费乘以系数2。

3) 注意事项

(1) 灌注桩定额包括灌混凝土（浇筑）但未包括混凝土制作费，混凝土制作按下册混凝土制作套取相应费用。

(2) 试验桩：以体积计算，套定额要求时按相应子目的人工费、机械费乘以系数2。

(3) 在原位打扩大桩时，其体积按单桩体积乘以复打次数计算。仍套相应打混凝土灌注桩子目，人工按85%计，机械按50%计，材料按100%计。

(4) 桩混凝土扩散量调整：在一般定额中，灌注桩混凝土用量是按20%考虑的，结算时按结算桩体积乘以1.2的扩散系数与出槽量相比，增加或减少的混凝土按相应强度等级的混凝土单价补退，列入直接费计算，出槽量要以实际配合比及混凝土容重为2400kg/m³计算。

4) 案例

【例4-3】 打混凝土灌注桩计算工程量为120m³，使用C15混凝土，配合比为1：2.1：3.86：0.54（水泥：砂：石子：水，质量比）实际耗用水泥50t（1000包），试求桩扩散量的应调增（减）混凝土的工程量。

【解】 第一步，每包水泥的出槽量：

$$50 \times (1+2.1+3.86+0.54) \div 2400 = 50 \times 7.5 \div 2400 = 0.156 (m^3)$$

第二步，实际灌注的混凝土量：$1000 \times 0.156 = 156 (m^3)$

第三步，定额的耗用混凝土量：$120 \times 1.2 = 144 (m^3)$

所以，应调增混凝土量$= 156 - 144 = 12 (m^3)$

【例4-4】 某工程有沉管混凝土灌注桩100条，设计桩径为60cm，设计桩长平均为25m，预制混凝土桩尖长0.8m，桩顶标高为-2.5m，施工要求打1根试验桩，桩顶预留2倍直径供截割。混凝土为C20（40石搅拌站拌制）。本工程管理费按三类地区收取试求定额分项工程量。

【解】 计算工程量。

(1) 打普通灌注桩工程量：

$$V_1 = 3.14 \times D^2/4 \times L \times N = 3.14 \times 0.6^2/4 \times (25+0.6 \times 2) \times 99 = 733.00 (m^3)$$

(2) 试验桩：

$$V_2 = 3.14 \times 0.6^2/4 \times (25+2 \times 0.6) = 7.40 (m^3)$$

(3) 沉管灌注桩混凝土制作：

$$V_3 = 3.14 \times 0.3614 \times (25+0.6 \times 2-0.8) \times 100 \times 1.2 = 861.36 (m^3)$$

(4) 预制混凝土桩尖：

$$100 \times 3.14 \times 0.6^2/4 \times 0.8 \div 3 \times (1+1\%) = 7.61 (m^3)$$

(5) 桩尖混凝土制作：

$$7.61 \times (1+1\%) = 7.67 (m^3)$$

(4) 截割桩（即人工凿桩头）：

$$2 \times 0.6 \times 100 \times 3.14 \times 0.6^2/4 \times 1.2 = 40.69 (m^3)$$

3. 清单计价方式下沉管灌注桩工程量的计算

1) 清单工程量计算

(1) 清单工程量计算规则见表4-7。

表 4-7 灌注桩清单工程量计算规则

项目编码	项目名称	项目特征描述	计量单位	工程量计算规则	工程内容
010201003	混凝土灌注桩	(1) 土壤类别 (2) 单桩长度、根数 (3) 桩截面积 (4) 成孔方法 (5) 混凝土强度等级	m	按设计桩长或根数计算	(1) 成孔、固壁 (2) 混凝土制作、运输、灌注、振捣、养护 (3) 泥浆池及沟槽砌筑、拆除 (4) 泥浆制作、运输 (5) 清理、运输

2) 计价工程量

(1) 计算内容。

① 打桩,包括普通桩和试验桩,也就是表 4-7 中工程内容列的第(1)和第(2)点所包括的内容。

② 预制混凝土桩尖。

(2) 计算规则:与定额工程量计算规则相同,量也完全相等。

3) 注意事项

混凝土灌注桩的截桩属另一个清单,所以在计算混凝土灌注桩这个清单的计价工程量时,不要计算截桩的量。

4.4 钻(冲)孔灌注桩

1. 钻(冲)孔灌注桩的基础知识

灌注混凝土桩是用桩机设备在施工现场就地成孔,在孔内放置钢筋笼,浇筑混凝土,桩的深度和直径可根据受力的需要,由设计人员确定。

施工工艺:场地平整—放桩位线—钻孔机就位—机械钻直孔—人工清直孔及扩孔—扩孔清底—检查—放钢筋笼—灌混凝土地。钻孔灌注桩如图 4.6 所示。

2. 定额计价方式下钻(冲)孔灌注桩工程量的计算

1) 计算内容

(1) 普通桩成孔、灌注[成孔和灌注就是通常意义上说的打钻(冲)孔灌注桩]。

(2) 试验桩成孔、灌注。

(3) 泥浆外运工程量。

(4) 钻(冲)孔入岩增加的工程量。

(5) 截割桩(或人工凿桩头)。

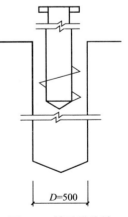

图 4.6 钻孔灌注桩示意图

2) 计算规则

(1) 普通桩工程量:按桩长乘以设计截面积以体积计算。计算公式为:

$$V = F \times L \times N$$

式中：F——设计桩截面积，m^2；

L——桩长度（预算时按设计桩长，结算时按实际入土桩长），m；

N——桩根数。

(2) 试验桩同普通桩，以体积计。

(3) 泥浆外运工程量：按钻（冲）成孔工程量计。

(4) 钻（冲）孔入岩增加的工程量：按入岩体积计算，套相应定额。

(5) 截割桩（或人工凿桩头）：按凿桩头长度乘以桩截面积再乘以 1.2，以体积计算。

3）注意事项

(1) 混凝土扩散量与混凝土沉管灌注桩相同。

(2) 与前面预制混凝土桩相比较：

少：场外运输、接桩、送桩　　多：泥浆外运和入岩增加费

(3) 与前面灌注桩比较：

少：桩尖　　　　　　　　　多：泥浆外运和入岩增加费

4）案例

【例 4-5】 某工程有钻孔混凝土灌注桩 100 条，设计桩径为 60cm，设计平均桩长为 25m，按设计要求需进入岩 0.5m，桩顶标高为 -2.5m，施工场地标高为 -0.5m，泥浆外运 3km，混凝土为 C20（40 石搅拌机拌制）。本工程管理费按三类地区收取，按定额计价法计算分部分项工程造价。

【解】 第一步：计算定额工程量。

(1) 普通桩成孔工程量：

$V_1 = 3.14 \times D^2/4 \times L_1 \times N = 3.14 \times 0.6^2/4 \times (25+2) \times 100 = 763.02 (m^3)$

(2) 钻孔灌注桩混凝土制作工程量：

$V_2 = 3.14 \times D^2/4 \times L_2 \times N = 3.14 \times 0.6^2/4 \times 25 \times 100 \times 1.2 = 847.80 (m^3)$

(3) 入岩增加工程量（体积）：$V_3 = 3.14 \times D^2/4 \times L_2 \times N = 3.14 \times 0.6^2/4 \times 0.5 \times 100 = 14.13 (m^3)$

(4) 泥浆运输工程量（体积）：$V_5 = V_1 = 763.02 (m^3)$

第二步：套定额，填写定额分部分项工程费汇总表（表 4-8）。

表 4-8 定额分部分项工程费汇总表

工程名称：预算书 2　　　　　　　　　　　　　　　　　　　　　第 1 页 共 1 页

序号	项目编码	项目名称	计量单位	工程数量	定额基价/元	合价/元
1	A2-62	钻孔桩成孔、灌注，设计桩径为 600mm	10m³	76.302	5301.33	404502.08
	8021628	换为 C20 混凝土 40 石（搅拌机）	10m³	84.78	2194.18	186022.58
2	A2-72	钻孔桩入岩增加费，设计桩径为 600mm	10m³	1.413	10957.17	15482.34
3	A2-82+2×A2-83	泥浆运输，运距 1km 内，实际运距 3km	10m³	76.302	561.4	42835.94
		分部小计				648842.94

3. 清单计价方式下钻(冲)孔灌注桩工程量的计算

1) 清单工程量

(1) 计算规则：计算规则详细见表4-9。

表4-9 钻(冲)孔灌注桩清单工程量计算规则表

项目编码	项目名称	项目特征描述	计量单位	工程量计算规则	工程内容
010201003	混凝土灌注桩	(1) 土壤类别 (2) 单桩长度、根数 (3) 桩截面积 (4) 成孔方法 (5) 混凝土强度等级	m	按设计桩长或根数计算	(1) 成孔、固壁 (2) 混凝土制作、运输、灌注、振捣、养护 (3) 泥浆池及沟槽砌筑、拆除 (4) 泥浆制作、运输 (5) 清理、运输

2) 计价工程量

(1) 计算内容。

① 普通桩成孔、灌注[成孔和灌注就是通常意义上说的打钻(冲)孔灌注桩]。

② 试验桩成孔、灌注。

③ 泥浆外运工程量。

④ 钻(冲)孔入岩增加的工程量。

(2) 计算规则：与定额工程量计算规则相同，量也完全相等。

3) 注意事项

钻(冲)孔混凝土灌注桩的截桩或人工凿桩头应归属于挖基础土方清单，所以在计算混凝土灌注桩这个清单的计价工程量时，不要计算截桩或人工凿桩头的量。

4) 综合案例

【例4-6】 编制【例4-5】的工程量清单，计算其综合单价并进行报价。

【解】 (1) 计算清单工程量并填写工程量清单(表4-10)：$25 \times 100 = 2500 (m)$。

表4-10 工程量清单

工程名称：　　　　　　　　　标段：　　　　　　　　　第　页 共　页

序号	项目编码	项目名称	项目特征描述	计量单位	工程量	金额/元	
						综合单价	合价
1	010201003001	混凝土灌注桩	钻孔灌注桩，桩径为600mm，设计桩长为25m，根数为100根，入岩0.5m，混凝土等级为C20，泥浆外运3km	m	2500		

(2) 计价工程量(计算同定额)。

① 普通桩成孔工程量：763.02m³

② 钻孔灌注桩混凝土制作工程量：847.80m³

③ 入岩增加工程量(体积)：14.13m³

④ 泥浆运输工程量(体积)：$V_5 = V_1 = 763.02 m^3$

(3) 填写综合单价分析表(表4-11)。

表 4-11 钻孔灌注桩综合单价分析表

工程名称：

项目编码	010201003001		项目名称		成孔灌注混凝土桩			计量单位	m	清单工程量	2500
			综合单价分析								
定额编号	定额名称	定额单位	工程数量	单价				合价			
				人工费	材料费	机械费	管理费	利润	人工费	材料费	机械费	管理费	利润
A2-62	钻孔桩成孔，灌注，设计桩径(mm)600 换为【C20 混凝土 40 石（搅拌机）】	10m³	76.302	2633.13	654.92	1477.46	535.82	473.96	200913.09	49971.7058	112733.15	40884.138	36164.0959
8021628		10m³	84.78	157.59	1971.77	64.81	0	28.37	13360.48	167166.6666	5494.5918	0	2405.2086
A2-72	钻孔桩入岩增加费，设计桩径 600mm	10m³	1.413	1996.65	0	7696.87	1263.55	359.4	2821.2665	0	10875.677	2380.5235	507.8322
A2-82 换	泥浆运输，运距 1km 内，实际运距 3km	10m³	76.302	154.53	0	342.13	64.74	27.82	11790.948	0	26105.203	4939.7915	2122.7216
人工单价			小 计						215525.3	235994.286	155208.54	47609.325	41199.8584
综合工日 51 元/工日			未计价材料费										
			综合单价						276.017				
材料费明细	主要材料名称、规格、型号				单位	数量	单价/元	合价/元	暂估单价/元	暂估合价/元
	松杂板枋材				m³	9.00	1313.52	11826.46		
	金属材料（摊销）				kg	353.51	3.68	1300.91		
	水				m³	1625.23	2.80	4550.65		
	低碳钢焊条（综合）				kg	205.25	4.90	1005.74		
	粘土				m³	45.78	32.64	1494.30		
	圆钉 50~75				kg	44.26	4.36	192.95		
	C20 混凝土 40 石（搅拌机）				10m³	84.78	2194.17	186021.73	—	—
	其他材料费						—		—	
	材料费小计						—		—	

(4) 填写报价表(表 4-12)。

表 4-12 钻孔灌注桩报价表

工程名称：   标段：   第 页 共 页

序号	项目编码	项目名称	项目特征描述	计量单位	工程量	综合单价	合价
1	010201003001	混凝土灌注桩	钻孔灌注桩，桩径为600mm，设计桩长25m，根数为100根，入岩0.5m，混凝土等级为C20，泥浆外运3km	m	2500	276.017	690042.5

4.5 人工挖孔桩

1. 人工挖孔桩的基础知识

人工挖孔桩是采用人工挖土成孔，浇筑混凝土成桩。其特点如下。
(1) 单桩承载力高，结构受力明确，沉降量小。
(2) 可直接检查桩直径、垂直度和持力层情况，桩质量可靠。
(3) 施工无振动，对环境无污染，对周边建筑无影响。

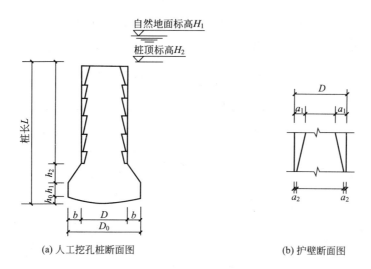

图 4.7 人工挖孔桩示意图

2. 定额计价方式下人工挖孔桩工程量的计算

1) 人工挖孔桩工程量的计算内容
(1) 人工挖孔桩挖土。
(2) 人工挖孔桩护壁。
(3) 人工挖孔桩桩芯混凝土。

2) 计算规则

(1) 人工挖孔桩挖土：按成孔深度乘以桩截面积(含护壁)以体积计算。

(2) 人工挖孔桩护壁：同挖土工程量。

(3) 人工挖孔桩桩芯混凝土：按成孔长度乘以设计截面积(含护壁)和定额子目附项含量计算，扣除空桩部分的体积。

3) 注意事项

(1) 人工挖孔桩穿越岩层时不做护壁也不扣减。

(2) 人工挖孔桩护壁的护壁混凝土已包括在人工挖孔桩护壁这一定额子目中，按定额附录后的混凝土把价格算进去即可，不用单独列项计算。

(3) 人工挖孔桩桩身若出现扩大头时，应分段算其体积。

4) 案例

【例 4-7】 人工挖孔桩 20 根，外径为 300cm，设计桩长 17m，设计桩顶离地面 1m，其中护壁混凝土与桩芯混凝土现场搅拌机拌制为 C25 混凝土 40 石，求广州地区的定额分项费用。

【解】

第一步：计算工程量。

(1) 人工挖孔桩挖土：$3.14 \times (3^2/4) \times 18 \times 20 = 2543.40(m^3)$

(2) 人工挖孔桩护壁：$3.14 \times (3^2/4) \times 18 \times 20 = 2543.40(m^3)$

(3) 扩壁混凝土制作(C25，40 石搅拌机制)：$2543.40/10 \times 1.72 = 43.726(m^3)$

(4) 人工挖孔桩桩芯混凝土：$3.14 \times (3^2/4) \times 17 \times 20 \times (8.37/10) = 2010.56(m^3)$

(5) 桩芯混凝土制作(C25，40 石搅拌机制)：$2010.56(m^3)$

第二步：套定额，求费用，见表 4-13。

表 4-13 定额分部分项工程费汇总表

工程名称：预算书 1　　　　　　　　　　　　　　　　　　　　　第 页 共 页

序号	项目编码	项目名称	计量单位	工程数量	定额基价/元	合价/元
1	A1-138	人工挖孔桩挖土，桩外径在 300cm 以内，孔深在 20m 以内	10m³	254.34	1643.85	4180968.09
2	A2-96 换	人工挖孔桩护壁，桩外径在 300cm 以内，孔深在 20m 以内，换为 C25 混凝土 40 石(搅拌机)	10m³	254.34	814.82	207241.32
3	A2-98 换	人工挖孔桩桩芯，换为 C25 混凝土 40 石(搅拌机)	10m³	201.056	2770.26	556977.39
		分部小计				4945187

3. 清单计价方式下人工挖孔桩工程量的计算

1) 清单工程量

(1) 计算规则见表 4-14。

表 4-14 人工挖孔桩清单工程量计算规则表

项目编码	项目名称	项目特征描述	计量单位	工程量计算规则	工程内容
010201003	混凝土灌注桩	(1) 土壤类别 (2) 单桩长度、根数 (3) 桩截面积 (4) 成孔方法 (5) 混凝土强度等级	m	按设计桩长或根数计算	(1) 成孔、固壁 (2) 混凝土制作、运输、灌注、振捣、养护 (3) 泥浆池及沟槽砌筑、拆除 (4) 泥浆制作、运输 (5) 清理、运输

(2) 注意事项：人工挖孔桩与上面沉管灌注桩和钻（冲）孔灌注桩的清单工程量计算规则相同，都是一个表，但要注意区分计价内容。

2) 计价工程量

(1) 计价内容。

① 人工挖孔桩挖土。

② 人工挖孔桩护壁。

③ 人工挖孔桩桩芯混凝土。

(2) 计算规则：以上 3 个量完全同定额工程量。

4.6 钢 板 桩

1. 钢板桩的基础知识

钢板桩可用作建造水上、地下构筑物或基础施工中的围护结构。由于它具有强度高、结合紧密、不漏水、施工简便、施工速度快，可减少挖方量，对临时工程可以多次重复使用等特点，因而广泛应用于深基开挖的围护结构和围堰工程。其截面形式有 U 形、Z 形、一字形，如图 4.8 所示。

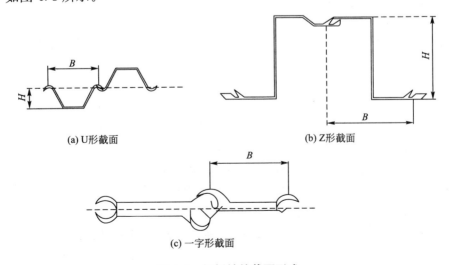

(a) U形截面 (b) Z形截面

(c) 一字形截面

图 4.8 钢板桩的截面形式

2. 定额计价方式下钢板桩工程量的计算

1) 钢板桩工程量的计算内容

(1) 打钢板桩。

(2) 拔钢板桩。

(3) 导向夹具。

2) 计算规则

(1) 打钢板桩：按地面以下入土长度乘以单位长度的理论质量以质量计算。

(2) 拔钢板桩：同打钢板桩的工程量。

(3) 安、拆导向夹：按设计的规定长度计算。

3) 注意事项

如是打槽钢或钢轨，则套用打钢板桩定额，但机械台班消耗量乘以系数 0.77。

3. 清单计价方式下钢板桩工程量的计算

1) 清单工程量

计算规则：按设计桩长或根数计算。

2) 计价工程量

(1) 计价内容同定额计算内容。

(2) 计算规则同定额计算规则。

4.7 钢 管 桩

1. 定额计价方式下钢管桩工程量的计算

1) 钢管桩工程量的计算内容

(1) 打桩工程量（普通桩与试验桩分开算）。

(2) 接桩工程量。

(3) 钢管桩内切割工程量。

(4) 钢管桩精割盖帽工程量。

(5) 钢管桩内取土工程量。

(6) 钢管桩填芯工程量。

(7) 送桩。

2) 计算规则

(1) 打桩工程量：按入土长度的理论质量计算。

(2) 接桩工程量：按设计图示数量以个计算。

(3) 钢管桩内切割工程量：按设计图示数量以根计算。

(4) 钢管桩精割盖帽工程量：按设计图示数量以个计算。

(5) 钢管桩内取土工程量：按设计图示尺寸以体积计算。

(6) 钢管桩填芯工程量：按设计长度乘以管内截面积以体积计算。

3) 注意事项

定额钢管桩是按成品考虑的，不含防腐处理费用，如发生时根据实际情况计算。

2. 清单计价方式下钢管桩工程量的计算

1) 清单工程量

计算规则：按设计桩长或根数计算。

2) 计价工程量

(1) 计价内容同定额计算内容。

(2) 计算规则同定额计算规则。

4.8 其 他 桩

其他桩包括高压旋喷桩、粉喷桩(或深层搅拌桩)、地下连续墙等。

1. 定额计价方式下其他桩工程量的计算

1) 计算规则

(1) 高压旋喷桩：按长度计算。

(2) 深层搅拌桩(或粉喷桩、喷浆桩)：按长度计算。

(3) 地下连续墙。

① 地下连续墙成槽、灌注按设计图示以体积计算。

② 地下连续墙入岩增加的工程量：按入岩体积计算。

③ 地下连续墙接头处理的工程量：若是锁口管吊拔，则按段计算；若是工字形钢板封口，则工字形钢板按质量计算。

2. 清单计价方式下其他桩工程量的计算

1) 清单工程量

这3类桩全部按设计图示尺寸以桩长计算。

2) 计价工程量

全部与它们相对应的定额工程量相同。

本 章 小 结

本章主要介绍了定额计价模式下和清单计价模式下10种类型桩的工程量计算方法及注意事项。其中，要求学生必须掌握预制混凝土方桩、管桩、沉管灌注桩、钻(冲)孔灌注桩、人工挖孔桩、钢板桩的工程量的计算规则和计价方法，熟悉其余桩的计量与计价。

本 章 习 题

一、问答题

1. 归纳总结什么类型的桩有送桩、接桩？
2. 归纳混凝土灌注桩［包括沉管、钻(冲)孔、人工挖孔桩］定额工程量的计算内容。

3. 打钢板桩要计算哪些工程量，如何计算？

二、计算题

1. 某工程要求打预制方桩20根，尺寸为400mm×400mm，设计桩长为18m(6m+6m+6m)，桩要求现场制作，其中桩的混凝土为C50(20石、现场搅拌机拌制)、场外运输1.5km，接桩采用包钢板。本工程在一类地区，所有的人、材、机全部按《广东省建筑与装饰工程综合定额》(2010)考虑。试用清单计价方式计算其费用。

2. 某工程人工挖孔桩灌注桩如图4.9所示，各部分尺寸如图4.9所示，共50根，护壁混凝土和桩芯混凝土均为C20(40石、商品混凝土)。本工程在一类地区，价格全部按《广东省建筑与装饰工程综合定额》(2010)取定。计算其清单工程量和计价工程量。

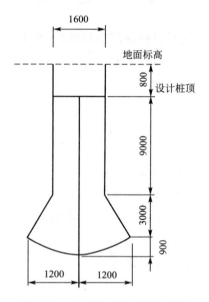

图4.9 人工挖孔桩剖面示意图

第5章 砌筑工程工程量计算

教学目标

本章主要介绍了两种计价模式下砌筑工程工程量的计算方法：定额工程量和清单工程量。要求学生熟悉建(构)筑物的砌筑工程，包括砖基础、砖砌体、砖台阶及砖散水等项目，并掌握工程量的计算。

教学要求

知识要点	能力要求	相关知识
定额计价	(1) 能够根据给定的工程图纸正确计算砌筑工程的定额工程量 (2) 能够进行砌筑各分项工程的定额换算	(1) 基础与墙身界限的划分 (2) 砌体厚度的规定 (3) 墙(墙基)长度的确定 (4) 墙高度的确定 (5) 砖基础、砖砌体的工程量计算规则 (6) 砖散水、砖地沟、砖明沟的工程量计算规则 (7) 零星砌砖的工程量计算规则
清单计价	(1) 能够根据给定的工程图纸正确计算砌筑工程的清单工程量 (2) 能够根据给定工程图纸结合工程施工方案正确计算砌筑工程的计价工程量(或称报价工程量) (3) 能够正确计算砌筑工程各项清单的综合单价并进行综合单价分析	(1) 砖基础、砖砌体、砖散水、砖地沟、砖明沟等清单工程量计算规则及方法 (2) 综合单价计算方法

引言

砌筑工程随处可见,比如围墙、房屋的砖(砌块)墙、挡土墙的砌石等。那么砌筑工程是怎样分类的?其工程量怎样计算?计算时应该注意什么?

5.1 砌筑工程工程量计算准备

1. 基础与墙身界限的划分

(1) 基础与墙(柱)身采用同一种材料时,应以设计室内地坪为界(有地下室的按地下室室内设计地坪为界),以下为基础,以上为墙(柱)身,如图5.1所示。

(2) 基础与墙(柱)身使用不同的材料,且位于设计室内地坪±300mm以内时,以不同材料为界;超过±300mm时,应以设计室内地坪为界,如图5.2所示。

(3) 砖(围)墙应以设计室外地坪(围墙以内地面)为界,以下为基础,以上为墙身。

2. 砌体厚度的规定

定额是按标准砖 240mm×115mm×53mm、耐火砖 230mm×115mm×65mm 规格编制的,轻质砌块、多孔砖规格是按常用规格编制的。使用非标准砖时,其砌体厚度应按砖的实际规格和设计厚度计算。其标准砖砖数与计算厚度的关系见表5-1。

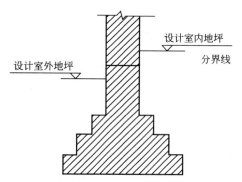

图 5.1 使用同一材料时基础与墙(柱)身的划分示意图

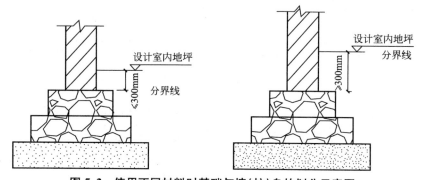

图 5.2 使用不同材料时基础与墙(柱)身的划分示意图

表5-1 砖数与计算厚度的关系

砖数/厚度	$\frac{1}{4}$	$\frac{1}{2}$	$\frac{3}{4}$	1	$1\frac{1}{4}$	$1\frac{1}{2}$	2	$2\frac{1}{2}$	3
计算厚度/mm	53	115	180	240	300	365	490	615	740

3. 墙(墙基)长度的确定

(1) 框架结构:其填充的内外墙长度均按柱间净长计算。

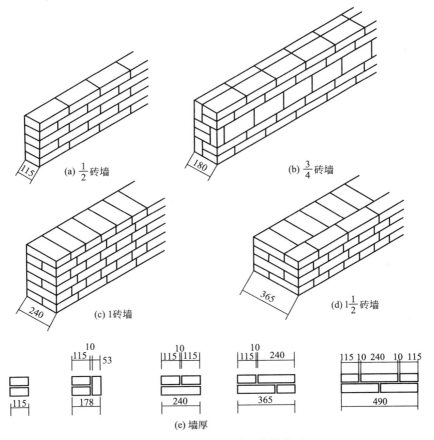

图 5.3 墙厚与标准砖规格的关系

(2) 砖混结构：外墙(墙基)长度按中心线长度计算，内墙(墙基)长度按内墙净长线计算。墙(墙基)长度的计算方法如下。

① 墙长在转角处的计算：墙体在 90°转角处时，用中轴线尺寸计算墙长。例如，在图 5.4(b)中，按箭头方向的尺寸算至两轴线的交点时，墙厚方向的水平断面积重复计算的矩形部分正好等于没有计算到的矩形面积。因而，凡是 90°转角的墙，算到中轴线交叉点时，就是所求的墙长。

② T 形接头的墙长计算：当墙长处于 T 形接头处时，算完 T 形上部水平墙接通长度后，垂直部分的墙只能从墙内边算净长。例如，在图 5.4(b)中，当④轴上的墙算完长度后，⑧轴的墙长只能从④轴墙内边起计算，故内墙应按净长计算。

③ 十字形接头的墙长计算：当墙体呈十字形接头状时，计算方法基本同 T 形接头，如图 5.4(d)所示。因此，十字形接头处分段的二道墙也应算净长。

【例 5-1】 根据图 5.5 所示基础施工图，计算砖基础的长度。

【解】 (1) 外墙砖基础长($L_中$)：
$$L_中 = (10.8 + 9.0) \times 2 = 39.6 (m)$$

(2) 内墙砖基础长($L_内$)，应区分不同基础截面分别计算长度：
$$L_{内 2-2} = (4.2 - 0.24) + (4.2 - 0.24) + (3.3 - 0.24) + (1.8 - 0.24)$$
$$= 12.54 (m)$$
$$L_{内 3-3} = (9.0 - 0.24) + (4.8 + 2.1 - 0.24) = 15.42 (m)$$

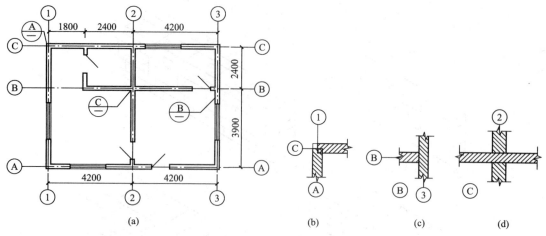

图 5.4 墙长计算示意图

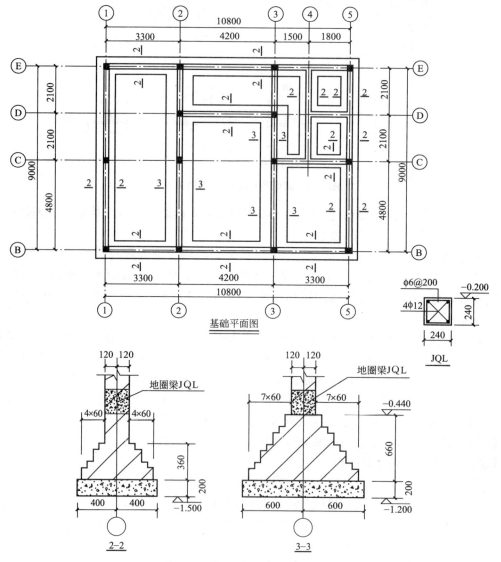

图 5.5 某工程条形基础施工图

5.2 砖基础工程量计算

1. 定额计价方式下砌筑工程量的计算

1) 计算规则

砖基础工程量按设计图示尺寸以体积计算。

2) 注意事项

基础大放脚 T 形接头处重叠部分和嵌入基础的钢筋、铁件、管道、基础防潮层的体积以及单个面积在 $0.3m^2$ 以内的孔洞所占的体积不予扣除,但墙垛基础大放脚突出部分也不增加。

3) 条(带)形砖基础工程量的计算方法(3 种方法)

$V_{基}$ = 基础断面积×基础长 = (基础墙厚×基础高 + 大放脚增加面积)×基础长
$= (d \cdot h + \Delta S) \times L$

式中:d——基础墙厚,m;

h——基础高,m;

ΔS——大放脚增加面积,m^2。

方法一:按断面尺寸计算。

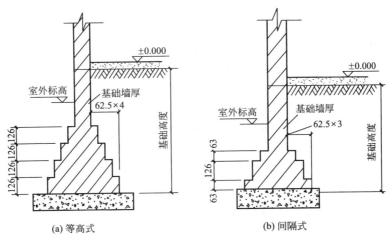

图 5.6 等高式与间隔式基础大放脚示意图

等高放脚:
$$V_{基} = (d \cdot h + \Delta S) \times L$$
$$= [d \cdot h + 0.126 \times 0.0625 n(n+1)] \times L$$
$$= [d \cdot h + 0.007875 n(n+1)] \times L$$

式中:0.007875——一个放脚标准块面积;

n——放脚层数。

不等高放脚:
$$V_{基} = (d \cdot h + \Delta S) \times L$$
$$= \{d \cdot h + 0.007875[n(n+1) - \sum 半层放脚层数值]\} \times L$$

式中:半层放脚层数值——指半层放脚(0.063m 高)所在放脚层的值。

方法二:按折加高度计算。

$$V_{基}=d(h+\Delta h)\times L$$

式中：Δh——大放脚折加高度，见表 5-2。

表 5-2 砖墙基础大放脚折加高度和增加断面面积计算表

放脚层数	折加高度/m								增加断面面积/m²	
	$\frac{1}{2}$砖(0.115)		1 砖(0.24)		$1\frac{1}{2}$砖(0.365)		2 砖(0.49)			
	等高	不等高	等高	不等高	等高	不等高	等高	不等高	等高	不等高
一	0.137	0.137	0.066	0.066	0.043	0.043	0.032	0.032	0.0158	0.0079
二	0.411	0.342	0.197	0.164	0.129	0.108	0.096	0.080	0.0473	0.0394
三			0.394	0.328	0.259	0.216	0.193	0.161	0.0945	0.0945
四			0.656	0.525	0.432	0.345	0.321	0.253	0.1575	0.126
五			0.984	0.788	0.647	0.518	0.482	0.380	0.2363	0.189
六			1.378	1.083	0.906	0.712	0.672	0.530	0.3308	0.2599

方法三：按大放脚增加面积计算。

在 $V_{基}=(d\cdot h+\Delta S)\times L$ 中，大放脚增加面积也可查表 5-2 计算。

【例 5-2】 某工程砌筑的等高式标准砖大放脚基础如图 5.6(a)所示，当基础墙高 $h=1.4\mathrm{m}$，基础长 $L=25.65\mathrm{m}$，墙厚 $d=0.365\mathrm{m}$ 时，计算砖基础工程量。

【解】 已知：$d=0.365\mathrm{m}$，$h=1.4\mathrm{m}$，$L=25.65\mathrm{m}$，$n=4$

方法一，按尺寸计算：

$$\begin{aligned}V_{基}&=[d\cdot h+0.007875n(n+1)]\times L\\&=(0.365\times1.4+0.007875\times4\times5)\times25.65\\&=17.15(\mathrm{m}^3)\end{aligned}$$

方法二，按折加高度 Δh 计算：

$$\begin{aligned}V_{基}&=d(h+\Delta h)\times L\\&=0.365\times(1.4+0.432)\times25.65\\&=17.15(\mathrm{m}^3)\end{aligned}$$

方法三，查大放脚增加面积 ΔS 计算：

$$\begin{aligned}V_{基}&=(d\cdot h+\Delta S)\times L\\&=(0.365\times1.4+0.1575)\times25.65\\&=17.15(\mathrm{m}^3)\end{aligned}$$

4) 有大放脚砖柱基础工程量的计算方法

有大放脚砖柱基础工程量的计算分为两部分：一是将柱的体积算至基础底；二是将柱四周大放脚的体积算出。

等高大放脚砖柱基础的计算公式为：

$$V_{柱基}=a\cdot b\cdot h+\Delta V=a\cdot b\cdot h+0.007875n(n+1)[(a+b)+0.4165(2n+1)]$$

式中：a——柱断面长，m；

b——柱断面宽，m；

h——柱基高(计至基础底面)，m；

ΔV——砖柱四周大放脚体积，m^3；

n——大放脚层数。

2．清单计价方式下砖基础工程量的计算

1）清单工程量

(1) 计算规则：按设计图示尺寸以体积计算，包括附墙垛基础宽出部分的体积，扣除地梁(圈梁)、构造柱、基础砂浆防潮层和单个面积在 $0.3m^2$ 以内的孔洞所占体积，靠墙暖气沟的挑檐不增加。

(2) 注意事项：清单工程量计算规则与定额工程量计算规则的不同之处在于：清单工程量包括附墙垛基础宽出部分的体积，定额工程量则对此增加部分不计算，即定额中已综合考虑了该部分的费用。

2）计价工程量

(1) 计价内容。

① 砂浆制作、运输。

② 砌砖。

③ 防潮层铺设。

④ 材料运输。

(2) 注意事项：防潮层按防水、防潮相关定额的规定计算。

5.3 实心砖墙、空心砖墙、砌块墙、石墙工程量计算

1．定额计价方式下实心砖墙、空心砖墙、砌块墙、石墙的工程量的计算规则

1）计算规则

(1) 一般规定：计算墙体(包括实心砖墙内、外墙、空心砖墙、砌块墙、石墙等)时，按设计图示尺寸以体积计算。

扣除门窗洞口、过人洞、空圈、嵌入墙内的钢筋混凝土柱、梁、圈梁、挑梁、过梁及凹进墙内的壁龛(图5.7)、管槽、暖气槽、消火栓箱所占体积。

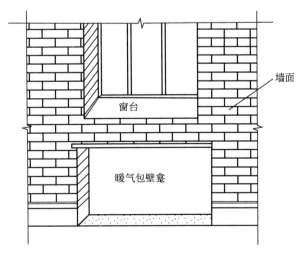

图 5.7 暖气包壁龛示意

不扣除梁头、板头、檩头、垫木、木楞头、沿缘木、木砖、门窗走头(图5.8)、砖墙内加固钢筋、木筋、铁件、钢管及单个面积在0.3m²以内的孔洞所占体积。

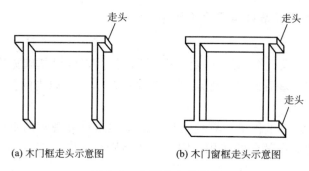

图5.8 木门窗走头示意

凸出墙面的窗台线、虎头砖(图5.9)、门窗套以及三皮砖以内的腰线、压顶线、挑檐(图5.10)的体积亦不增加,凸出墙面的砖垛以及三皮砖以上的腰线、压顶线、挑檐的体积并入墙身工程量内计算。

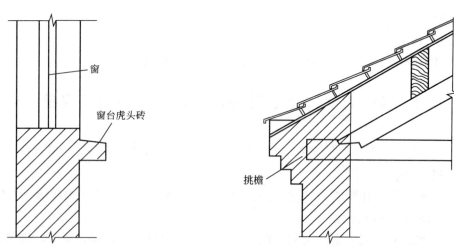

图5.9 突出墙面的窗台虎头砖示意图　　图5.10 坡屋面砖挑檐示意图

附墙烟囱、通风道、垃圾道应按设计图示尺寸以体积(扣除孔洞所占体积)计算,并入所依附的墙体体积内。

(2)墙体工程量计算。砌筑墙体工程量按墙长乘以墙高乘以墙厚以体积计算,计量单位为"10m³"。计算公式为:

$$S_{墙体}=(L \cdot h - \sum 门窗等洞口体积) \times d \pm \sum \Delta V$$

式中:$S_{墙体}$——砌筑砖墙工程量,m³;

L——墙长,m;

h——墙高,m;

d——墙厚,m;

$\sum \Delta V$——应扣除(或加入)部分的折算体积之和,m³。

注意:空花墙按设计图示尺寸的空花外形体积计算,不扣除空洞部分体积,如图5.11所示。

(3) 墙高度的确定。如墙身与基础砌体材料相同，外墙墙身以设计室内地坪为计算起点，内墙首层以室内地坪、二层及二层以上以楼板面为起点。框架间的砌体、内外墙长度分别以框架间的净长计算，高度按框架间的净高计算。外墙、内墙和山墙墙身高度按表5-3中的规定计算。无檐口天棚外墙高度、坡屋顶有檐口天棚外墙高度、有屋架无天棚外墙高度、平屋顶外墙高度、位于屋架下弦内墙高度、无屋架有天棚内墙高度、有钢筋混凝土楼板隔层内墙高度、有框架梁时内墙高度、内外山墙高度分别如图5.12~图5.20所示。墙身高度的计算规定见表5-3。

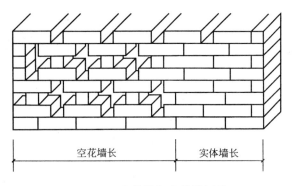

图5.11 空花墙与实体墙划分

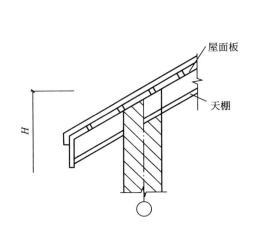

图5.12 无檐口天棚外墙高度

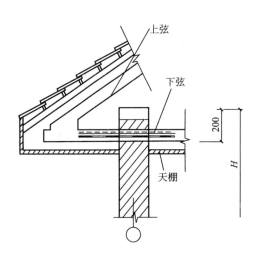

图5.13 坡屋顶有檐口天棚外墙高度

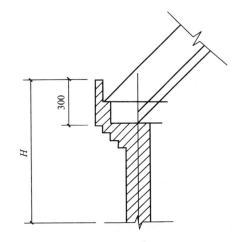

图5.14 有屋架无天棚外墙高度

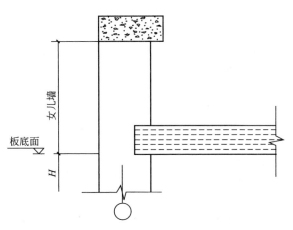

图5.15 平屋顶外墙高度

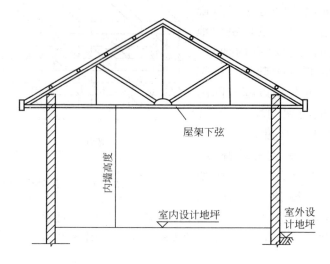

图 5.16 位于屋架下弦内墙高度

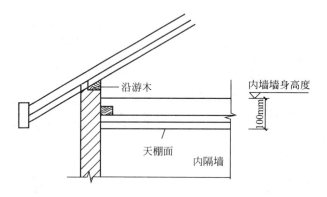

图 5.17 无屋架有天棚者内墙高度

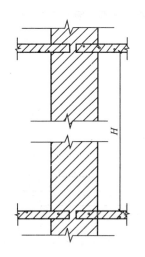

图 5.18 有钢筋混凝土楼板隔层内墙高度

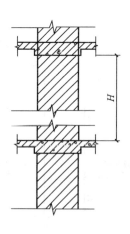

图 5.19 有框架梁时内墙高度

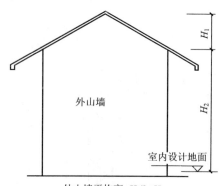

图 5.20 内外山墙高度

表5-3 墙身高度计算规定

墙名称	屋面类型及内墙位置	檐口构造	墙身计算高度	图示
外墙	坡屋面	无檐口	算至屋面板底	图5.12 无檐口天棚外墙高度
		有屋架,室内外均有天棚者	算至屋架下弦底面另加200mm	图5.13 坡屋顶有檐口天棚外墙高度
		有屋架,无天棚者	算至屋架下弦底面另加300mm	图5.14 有屋架无天棚外墙高度
		无天棚且出檐宽超过600mm	按实砌高度计算	图5.18 有钢筋混凝土楼板隔层内墙高度
	平屋面		算至钢筋混凝土板底	图5.15 平屋顶外墙高度
女儿墙			从屋面板顶上表面算至女儿墙顶面(如有混凝土压顶时,算至压顶下表面)	图5.15 平屋顶外墙高度
内墙	位于屋架下弦者		算至屋架下弦底	图5.16 位于屋架下弦内墙高度
	无屋架有天棚者		算至天棚底另加100mm	图5.17 无屋架有天棚者内墙高度
	有钢筋混凝土楼板隔层者		算至楼板底面	图5.18 有钢筋混凝土楼板隔层内墙高度
	有框架梁时		算至梁底面	图5.19 有框架梁时内墙高度
山墙	内、外山墙		按平均高度计算	图5.20 内外山墙高度
围墙			高度算至压顶上表面(如有混凝土压顶时,算至压顶下表面)	

2. 清单计价下实心砖墙、空心砖墙、砌块墙、石墙工程量的计算

1) 清单工程量

(1) 计算规则:按设计图示尺寸以体积计算。

扣除门窗洞口、过人洞、空圈、嵌入墙内的钢筋混凝土柱、梁、圈梁、挑梁、过梁及

凹进墙内的壁龛、管槽、暖气槽、消火栓箱所占体积。不扣除梁头、板头、檩头、垫木、木楞头、沿缘木、木砖、门窗走头、砖墙内加固钢筋、木筋、铁件、钢管及单个面积在 0.3m² 以内的孔洞所占体积。

凸出墙面的腰线、挑檐、压顶、窗台线、虎头砖、门窗套的体积亦不增加。凸出墙面的砖垛并入墙体体积内计算。

围墙柱并入围墙体积内。附墙烟囱、通风道、垃圾道应按设计图示尺寸以体积(扣除孔洞所占体积)计算,并入所依附的墙体体积内。

(2) 注意事项:与定额计价工程量的不同之处是,不论是三皮砖以下还是三皮砖以上,其腰线、挑檐突出墙面部分均不计算体积。女儿墙的砖压顶、围墙的砖压顶突出墙面部分不计算体积,压顶顶面凹进墙面的部分也不扣除。

2) 报价工程量

(1) 实心砖墙的工作内容。

① 砂浆制作、运输。

② 砌砖。

③ 勾缝。

④ 砖压顶砌筑。

⑤ 材料运输。

(2) 空心砖墙、砌块墙的工作内容。

① 砂浆制作、运输。

② 砌砖、砌块。

③ 勾缝。

④ 材料运输。

(3) 石墙的工作内容。

① 砂浆制作、运输。

② 砌石。

③ 石表面加工。

④ 勾缝。

⑤ 材料运输。

3. 实心砖墙计量与计价综合实例

【例5-3】 编制宿舍工程外墙的工程量清单和投标报价的综合单价,并进行综合单价分析。本工程所在地在广州,其中人、材、机全部按《广东省建筑与装饰工程综合定额》(2010)所给定的价格取定。

【解】 分析:本工程的外墙采用普通灰砂砖,外墙厚度为180mm,清单工程量和计价工程量是一致的。

(1) 工程量计算见表5-4。

(2) 编制工程量清单(表5-5)。

(3) 综合单价分析见表5-6。

(4) 编制清单报价表(表5-7)。

表 5-4 工程量计算表

第 页 共 页

顺序	工程名称		同样件数	工程量计算式				单位	数量
	工程项目或轴线说明			长/m	宽/m	高/m	小计		
1	计价工程量								
	首层180外墙工程量							m³	25.94
	首层Ⓑ轴		1		(42−0.3×12)×(3.8−0.4)		130.56	m²	
	首层Ⓐ轴		1		(42−1.58−3−0.3×10)×(3.8−0.4)		117.03	m²	
	首层①轴		1		(5−0.4×2)×(3.8−0.5)		13.86	m²	
	首层⑫轴		1		(5−0.4×2)×(3.8−0.5)		13.86	m²	
	扣门窗 C1		14	3		2.4	−100.80	m²	
	扣门窗 C2		1	1.2		2.4	−2.88	m²	
	扣门窗 C3		2	1.5		0.6	−1.80	m²	
	扣门窗 M1		2	0.9		3.3	−5.94	m²	
	扣门窗 M3		2	3		3.3	−19.80	m²	
	首层外墙面积小计						144.09	m²	
	首层外墙体积小计			144.09×0.18			25.94	m³	
2	2～3层180mm外墙工程量							m³	78.13
	2～3层Ⓑ轴		2		(3+2.2×9+3−0.3×12)×(3.5−0.4)		137.64	m²	
	2～3层Ⓑ轴外		2	1.8×(3.5−0.5)×9+1.71×(3.5−0.3)× 9+1.71×(3.5−0.5)×9			288.036	m²	
	2～3层Ⓐ轴		2		(42.0−3.0−0.3×10)×(3.5−0.4)		204.6	m²	
	2～3层①轴和⑫轴		2		(5−0.4×2)×2		16.8	m²	
	扣门窗 M4		16	1.00		3.00	−48.00	m²	
	扣门窗 M5		18	0.80		3.00	−43.20	m²	
	扣门窗 M6		18	0.70		3.00	−37.80	m²	

(续)

顺序	工程项目或轴线说明	同样件数	工程量计算式 长/m	宽/m	高/m	小计	单位	数量
	扣门窗 C4	18	0.80		2.00	-28.80	m²	
	扣门窗 C5	4	1.50		2.00	-12.00	m²	
	扣门窗 C6	18	1.20		2.00	-43.20	m²	
	2~3层外墙面积小计					434.08	m²	
	2~3层外墙体积小计		434.08×0.18			78.13	m³	
3	屋面梯间外墙工程量							15.42
	梯间外墙	2	(3.0+6.32)×2×(2.8-0.4)			89.47	m²	
	扣门窗 M7	2	0.9		2.1	-3.78	m²	
	梯间外墙面积小计					85.69	m²	
	梯间外墙体积小计		85.69×0.180			15.42	m³	
4	女儿墙工程量							14.15
	女儿墙面积	1	(36-0.18+1.8-0.09)×2×(1.5-0.15×3)			78.81	m²	
	扣 GZ1 所占面积	36	0.2×0.35×3			-0.21	m²	
	女儿墙体积小计		(78.81-0.21)×0.18			14.15	m³	
	外墙工程量合计		25.94+78.13+25.42+14.15			133.64	m³	133.64

表 5-5 工程量清单

工程名称：宿舍　　　　　　　　　　　　　　　　　　　　　　　　　　　　　第 页 共 页

序号	项目编码	项目名称	项目特征	计量单位	工程数量	金额/元	
						综合单价	合价
1	010302001001	实心砖墙	(1) 砖品种、规格、强度等级：普通灰砂砖 (2) 墙体类型：外墙 (3) 墙体厚度：180mm (4) 砂浆强度等级、配合比：M5 水泥石灰砂浆	m³	133.64	297.52	

表 5－6 综合单价分析表

工程名称：宿舍　　　　　　　　　　　　　　　　　　　　　　　　　　　　第 页 共 页

项目编码	010302001001	项目名称	清水砖墙			实心砖墙			计量单位	m³
清单综合单价组成明细										
定额编号	定额名称	定额单位	单价				合价			
			人工费	材料费	机械费	管理费和利润	人工费	材料费	机械费	管理费和利润
A3－4	混水砖外墙，墙体厚度 3/4 砖	10m³	806	1525.3	9.71	267.11	80.6	152.53	2.12	26.71
8001606	水泥石灰砂浆 M5	m³	16.83	143.3		3.03	3.67	31.24		0.66
人工单价			小计				84.27	183.76	2.12	27.37
综合工日 51 元/工日			未计价材料费							
清单项目综合单价							297.52			
材料费明细	主要材料名称、规格、型号				单位	数量	单价/元	合价/元		
	水				m³	0.11	2.8	0.31		
	复合普通硅酸盐水泥 P.C 32.5				t	0.0044	317.07	1.4		
	标准砖 240mm×115mm×53mm				千块	0.5433	270	146.69		
	砌筑用混合砂浆（配合比）中砂 M5.0				m³	0.218	143.3	31.24		
	圆钉（综合）				kg	0.037	4.36	0.16		
	松杂板枋材				m³	0.0017	1313.52	2.23		
	含量：水泥石灰砂浆 M5.0（制作）				m³	0.218		1.74		
	其他材料费									
	材料费小计							183.76		

表 5-7 分部分项工程报价表

工程名称：宿舍　　　　　　　　　　　　　　　　　　　　　　　　　第　页 共　页

序号	项目编码	项目名称	项目特征	计量单位	工程数量	金额/元	
						综合单价	合价
1	010302001001	实心砖墙	(1) 砖品种、规格、强度等级：普通灰砂砖 (2) 墙体类型：外墙 (3) 墙体厚度：180mm (4) 砂浆强度等级、配合比：M5 水泥石灰砂浆	m³	133.64	297.52	39760.57

5.4 零星砌体工程量计算

1. 定额计价下零星砌体工程量的计算

1) 零星砌体套用定额子目及工作内容

水围基、灶基和砖砌小便槽套用定额子目 A3-110～A3-113，工作内容为：运料、淋砖、砂浆（制作）运输、砌砖、预制混凝土板及安装、抹水泥砂浆。

水厕（蹲位）、砖砌厕坑道套用定额子目 A3-114～A3-116，工作内容为：运料、淋砖、砂浆（制作）运输、砌砖、抹灰等。明沟铸铁盖板安装套用定额子目 A3-117，工作内容包括运料、安装、刷防锈漆。

砖混凝土混合栏板套用定额子目 A3-118～A3-119，工作内容为：栏板模板制作、安装、拆除及回程运输、砂浆（制作）运输、砌体砌筑、混凝土小柱压顶捣制、混凝土通花预制、安装。

砖砌栏板套用定额子目 A3-120～A3-122，工作内容为：运料、淋砖、砂浆（制作）运输、砌筑、混凝土小柱压顶捣制、模板制作、安装、拆除及回程运输。

砖台阶套用定额子目 A3-123，工作内容为：土方开挖、运、填、基底平整夯实、运料、淋砖、砂浆（制作）运输、砌砖。

砖零星砌体套用定额子目 A3-124，工作内容为：运料、淋砖、砂浆（制作）运输、砌砖。

2) 零星砌体定额工程量的计算规则

(1) 砌筑水围基、灶基、小便槽、厕坑道工程量按设计图示尺寸以长度计算。

(2) 水厕蹲位砌筑工程量，不分下沉式或非下沉式，均按设计图示数量以个计算。

(3) 明沟铸铁盖板安装工程量按设计图示尺寸以长度计算。

(4) 砖混凝土混合、砖砌栏板工程量按设计图示尺寸以长度计算。

(5) 砖砌台阶（图 5.21）工程量按水平投影面积计算，台阶两侧砌体另行计算。

砖砌台阶工程量＝（台阶最上一层踏步＋0.30m）×台阶宽

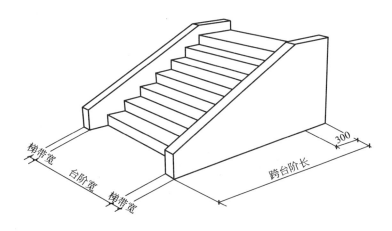

图 5.21　砖砌台阶示意图

(6) 蹲台、煤箱、花台、生活间水池支承池槽的槽腿(图 5.22)、踏步两侧砌体、台阶两侧砌体、竖风道、房上烟囱、毛石墙的门窗立边、窗头虎头砖等砖砌零星砌体工程量，按设计图示尺寸以实体积计算。

2. 清单计价下零星砌体工程量的计算

1) 零星砌体清单项目设置

台阶、台阶挡墙(图 5.23)、梯带、锅台、炉灶、蹲台、池槽、池槽腿、花台、花池、楼梯栏板、阳台栏板、地垄墙(图 5.24)、屋面隔热板下的砖墩(图 5.25)、0.3m² 孔洞填塞等；框架外表面的镶贴砖部分；空斗墙的窗间墙、窗台下、楼板下等的实砌部分(图 5.26)，应按"零星砌砖"项目编码列项。

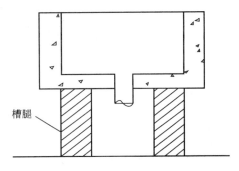

图 5.22　砌砖水池槽腿示意图

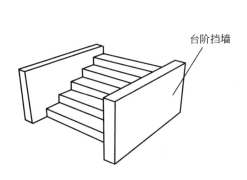

图 5.23　台阶挡墙示意图

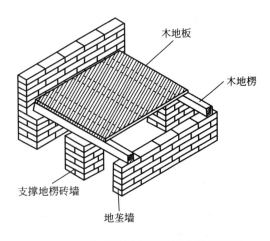

图 5.24　地垄墙及支撑地楞砖墩示意图

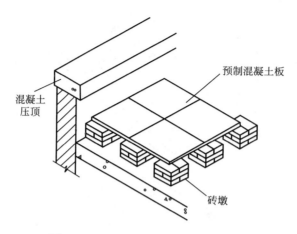

图 5.25 屋面架空隔热层砖墩示意图

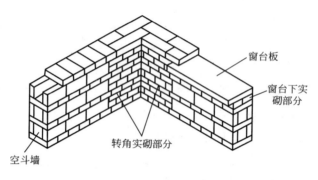

图 5.26 空斗墙转角及窗台下实砌部分示意图

2) 清单工程量的计算

砖砌锅台与炉灶可按外形尺寸以个计算,砖砌台阶可按水平投影面积以平方米计算,小便槽、地垄墙可按长度计算,其他工程量按立方米计算。

3) 报价工程量的计算

工作内容:

(1) 砂浆制作、运输。

(2) 砌砖。

(3) 勾缝。

(4) 材料运输。

5.5 砖散水工程量计算

1. 定额计价下工程量的计算

定额工程量的计算规则:砖散水工程量按设计图示尺寸以面积计算。

2. 清单计价下工程量的计算

1) 清单工程量

计算规则:砖散水工程量按设计图示尺寸以面积计算。

2) 计价工程量
(1) 计价内容。
① 地基找平、夯实。
② 铺设垫层。
③ 砌砖散水、地坪。
④ 抹砂浆面层。
(2) 注意事项：计价工程量除铺设垫层是以体积计算外，其余内容均按面积计算，计算规则参照相关定额规定。

5.6 地沟、明沟工程量计算

1. 定额计价下地沟、明沟工程量的计算
1) 工程量计算规则
砖砌地沟工程量按设计图示尺寸以体积计算。砖砌明沟工程量按设计图示尺寸以中心线长度计算，明沟与散水以沟边砖与散水交界处为界。
2) 注意事项
砖砌地沟与砖砌明沟的计量单位不同，一个是以体积计算，一个是以长度计算。

2. 清单计价下地沟、明沟工程量的计算
1) 清单工程量
(1) 计算规则：砖砌地沟、明沟的清单工程量按设计图示以中心线长度计算。
(2) 注意事项：与定额工程量不同，不论砖砌地沟、明沟，清单工程量均按长度计算。
2) 计价工程量
(1) 工作内容。
① 挖运土石方。
② 铺设垫层。
③ 底板混凝土制作、运输、浇筑、振捣、养护。
④ 砌砖。
⑤ 勾缝、抹灰。
⑥ 材料运输。
(2) 注意事项。
① 砖地沟、明沟的工程内容包括挖运土石方，因此报价时应包括在内，砖地沟挖运土石方工程量的计量参照土石方工程项目，单位为"$10m^3$"；砖明沟的土石方工程如果是套用《广东省建筑与装饰工程综合定额》(2010)，则其已包含在定额中［见《广东省建筑与装饰工程综合定额》(2010)A.3 砌筑工程的章说明"九、其他砌体说明：…"］，不能重复计算。
② 垫层铺设按照基础垫层相关规定计算。
③ 主项工程量与砌筑地沟、明沟的定额工程量相同。
④ 抹灰按零星抹灰项目计算。

【例5-4】 图5.27为砖砌暖气沟,长度为230m,采用MU7.5标准粘土砖、M5.0混合砂浆砌筑,沟内侧1∶2.5水泥砂浆抹灰厚20mm(14mm+6mm);C15混凝土垫层,现场就近搅拌,土质为三类土,人工挖沟槽,土方就地堆放,准备人工回填。编制砖地沟工程量清单和清单报价。

【解】(1)砖地沟工程量清单的编制,见表5-8。

砖地沟工程量为230.00m。

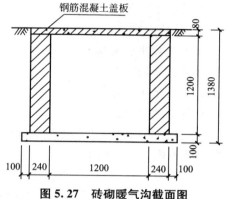

图5.27 砖砌暖气沟截面图

表5-8 分部分项工程量清单与计价表

工程名称: 　　　　　　　　　　　标段: 　　　　　　　　　　　第 页 共 页

序号	项目编码	项目名称	项目特征描述	计量单位	工程量	金额/元		
						综合单价	合价	其中:暂估价
1	010306002001	砖地沟	① 名称:砖地沟 ② 沟截面尺寸:120mm×120mm ③ 垫层材料种类、厚度:C15混凝土垫层100mm厚 ④ 砂浆强度等级:M5.0混合砂浆 ⑤ 1∶2.5水泥砂浆抹灰20mm厚	m	230.00			

(2)砖地沟工程量清单计价表的编制。

砖地沟项目发生的工程内容:挖运土石;铺设垫层;底板混凝土制作、运输、浇筑、振捣、养护;砌砖;勾缝、抹灰;材料运输。

① 人工挖地槽工程量:(1.88+0.10×2)×1.38×230.00=660.19(m³)

人工挖地槽:套A1-12

② 垫层铺设工程量:1.88×0.10×230.00=43.24(m³)

C15垫层铺设:套A4-58换C15混凝土

③ 混凝土制作工程量:43.24×1.01=43.67(m³)

现场混凝土制作:套混凝土含量8021571

④ 砖地沟砌筑工程量:0.24×1.20×230.00×2=132.48(m³)

M5.0混合砂浆砌砖地沟:套A3-96

⑤ 水泥砂浆抹灰工程量:1.20×230.00×2=552.00(m²)

1∶2.5水泥砂浆抹灰20mm厚(14mm+6mm):套A10-9换

⑥ 回填土方工程量:660.19-43.24-1.68×1.28×230.00=122.36(m³)

人工回填土方:套A1-145

(3)综合单价分析见表5-9。

砌筑工程工程量计算 第5章

表5-9 综合单价分析表

工程名称：

| 项目编码 | 010306002001 | 项目名称 | | 砖地沟、明沟 | | | 计量单位 | m |

清单综合单价组成明细

定额编号	定额名称	定额单位	数量	单价				合价			
				人工费	材料费	机械费	管理费和利润	人工费	材料费	机械费	管理费和利润
A1-12	人工挖沟槽、基坑，三类土，深度在2m内	100m³	0.0287	2456.11			822.8	70.5			23.62
A4-58	混凝土垫层	10m³	0.0188	513.57	4.82		240.09	9.66	0.09		4.51
8021571	C15混凝土 20 石（搅拌机）	10m³	0.0191	157.59	1951.37	64.81	28.37	3.01	37.24	1.24	0.54
A3-96	砌砖地沟	10m³	0.0576	479.4	1478.05		158.87	27.61	85.14		9.15
8001606	水泥石灰砂浆 M5	m³	0.1313	16.83	143.3	9.71	3.03	2.21	18.82	1.28	0.4
A10-9	各种墙面，水泥石灰砂浆底，水泥石灰砂浆面(15m+5mm)。实际底厚度为14mm；实际面厚度为6mm	100m²	0.024	808.86	29.75		289	19.41	0.71		6.94
8001601	水泥石灰砂浆 M2.5	m³	0.0415	16.83	133.55	9.71	3.03	0.7	5.54	0.4	0.13
A1-145	回填土、人工夯实	100m³	0.0053	1214.51			406.86	6.46			2.16

(续)

定额编号	定额名称	定额单位	数量	单价				合价			
				人工费	材料费	机械费	管理费和利润	人工费	材料费	机械费	管理费和利润
	人工单价			小计				139.56	147.54	2.92	47.45
综合工日 51元/工日				未计价材料费							
				清单项目综合单价				337.47			

材料费明细	主要材料名称、规格、型号	单位	数量	单价/元	合价/元
	水	m³	0.1542	2.8	0.43
	C15混凝土 20石（配合比）	m³	0.1908	185.89	35.47
	复合普通硅酸盐水泥 P.C 32.5	t	0.0007	317.07	0.22
	标准砖 240×115×53	千块	0.3108	270	83.92
	砌筑用混合砂浆（配合比）中砂 M5.0	m³	0.1313	143.3	18.82
	砌筑用混合砂浆（配合比）中砂 M2.5	m³	0.0415	133.55	5.54
	含量：混凝土（制作）	m³	0.1908		
	含量：水泥石灰砂浆 M5.0（制作）	m³	0.1313		
	含量：水泥石灰砂浆 1:2:8（制作）	m³	0.0415		
	含量：水泥石灰砂浆 1:1:6（制作）	m³	0.0137		
	其他材料费				3.13
	材料费小计				147.53

（4）报价表见表5-10。

表5-10 分部分项工程报价表

工程名称：　　　　　　　　　　　　　　　　　　　　　　　　　　　　第　页　共　页

序号	项目编码	项目名称	项目特征	计量单位	工程数量	金额/元	
						综合单价	合价
1	010306002001	砖地沟	（1）名称：砖地沟 （2）沟截面尺寸：120mm×120mm （3）垫层材料种类、厚度：C15混凝土垫层100mm厚 （4）砂浆强度等级：M5.0混合砂浆 （5）1∶2.5水泥砂浆抹灰20mm厚	m	230	337.47	77618.1

本 章 小 结

本章主要介绍了砌筑工程的常见做法及相应工程量计算，其中基础、墙体的计算是本章的重点，通过本章的学习，要求学生应掌握以下内容。

（1）基础与墙身的界限划分。

（2）墙（墙基）长度的确定。

（3）砌体厚度的确定。

（4）墙体高度的确定。

（5）砖基础、墙体的工程量计算规则，准确计算清单工程量和报价工程量，并熟练套用相关定额。

本 章 习 题

一、单项选择题

1. 基础与墙体使用不同材料时，工程量计算规则规定以不同材料为界分别计算基础和墙体工程量，范围是（　　）。

  A. 室内地坪±300mm以内　　　　　　B. 室内地坪±300mm以外

  C. 室外地坪±300mm以内　　　　　　D. 室外地坪±300mm以内

2. 底层框架填充墙高度为（　　）。

  A. 自室内地坪至框架梁顶

  B. 自室内地坪至框架梁底

  C. 自室内地坪算至上层屋面板或楼板顶面，扣除板厚

  D. 自室内地坪至上层屋面板或楼板底面加10cm

3. 一砖半厚的标准砖墙，计算工程量时，墙厚取值为（　　）mm。

    A. 370   B. 360
    C. 365   D. 355

4. 某工程外墙用混凝土砌块墙，编制该墙体工程量清单，其编码及项目名称为(　　)。
    A. 010302001 实心砖墙   B. 010302004 填充墙
    C. 010304001 空心砖墙、砌块墙   D. 010404001 直形墙

5. 计算砌块墙外墙高度时，正确的做法是(　　)。
    A. 屋面无天棚者，外墙高度算至屋架下弦另加 200mm
    B. 平屋面外墙高度算至钢筋混凝土板底
    C. 平屋面外墙高度算至钢筋混凝土板顶
    D. 女儿墙从屋面板上表面算至压顶上表面

6. 在砌筑工程量计算中，屋顶有女儿墙(上有混凝土压顶)的外墙高度为(　　)。
    A. 屋面板顶   B. 女儿墙顶面
    C. 压顶底   D. 屋面板底

7. 某工程基础剖面如图 5.28 所示，0.45m 以上为多孔砖砌筑，0.45m 以下为标准砖砌筑，则其砖基础高度为(　　)。
    A. 0.9m
    B. 1.2m
    C. 1.65m
    D. 1.5m

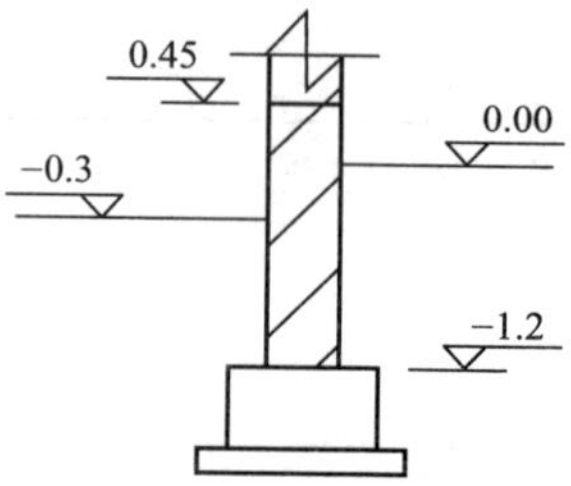

图 5.28　某工程基础剖面图

二、简答题

1. 砌体工程的基础与墙身的划分以什么为界？
2. 如何计算实心砖墙、空心砖墙、砌块墙的工程量？
3. 在清单计价规范中，砖烟囱工程量的计算规则是什么？如何理解体积的计算公式？

三、综合实训题

根据宿舍图纸，完成内墙砌筑工程的工程量清单编制及报价编制。

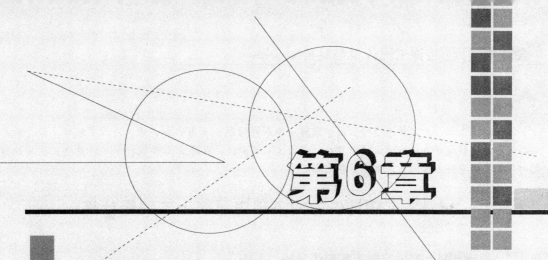

第6章 混凝土工程工程量计算

教学目标

要求学生熟悉建(构)筑物的混凝土工程,包括各种现浇的混凝土构件、预制混凝土构件。应重点掌握基础、柱、梁、板、墙及楼梯的混凝土工程量的计算方法,并能编制混凝土基础、柱、梁、板、墙及楼梯的工程量清单和进行综合单价分析。

教学要求

知识要点	能力要求	相关知识
工程计量	(1) 能够根据给定的工程图纸正确计算现浇混凝土构件定额工程量和清单工程量以及计(报)价工程量 (2) 能够根据给定的工程图纸正确计算预制混凝土构件定额工程量和清单工程量以及计(报)价工程量	(1) 现浇混凝土基础(包括条形基础、筏板式基础等)工程量的计算规则 (2) 现浇混凝土柱、梁、板及墙工程量的计算规则 (3) 现浇混凝土楼梯工程量的计算规则 (4) 预制混凝土构件工程量的计算规则 (5) 其他混凝土构件工程量的计算规则
工程计价	(1) 能够进行混凝土各分项工程的定额换算 (2) 能够根据给定工程图纸结合工程施工方案正确计算混凝土各项清单的综合单价并进行综合单价分析	(1) 混凝土所用水泥不同时,定额换算以及所用砂或石子与定额不同时换算等 (2) 综合单价计算方法及分析

引言

对混凝土工程,大家并不陌生,比如混凝土路面和用混凝土做的柱、梁、墙、大坝等。那么混凝土的强度等级怎样规定、浇筑时应注意什么、混凝土构件分类、混凝土工程量计算应注意什么、其计算规则如何等,本章将主要为大家讲解这些问题。

6.1 定额计价方式下现浇混凝土工程量计算

6.1.1 现浇混凝土基础定额工程量的计算

1. 条形基础

(1) 条形基础也称带形基础,分为无梁式(板式基础)和有梁式(有肋)条形基础,如图 6.1 所示。

(2) 计算规则分如下两种情况。

① 当其梁(肋)高 h 与梁(肋)宽 b 之比在 4∶1 以内时,按有梁式条形基础计算,公式如下:

$$条形基础体积 = 基础长度 \times 基础断面积$$

其中,基础长度外墙按外墙中心线计,内墙按墙净长计,如图 6.2 所示。

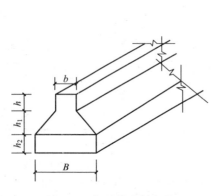

图 6.1 条形基础示意图

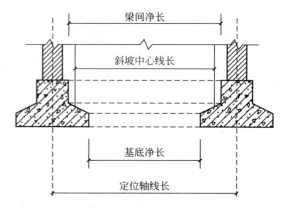

图 6.2 内墙条形基础间净长示意图

$$基础断面积 = Bh_2 + 1/2 \times (B+b)h_1 + bh$$

② 当梁高 h 与梁(肋)宽 b 之比超过 4∶1 时,条形基础底板按无梁式计算,以上部分按钢筋混凝土墙计算,公式为:

$$条形基础体积 = 基础长度 \times 基础断面积$$

其中,基础断面积 $= Bh_2 + 1/2 \times (B+b)h_1$。

上部墙体工程量的计算公式:

$$墙体积 = L \times b \times h$$

2. 满堂基础

(1) 满堂基础分为无梁式满堂基础、梁式满堂基础和箱式满堂基础。

(2) 计算规则分如下 3 种情况:

① 无梁式满堂基础：有扩大或角锥形柱墩时，应并入无梁式满堂基础内计算，如图 6.3 所示。

计算公式为：无梁式满堂基础的 $V=$ 底板长×宽×板厚 $+\sum$（柱墩体积）

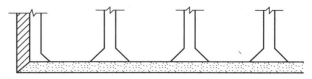

图 6.3 无梁式满堂基础示意图

② 梁式满堂基础也称梁板式基础，相当于倒置的有梁板或井格形板(图 6.4)，工程量按板和梁体积之和计算。计算公式为：

$$V = 底板长 \times 宽 \times 板厚 + \sum(梁断面积 \times 梁长)$$

③ 箱式满堂基础：由顶板、底板及纵横墙板连成整体的基础(图 6.5)。工程量按无梁式满堂基础、柱、梁、板、墙等的有关规定分别计算，分别套相应定额。

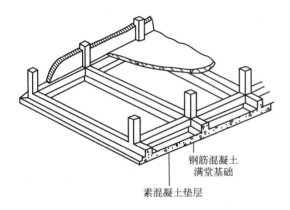

图 6.4 梁式满堂基础示意图

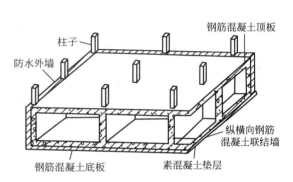

图 6.5 箱式满堂基础示意图

3. 设备块体基础

设备块体基础工程量按图形设计尺寸以体积计算。

【例 6-1】 计算桩承台基础混凝土工程量［见基础平面图(JG-04)］。

【解】 (1)承台混凝土(C30)：

1 个承台的体积：$1.8 \times 0.9 \times 1.2 = 1.94(m^3)$

承台的总体积(24 个)：$1.94 \times 24 = 46.56(m^3)$

(2)承台垫层(C10)：

$$2.0 \times 1.1 \times 0.1 \times 24 = 5.28(m^3)$$

【例 6-2】 计算图 6.6 所示条形基础混凝土工程量。

【解】 条形基础混凝土体积＝长度×基础截面积

外墙基础长度＝$(14.6+9.8) \times 2 = 48.80(m)$

内墙基础长度分如下三部分计算：

上部基础净长：$[9.8-2 \times (0.12+0.08)]+[7.8-2 \times (0.12+0.08)] = 16.80(m)$

棱台基础净长：$[9.8-2 \times (0.2+0.15)]+[7.8-2 \times (0.2+0.15)] = 16.20(m)$

下部基础净长：$(9.8-0.5 \times 2)+(7.8-2 \times 0.5) = 15.60(m)$

基础截面积＝$(0.24+0.16) \times 0.3+(0.4+1) \times 0.15/2+1 \times 0.2 = 0.425(m^2)$

条形基础混凝土总体积：

$48.8 \times 0.425+16.8 \times 0.3 \times 0.4+16.2 \times (0.4+1) \times 0.5 \times 0.15+15.6 \times 0.2 \times 1 = 27.58(m^3)$

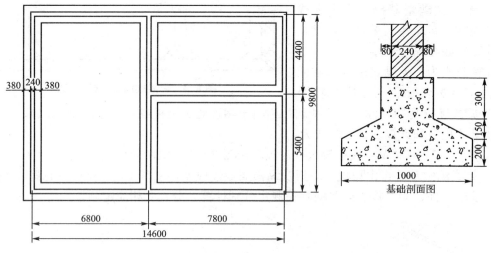

图 6.6 条形基础图

6.1.2 混凝土柱定额工程量的计算

混凝土柱包括矩形柱、异形柱等。

1. 矩形柱

(1) 工程量计算规则：按设计图示尺寸以体积计算，不扣除构件内的钢筋、预埋件所占体积。工程量计算公式如下：

$$V = 柱断面积 \times 柱高$$

式中柱高按表 6-1 确定。

表 6-1 柱高确定表

名 称	柱 高
有梁板柱高	自柱基上表面（或楼板上表面）到上一层楼板上表面之间的高度
无梁板柱高	自柱基上表面（或楼板上表面）到柱帽下表面之间的高度
框架柱高	自柱基上表面到屋面板顶的高度
构造柱高	全高

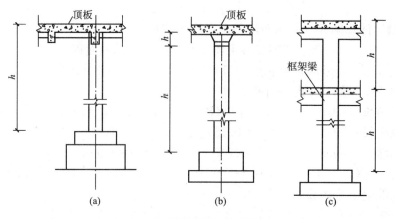

图 6.7 各种类型柱示意图

(2) 注意事项：依附在柱上的牛腿和升板的柱帽并入柱身体积内计算。升板建筑是指利用房屋自身网状排列的承重柱作为导杆，将就地叠层生产的大面积楼板由下而上逐层提升、就位固定的方法。升板的柱帽是指升板建筑中联结板与柱之间的构件。

【例 6-3】 计算案例 Z1 的混凝土工程量 [见柱表(JG-05)]。

【解】 由图和柱表可知：Z1 是一个变截面的柱。具体计算如下：
$$V=0.3\times0.4\times(0.8+3.8+3.5\times2)+0.2\times0.4\times2.6=1.60(m^3)$$

2. 异形柱

工程量计算规则：同矩形柱。

【例 6-4】 计算如图 6.8 所示异形柱混凝土工程量。

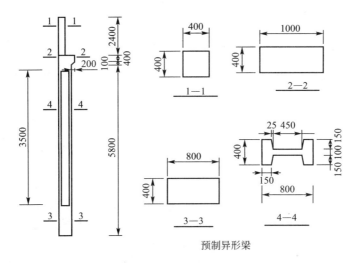

图 6.8 异形柱示意图

【解】 1—1 断面：$0.4\times0.4\times2.4=0.384(m^3)$

2—2 断面：$0.4\times1.0\times0.4+0.4\times0.1\times(1+0.8)/2=0.196(m^3)$

3—3 断面：$0.4\times0.8\times(5.8-3.5)=0.736(m^3)$

4—4 断面：$[0.4\times0.8-2\times0.15\times(0.45+0.45+2\times0.025)/2]\times3.5=0.621(m^3)$

异形柱混凝土合计 $=0.382+0.196+0.736+0.621=1.935(m^3)$

3. 构造柱

(1) 工程量计算规则：按设计图示尺寸以体积计算，不扣除构件内的钢筋、预埋件所占体积。工程量计算公式如下：
$$V=构造柱断面积\times构柱高$$

其中，构造柱断面积=构造柱矩形断面积+马牙槎（马牙槎一般突出到墙内两边各 60mm）面积，构柱高为层高，而马牙槎只留设至圈梁底，故马牙槎的计算高度取至圈梁底。构造柱如图 6.9 所示。

【例 6-5】 一个建筑的墙面需设如图 6.10 所示构造柱，该建筑层高 3.5m，其中圈梁高 0.3m，圈梁与板顶齐平，墙宽及构造柱宽如图 6.10 所示，求构造柱的混凝土工程量。

【解】 图 6.10 所示墙面为 T 形接头，注意所加马牙槎宽度。

$0.3\times0.24\times3.5+(0.06\times0.24+0.3\times0.06/2)\times(3.5-0.3)=0.33(m^3)$

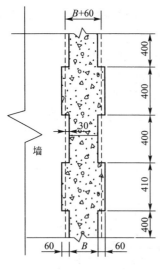
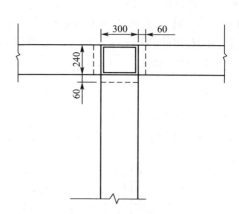

图 6.9 构造柱示意图　　　　图 6.10 墙面构造柱示意图

6.1.3 混凝土梁定额工程量的计算

混凝土梁包括基础梁、矩形梁、异形梁、圈梁、过梁、弧形梁和拱形梁等。

1. 矩形梁

(1) 工程量计算规则：按设计图示尺寸以体积计算，不扣除构件内的钢筋、预埋件所占体积，伸入墙内(砌筑墙)的梁头、梁垫并入梁内。工程量计算公式如下：

$$V = 梁宽 \times (梁高 - 板厚) \times 梁长$$

(2) 注意事项：若为无梁板，则梁高就是梁的全高，梁长的确定见表6-2。

表6-2 梁长确定表

名　称	梁　长
梁与柱连接	算至柱侧面
主梁与次梁相连	主梁拉通算，次梁算至主梁侧面
圈梁	外墙圈梁长取外墙中心线长，内墙圈梁取内墙净长

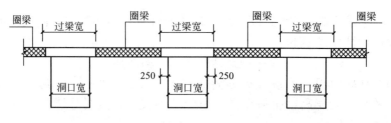

图 6.11 圈梁与过梁浇在一起时各自长度计算示意图

【例6-6】 计算案例 KL1(1A)、Ⓑ轴的 KL4(11) 和 L1 各一条的混凝土工程量 [见2～3层梁板钢筋图(JG-07)]。

【解】 KL1(1A)：$0.25 \times 0.5 \times (5 - 2 \times 0.4) + 0.25 \times (0.5 - 0.1) \times 1.5 = 0.68(m^3)$

KL4(11)：$0.2\times(0.4-0.12)\times(36-10\times0.3)+0.2\times0.4\times(3-0.3)\times2=2.28(m^3)$

L1：　　　　$0.2\times(0.3-0.1)\times(1.8-0.2)=0.06(m^3)$

2. 其他梁

其他梁的工程量计算规则同矩形梁。计算公式为：

$$V=梁断面\times梁长$$

6.1.4 混凝土板定额工程量的计算

混凝土板包括有梁板、无梁板、平板、拱板、栏板、挑檐板、阳台板等。

1. 工程量计算规则

(1) 有梁板：按梁板体积之和(包括主、次梁和板)计算，适用于密肋板、井字梁板。

(2) 无梁板：按板和柱帽体积之和计算，适用于直接支撑在柱上的板。

(3) 平板：按板体积计算，适用于直接支撑在墙上(或圈梁上)的板。

(4) 楼板：按体积算出后应扣除墙、柱混凝土的体积。

(5) 栏板：按体积计算，包括伸入砌体内的部分，栏板高度超过1.2m按墙计算，高出板面0.6m以内按反檐计算。

(6) 悬挑板：包括伸出墙外的牛腿、挑梁，其嵌入墙内的梁另按梁有关规定计算。其中伸出墙外500mm以内按挑檐计算，500mm以上按雨篷计算，伸出墙外1.5m以上的按梁、板等有关规定分别计算，如图6.12所示。

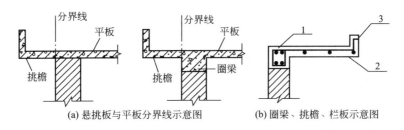

图 6.12　悬挑板与平板以及圈梁、挑檐、栏板示意图

说明：(b)图的"1—圈梁"另外按梁计，"2—挑檐"和"3—栏板"合并为悬挑板。

(7) 雨篷、阳台板：按设计图示尺寸以墙外部分体积计算，包括伸出墙外的牛腿和雨篷反檐体积，如图6.13所示。

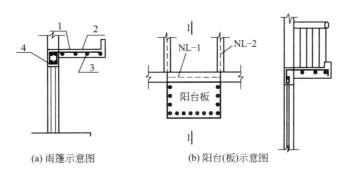

图 6.13　雨篷、阳台(板)示意图

1—雨篷　2—雨篷主筋　3—分布筋　NL1—过梁　NL2—挑梁

说明：本阳台由阳台板、挑梁、过梁组成，栏杆、扶手等另外单独计。

2. 案例

【例 6-7】 计算案例二层楼板混凝土工程量［见 2-3 层梁板钢筋图(JG-07)］。

【解】 B1(h=120mm)：$36 \times 5 \times 0.12 - 20 \times 0.3 \times 0.4 \times 0.12 = 21.31(m^3)$

B2 和 B3 板(h=100mm)合计：$1.8 \times 36 \times 0.1 = 6.48(m^3)$

B4 和 B5 板(h=100mm)合计：$1.5 \times 42 \times 0.1 = 6.3(m^3)$

板合计：$21.31 + 6.48 + 6.3 = 34.09(m^3)$

【例 6-8】 计算图 6.14 所示挑檐板混凝土工程量，挑檐板长度为 2.5m。

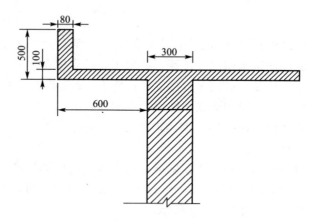

图 6.14 挑檐板示意图

【解】 因为悬挑伸出墙外长度大于 500mm，所以按雨篷计算。

悬挑板：$V_1 = 2.5 \times 0.6 \times 0.1 = 0.15(m^3)$

栏板体积：$V_2 = (0.5 - 0.1) \times 0.08 \times 2.5 = 0.08(m^3)$

雨篷总工程量：$0.15 + 0.08 = 0.23(m^3)$

6.1.5 混凝土墙定额工程量的计算

混凝土墙包括直形墙、弧形墙等。

1. 工程量计算规则

按设计图示尺寸以体积计算。工程量计算公式如下：

$$V = 墙宽 \times 墙高 \times 墙长$$

其中，墙高按下面条件确定：

(1) 有梁的墙高计至梁底，与墙同厚的梁并入墙计算，没有梁的墙高计至板面。

(2) 有地下室的墙高从地下室底板面计起，没有地下室的墙高从基础面计起，楼层从板面计起。

2. 注意事项

(1) 墙垛(附墙柱)、暗柱、暗梁及墙突出部分并入墙体积内计算。

(2) 异形柱与墙按图 6.15 划分：如双向不能满足异形柱或墙的标准，则按异形柱或直形墙分别计算。

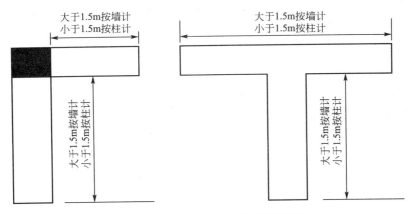

图 6.15 现浇混土剪力墙与柱的划分

6.1.6 混凝土楼梯定额工程量的计算

混凝土楼梯包括直形楼梯、弧形楼梯等。

(1) 直形整体楼梯：包括休息平台、平台梁、斜梁及楼梯与楼板连接的梁、踏步板、踏步，如图 6.16 所示。

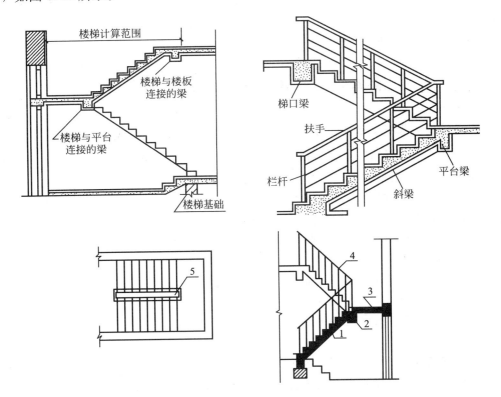

图 6.16 楼梯示意图

1—踏步板　2—平台梁　3—休息平台　4—栏杆　5—楼梯井

(2) 工程量计算规则：按设计图示尺寸以体积计算。

(3) 案例。

【例6-9】 计算案例首层楼梯混凝土工程量［见梯表图(JG-06)和楼梯剖面图(J-02)］。

【解】 (1) 整体楼梯板：$0.11 \times \sqrt{[(12-1) \times 0.3]^2 + (12 \times 0.1583)^2} \times (3-0.18-0.12) = 1.11(m^3)$

(2) 踏步：$0.3 \times 0.1583/2 \times (3-0.18-0.12) \times 12 = 0.77(m^3)$

(3) 休息平台板：$1.5 \times 0.1 \times (3-0.18) = 0.42(m^3)$

(4) 休息平台梁：$[(3-0.3)+(3-0.2)] \times (0.4-0.1) \times 0.2 = 0.33(m^3)$

(5) 与楼板相连的梁：$0.2 \times 0.4 \times (3-0.3) = 0.22(m^3)$

楼梯工程量合计：$1.11+0.77+0.42+0.33+0.22 = 2.85(m^3)$

6.1.7 混凝土其他构件定额工程量的计算

混凝土其他构件包括混凝土散水、坡道、电缆沟、地沟、压顶、扶手、台阶等。

(1) 工程量计算规则：按图示尺寸以体积计算。

(2) 注意事项。

① 电缆沟包括沟侧壁、底板和顶板，合计在一起套电缆沟定额。

② 台阶：台阶与平台连接时，其分界线以最上层踏步外沿加300mm计算。如图6.17所示，台阶宽为：$0.3 \times 3 = 0.9(m)$。

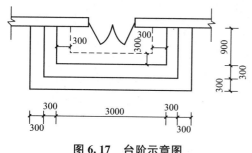

图6.17 台阶示意图

6.2 清单计价方式下现浇混凝土工程量计算

1. 现浇混凝土基础工程量的计算

现浇混凝土基础包括带形基础(010401001)、独立基础(010401002)、满堂基础(010401003)、设备基础(010401004)、桩承台基础(010401005)等。

(1) 清单工程量：按设计尺寸以体积计算，不扣除构件内钢筋、预埋件和伸入承台基础内的桩头所占体积。其工程量数值均等于定额工程量数值。

(2) 计价工程量：在量上等于清单工程量，也等于定额工程量。

(3) 注意事项。

① 带形基础项目适用于各种带形基础，墙下板式基础包括浇筑在一字排桩上面的带形基础。

② 独立基础项目适用于块体柱基、杯基、柱下的板式基础、无筋倒圆台基础、壳体基础、电梯井基础等。

③ 满堂基础项目适用于地下室的箱式和筏式基础。

④ 设备基础项目适用于设备块体基础、框架基础等。

⑤ 桩承台基础项目适用于浇筑在组桩(如梅花桩)上的承台。

2. 现浇混凝土柱工程量的计算

现浇混凝土柱包括矩形柱(010402001)、异形柱(010402002)等。

(1) 清单工程量：按设计尺寸以体积计算，不扣除构件内钢筋、预埋件所占体积。其工程量数值均等于定额工程量数值。

(2) 计价工程量：在量上等于清单工程量，也等于定额工程量。如果发生超高降效应包括在报价内。

(3) 注意事项。

① 单独的薄壁柱根据基础截面形状，确定以异形柱编码列项。

② 混凝土柱上的钢牛腿按金属结构零星编码列项。

3. 现浇混凝土梁工程量的计算

现浇混凝土梁包括基础梁(010403001)、矩形梁(010403002)、异形梁(010403003)、圈梁(010403004)、过梁(010403005)、弧形梁拱形梁(010403006)等。

(1) 清单工程量：按设计尺寸以体积计算，不扣除构件内钢筋、预埋件所占体积。伸入墙内的梁头、梁垫并入梁体积内。其工程量数值均等于定额工程量数值。

(2) 计价工程量：在量上等于清单工程量，也等于定额工程量。如果发生超高降效应包括在报价内。

4. 现浇混凝土板工程量的计算

现浇混凝土板包括有梁板(010405001)、无梁板(010405002)、平板(010405003)、拱板(010405004)、薄壳板(010405005)、栏板(010405006)、天沟及挑檐板(010405007)、雨篷及阳台板(010405008)、其他板(010405009)等。

(1) 清单工程量：按设计尺寸以体积计算，不扣除构件内钢筋、预埋件及 $0.3m^2$ 以内孔洞所占体积。有梁板按包括主、次梁与板体积之和计算，无梁板按板和柱帽体积之和计算，各类板伸入墙内的板头并入板体积内计算，薄壳板的肋、基梁并入薄壳板体积之内计算。其工程量数值均等于定额工程量数值。

(2) 计价工程量：在量上等于清单工程量，也等于定额工程量。如果发生超高降效应包括在报价内。

5. 现浇混凝土墙工程量的计算

现浇混凝土墙包括直形墙(010404001)、弧形墙(010404002)两个项目。

(1) 清单工程量：按设计尺寸以体积计算，不扣除构件内钢筋、预埋件所占体积，扣除门窗洞口及 $0.3m^2$ 以外孔洞所占体积，墙垛及突出墙面部分并入墙体体积内计算。其工程量数值均等于定额工程量数值。

(2) 计价工程量：在量上等于清单工程量，也等于定额工程量。如果发生超高降效应包括在报价内。

(3) 注意事项：直形墙和弧形墙也适用于电梯井，与墙相连接的薄壁柱按墙项目编码列项。

6. 混凝土楼梯工程量的计算

混凝土楼梯包括直形楼梯(010406001)、弧形楼梯(010406002)等。

(1) 清单工程量：按设计图示尺寸以水平投影面积计算，不扣除宽度小于 500mm 的楼梯井，伸入墙内部分不计算。

(2) 计价工程量：在量上等于定额工程量，包括休息平台、平台梁、斜梁及楼梯与楼板相连接的梁、踏步板、踏步。

(3)注意事项:清单工程量按面积计算,而定额与计价工程量是按体积计算的。如果发生超高降效应包括在报价内。

7. 混凝土其他构件工程量的计算

混凝土其他构件包括其他构件(010407001)、混凝土散水及坡道(010407002)、电缆沟及地沟(010407003)、地坪(010407004)等。

1)清单工程量计算规则

(1)其他构件:包括台阶、压顶、扶手、房上水池和其他小型构件。其中,台阶按水平投影面积计算;压顶及扶手可按长度计算,其余按设计尺寸以体积计算,不扣除构件内钢筋、预埋件所占体积。

(2)混凝土散水及坡道:按设计图示尺寸以面积计算,不扣除0.3m² 以内孔洞所占体积。

(3)电缆沟及地沟:按设计图示尺寸以中心线长度计算。

(4)地坪:按设计图示尺寸以面积计算,扣除凸出地面构筑物、设备基础、室内管道、地沟等所占面积,不扣除出间壁墙和0.3m³ 以内的柱、垛、附墙烟囱及孔洞所占面积。门洞、空圈、暖气包槽、壁龛的开口部分不增加面积。

2)计价工程量计算规则

(1)其他构件:包括台阶、压顶、扶手、房上水池和其他小型构件。工程量与定额工量在量完全相同。如果发生超高降效应包括在报价内。

(2)混凝土散水及坡道:一般情况下,计价的内容有地基夯实、铺设垫层、混凝土及变形缝等四部分内容。

(3)电缆沟及地沟:计价内容一般包括挖土石方、铺设垫层(以体积计算)、混凝土(按设计图示尺寸以体积计算)、刷防护材料(以表面积计算)四部分。

(4)地坪:计价内容一般包括室内填土、夯实运输、地坪混凝土三部分。

8. 清单计价方式下综合案例

【例6-10】 编制二层现浇混凝土有梁板工程量清单,计算综合单价,完成综合单价分析表。(混凝土采用C30混凝土20石,现场搅拌机拌制,325水泥按398元/t,其他材料同定额;管理费按一类地区。)

【解】(1)工程量计算式见表6-3。

表6-3 有梁板工量计算表

工程名称: 第 页 共 页

序号	工程项目或轴线说明	同样件数	工程量计算式				单位	数量
			长/m	宽/m	高/m	小计		
一	工程量清单						m³	47.78
1)	梁							
	在Ⓐ~Ⓑ轴间的KL1(1A)	2	5-2×0.4	0.25	0.5	0.525	m³	1.05
	KL1(1A)悬挑端	2	1.5	0.25	0.5-0.1	0.15	m³	0.30

(续)

序号	工程项目或轴线说明	同样件数	工程量计算式				单位	数量
			长/m	宽/m	高/m	小计		
1	在Ⓐ～Ⓑ轴间的KL2(1B)、KL3(1B)	10	5－2×0.4	0.25	0.5－0.12	0.399	m³	3.99
2	KL2(1B)悬挑、KL3(1B)悬挑	10	1.8+1.5	0.25	0.5－0.1	0.33	m³	3.30
3	Ⓐ、Ⓑ轴KL4(11)	2	(36－10×0.3)×0.2×(0.4－0.12)＋(3－0.3)×0.2×0.4×2				m³	4.56
4	L1(1)	9	1.8－0.2	0.2	0.3－0.1	0.064	m³	0.58
5	L2(11)	1	42－12×0.25	0.2	0.5－0.1	3.12	m³	3.12
6	L3(9)	1	36－10×0.25	0.2	0.5－0.1	2.68	m³	2.68
	以上梁合计						m³	19.45
2)	板							
1	Ⓐ～Ⓑ轴及①～⑫轴		36	5	0.12	15.84	m³	15.84
2	Ⓐ轴边悬挑		42	1.5	0.1	6.3	m³	6.3
3	Ⓑ轴边悬挑		36	1.8	0.1	6.48	m³	6.48
4	减：柱截面	20	0.3	0.4	0.12	0.0144	m³	－0.29
	以上板合计						m³	28.33
	有梁板工程量合计						m³	47.78
二	计价工程量							
1	有梁板(C30,20石)		47.78				m³	47.78

(2) 工程量清单见表6-4。

表6-4 有梁板工量清单表

工程名称： 标段： 第 页 共 页

序号	项目编码	项目名称	项目特征描述	计量单位	工程量	金额/元		
						综合单价	合价	其中：暂估价
1	010405001001	混凝土有梁板	混凝土有梁板，C30混凝土20石，现场搅拌机拌制	m³	47.78			
2								
			本页小计					
			合　　计					

(3) 综合单价分析见表6-5。

表 6-5 有梁板综合单价分析表

工程名称：

项目编码	010405001001	项目名称	有梁板		混凝土有梁板		计量单位	m³	清单工程量			47.78	
				综合单价分析									
定额编号	定额子目名称	定额单位	工程数量	人工费	材料费	机械费	管理费	利润	人工费	材料费	机械费	管理费	利润
第6章	综合案例												
A4-14	有梁板	10m³	4.778	396.78	46.88	17.79	119.19	71.42	1895.81	223.99	85.00	569.49	341.25
8021580	C30混凝土，20石 搅拌机制	10m³	4.8258	157.59	2945.38	64.81	0	28.37	760.49	14213.76	312.76	0.00	136.89
(综合)工日 51元/工日					小 计				2656.31	14437.75	397.76	569.49	478.14
综合工日 51元/工日					未计价材料费								
			综合单价							388.02			
材料费明细	主要材料名称、规格、型号		单位		数量		单价/元		合价/元		暂估单价/元		暂估合价/元
	C30，20石		m³		48.258		294.48		14210.97		—		—
	水		m³		72.153		2.8		202.03		—		—
	其他材料费						—				—		
	材料费小计						—				—		

（4）综合单价报价见表6-6。

表6-6 分项工程报价表

工程名称：　　　　　　　　　　标段：　　　　　　　　　　　　　　第　页
共　页

序号	项目编码	项目名称	项目特征描述	计量单位	工程量	金额/元	
						综合单价	合价
1	010405001001	混凝土有梁板	混凝土有梁板，C30混凝土20石，现场搅拌机拌制	m³	72.21	388.02	28018.92

6.3 后 浇 带

1. 后浇带的概念

后浇带是一种刚性变形缝，适用于不允许留设柔性变形缝的部位。后浇带的浇筑应待两侧结构的主体混凝土干缩变形稳定后进行，其宽度一般在700～1000mm之间。后浇带项目适用于基础（满堂式）、梁、墙、板的后浇带。

2. 工程量计算规则

定额工程量、清单工程量与计价工程量在量上是相等的，都是按设计图示尺寸以体积计算的。

6.4 预制混凝土工程量计算

1. 定额计价方式下预制混凝土构件工程量的计算

（1）预制混凝土构件包括预制混凝土柱、梁、板、屋架、楼梯和其他构件。

（2）工程量计算规则：预制混凝土构件要算三部分内容，即预制混凝土构件的制作、预制混凝土构件的运输、预制混凝土构件的安装。

① 预制混凝土构件制作工程量：除另有规定外，按设计图示尺寸以体积计算，不扣除构件内的钢筋、预埋铁件及预制混凝土板单个尺寸在300mm×300mm以内的孔洞所占体积。扣除空心板空洞体积并计算综合损耗率2.5%，但预制混凝土屋架、桁架、托架及长度在9m以上的梁、板、柱不计算损耗量。

② 预制混凝土构件运输工程量：除另有规定外，按设计图示尺寸以体积计算，不考虑损耗量。

③ 预制混凝土构件安装工程量：同预制混凝土构件运输工程量。

【例6-11】 试求预制构件（异形梁）共4根，每根梁截面积为2.5m²，长5.8m，现场搅拌机拌制（C30，20石、425水泥），场内运输2.5km的预制安装工程费（一类地区）。

【解】

1. 工程量计算

（1）梁制作：$5.8 \times 2.5 \times 4 \times (1+2.5\%) = 59.45(m^3)$

(2) 梁运输：$5.8×2.5×4=58(m^3)$

(3) 梁安装费：$5.8×2.5×4=58(m^3)$

2. 套定额求费用

(1) 梁制作费：A4－82$_{换}$

$59.45×[1023.15+10.1×(2579.58/10-0.452×317.07+0.452×352.77)]÷10$
$=22540.49(元)$

(2) 梁运输费：[A4－150]＋2[A4－151]：

$58×[1292.09+95.38×2]÷10=8600.53(元)$

(3) 梁安装费：A4－126：$58×1913.21÷10=11096.62(元)$

预制混凝土异形梁分项工程的费用：$22540.49+8600.53+11096.62=42237.64(元)$

3. 清单计价方式下预制混凝土构件工程量的计算

预制混凝土构件包括预制混凝土柱(010409001－002)、梁(010410001－006)、板(010412001－008)、屋架(010411001－005)、楼梯(010413001)和其他构件(010414001－003)。

1) 工程量清单计算规则

预制混凝土构件清单工程量，除另有规定外，按设计图示尺寸以体积计算，不扣除构件内的钢筋、预埋铁件及预制混凝土板单个尺寸在300mm×300mm以内的孔洞所占体积。扣除空心板空洞体积。

2) 计价工程量计算规则

计价工程工程量同定额工程量计算规则，它包括预制混凝土构件的制作、预制混凝土构件的运输、预制混凝土构件的安装三部分内容，它们的量完全等同定额工程量。

4. 清单计价方式下预制混凝土构件综合案例

【例6－12】 编制图6.8所示预制构件(异形梁)的工程量清单，并报综合单价和进行综合单价分析。该预制梁共10根，混凝土采用C30(20石，现场搅拌机拌制)，场内运输2.5km，求预制安装工程费(一类地区)。

【解】

1. 工程量计算

1) 清单工程量

1—1断面：$0.4×0.4×2.4=0.384(m^3)$

2—2断面：$0.4×1.0×0.4+0.4×0.1×(1+0.8)/2=0.196(m^3)$

3—3断面：$0.4×0.8×(5.8-3.5)=0.736(m^3)$

4—4断面：$[0.4×0.8-2×0.15×(0.45+0.45+2×0.025)/2]×3.5=0.621(m^3)$

异形柱清单工程量：$(0.384+0.196+0.736+0.621)×10=19.37(m^3)$

2) 计价工程量

(1) 预制混凝土异形梁构件制作量：$19.37×(1+2.5\%)=19.85(m^3)$

(2) 预制混凝土异形梁构件运输工程量：$19.37(m^3)$

(3) 预制混凝土异形梁构件安装工程量：$19.37(m^3)$

2. 工程量清单见表6－7

3. 综合单价分析见表6－8

表6-7 预制异形梁工程量清单表

工程名称: 第 页 共 页

序号	项目编码	项目名称	项目特征描述	计量单位	工程量	金额/元		
						综合单价	合价	其中：暂估价
1	010410002001	预制混凝土异形梁	预制混凝土异形梁，C30混凝土20石，现场搅拌机拌制，场内运输2.5km	m³	19.37			
			本页小计					
			合　　计					

表6-8 预制异形梁工程量清单综合单价分析表

工程名称: 第 页 共 页

项目编码	010410002001		预制混凝土异形梁			计量单位	m³	清单工程量	19.37
清单综合单价组成明细									
定额编号	定额子目名称	定额单位	数量	单价			合价		
				人工费	材料费	管理费	利润	人工费	材料费	机械费	管理费	利润

定额编号	定额子目名称	定额单位	数量	人工费	材料费	管理费	利润	人工费	材料费	机械费	管理费	利润
第6章 综合案例												
A4-82	预制混凝土异形梁	10m³	1.985	478.38	38.96	219.77	86.11	949.58	4617.72	567.79	436.24	170.93
8021580	C30,20石搅拌机拌制	10m³	2.00485	157.59	2357.17	0.00	28.37	315.94	4725.77	129.93	0.00	56.87
A4-150+151×2	预制混凝土异形梁运输	10m³	1.937	150.45	16.14	327.52	27.08	291.42	31.26	1915.19	634.41	52.46

(续)

定额编号	定额子目名称	定额单位	数量	单价					合价				
				人工费	材料费	管理费	利润		人工费	材料费	机械费	管理费	利润
A4-126	预制混凝土异形梁安装	10m³	1.937	916.47	304.80	359.16	164.96		1775.20	590.40	644.59	695.69	319.54
	小　计								3332.15	5424.77	3257.51	1766.34	599.79
	未计价材料费												
(综合)人工单价													
51元/工日		清单项目综合合价							742.41				

材料费明细	主要材料名称、规格、型号	数量	单价/元	合价/元	暂估单价/元	暂估合价/元
	(C30，20石)	20.049	263.05	(5273.77)		
	325水泥	9.259	317.07	2935.91		
	中砂	11.568	49.98	578.17		
	20石	16.640	65.79	1094.76		
	水	26.257	2.8	73.52		
	松杂板枋材	0.277	1313.52	363.83		
	10石	0.446	317.07	141.26		
	铁件	47.650	5.81	276.85		
	低碳钢焊条					
	其他材料费		—		—	
	材料费小计		—		—	

4. 综合单价报价见表 6-9

表 6-9 分部分项工程报价表

工程名称：　　　　　　　　　标段：　　　　　　　　　　第　页　共　页

序号	项目编码	项目名称	项目特征描述	计量单位	工程量	金额/元	
						综合单价	合价
1	010410002001	预制混凝土异形梁	预制混凝土异形梁，C30 混凝土 20 石，现场搅拌机拌制，场内运输 2.5km	m³	19.37	742.41	14380.48
			本页小计				14380.48
			合　　计				14380.48

本 章 小 结

　　本章主要讲了定额计价模式下现浇混凝土和预制混凝土工程量计算以及清单计价模式现浇混凝土和预制混凝土的清单工程量计算和计（报）价工程量计算、综合单价计算及分析。

　　主要讲了定额计价模式下现浇混凝土基础、柱、梁、板、墙、楼梯的工程量计算规则及注意事项，并举了大量例题供学生实践练习，做到理论与实际相结合。同样，也相应讲了预制混凝土柱、梁、板、墙、楼梯及其他构件工程量计算规则及注意事项，区分了现浇混凝土与预制混凝土构件工程量计算的不同之处，并用案例进行论证。

　　也主要讲了清单计价模式下现浇混凝土和预制混凝土基础、柱、梁、板、墙、楼梯等这些清单的工程量计算规则及注意事项，同时详细介绍了相应计价工程量计价特点及注意事项，并在案例中详细介绍了综合单价计算过程和综合单价分析，内容丰富，实践性强。

　　学习本章后，学生应重点掌握基础、柱、梁、板、墙及楼梯的混凝土工程量计算，并能编制混凝土基础、柱、梁、板、墙及楼梯的工程量清单和进行综合单价分析。

本 章 习 题

一、单项选择题

1. 有肋带形基础混凝土工程量的计算，当基础扩大面的肋高 H 与肋宽 B 之比（　　）时，肋的体积与基础合并计算，执行有肋带形基础定额项目。

　　A. $H/B \leqslant 2$　　　　　　　　　　　B. $H/B \geqslant 4$

　　C. $H/B \geqslant 2$　　　　　　　　　　　D. $H/B \leqslant 4$

2. 关于箱形基础工程量的计算，下面说法不正确的是（　　）。

　　A. 箱形基础的顶盖板执行板的定额项目

B. 箱形基础的隔盖板执行墙的定额项目
C. 箱形基础的柱执行柱的定额项目
D. 箱形基础的底板执行混凝土板的定额项目

3. 在钢筋混凝土挑檐天沟与板连接时,以(　　)为分界线,执行(　　)定额项目。
   A. 外墙,现浇板　　　　　　　　B. 外墙,悬挑板
   C. 圈梁,现浇板　　　　　　　　D. 圈梁,悬挑板

4. 在钢筋混凝土工程量计算中,下列没有包括在定额消耗量内,需另外计算工程量的是(　　)。
   A. 现浇雨篷的边模板
   B. 现浇钢筋混凝土栏杆伸入墙内部分的混凝土工程量
   C. 空心板堵头
   D. 预制板补现浇缝

5. 长度在(　　)m 以上的预制钢筋混凝土梁、板、柱计算运输及安装工程量时不计算损耗率。
   A. 6　　　　　　　　　　　　　B. 9
   C. 12　　　　　　　　　　　　D. 18

6. 100m³ 的小型预制构件安装工程量为(　　)m³。
   A. 100　　　　　　　　　　　　B. 100.8
   C. 101.5　　　　　　　　　　　D. 101.3

7. 100m³ 的小型预制构件运输工程量为(　　)m³。
   A. 100　　　　　　　　　　　　B. 100.8
   C. 101.5　　　　　　　　　　　D. 101.3

二、计算题

1. 计算案例中楼梯间顶板有梁板工程量。
2. 计算首层梯柱工程量。

第7章

钢筋工程量计算

教学目标

要求学生熟悉各种构件的钢筋配筋情况,重点掌握基础、柱、梁、板、墙及楼梯的钢筋分布,并能正确计算其工程量。

教学要求

知识要点	能力要求	相关知识
钢筋基础知识	(1) 会计算钢筋的锚固和搭接长度 (2) 会计算一般钢筋及箍筋的弯钩 (3) 会计算弯起钢筋长度 (4) 会计算各种箍筋长度 (5) 能识读钢筋平法施工图	(1) 钢筋保护层厚度,钢筋的锚固和搭接长度 (2) 弯钩增加长度 (3) 弯起钢筋弯曲部分的增加长度 (4) 各种箍筋的长度计算公式 (5) 钢筋平法
钢筋工程量计量	(1) 能够根据给定的工程图纸正确计算基础、柱、梁、板及楼梯的钢筋工程量	独立基础、框架柱、框架梁、非框架梁、板及楼梯等工程量的计算规则及方法

引言

钢筋在许多工程中都必不可少,其作用是什么?钢筋类别众多,该如何分类?如何规定钢筋强度等级?不同构件及基础其钢筋工程量如何计算,计算时又要注意什么问题?

7.1 钢筋的基础知识

钢筋工程的清单工程量和定额工程量在量上是相等的,计算方法也相同,所以钢筋不再分清单工程量和定额工程量,而是统称为钢筋工程量。

7.1.1 钢筋类别、级别及表示方法

1. 钢筋类别

钢筋类别:钢筋可分为现浇构件钢筋、预制构件钢筋、预应力钢筋(又分为先张力预应力钢筋和后张力预应力钢筋)等几种类别。

2. 钢筋级别及表示方法

钢筋级别及表示方法见表7-1。

表 7-1 钢筋级别及表示方法

钢筋级别	表示方法	钢筋级别	表示方法
HPB300	φ	HRB400	Φ
HRB335	Φ	HRB500	Φ

7.1.2 钢筋工程量计算方法及保护层、锚固长度、弯钩及搭接长度取值

1. 钢筋工程量计算

(1)钢筋预算长度规定:在做预算时,钢筋长度按钢筋外皮长度计算,如图7.1所示,不考虑钢筋量度差;而在做钢筋下料时,其长度按钢筋中心线长度计算,要考虑钢筋量度差。

(2)钢筋工程量计算方法:按钢筋重量计,单位为吨,即按钢筋每米质量乘以钢筋预算长度计算。

$$钢筋质量(t) = 钢筋每米重量 \times 钢筋预算长度$$
$$钢筋每米质量 = 0.00617 \times d^2$$

注意:钢筋直径的单位采用mm,如为8mm,直接将8带入上式计算即可得:

$$钢筋每米质量 = 0.00617 \times 8^2 = 0.395(kg)$$

2. 钢筋保护层厚度

混凝土结构构件中的钢筋架被浇筑于混凝土中,在钢筋架的四周必须有混凝土将钢筋包裹住,因此最外层钢筋外边缘至混凝土表面的距离就是钢筋保护层。这与旧规范所规定的保护层定义不同。特别注意此变化。此外构件中受力钢筋的保护层厚度不应小于钢筋的公称直径;同时当混凝土的强度等级不大于C25时,表中保护层厚度数值应增加5mm。基础底面钢筋的保护层厚度,有混凝土垫层时应从垫层顶面算起,且不小于40mm。如图

7.1所示。混凝土保护层的最小厚度见表7-2。

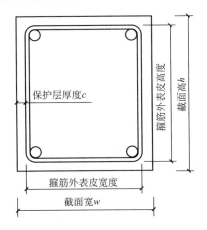

图7.1 钢筋外皮长度及保护层示意图

表7-2 受力钢筋的混凝土保护层最小厚度

环境类别		墙(板)/mm			梁/mm			柱/mm		
		≤C20	C25~C45	≥C50	≤C20	C25~C45	≥C50	≤C20	C25~C45	≥C50
一		20	15	15	30	25	25	30	30	30
二	a	—	20	20	—	30	30	—	30	30
	b	—	25	20	—	35	30	—	35	30
三		—	30	25	—	40	35	—	40	35

3. 钢筋锚固长度

钢筋锚固长度：普通受拉钢筋用L_a，抗震时受拉钢筋用L_{aE}。

(1) 受拉钢筋基本锚固长度可按表7-3取用。

表7-3 受拉钢筋基本锚固长度L_{ab}、L_{abE}

钢筋种类	抗震等级	混凝土强度等级								
		C20	C25	C30	C35	C40	C45	C50	C55	>C60
HPB300	一、二级(L_{abE})	45d	39d	35d	32d	29d	28d	26d	25d	24d
	三级(L_{abE})	41d	36d	32d	29d	26d	25d	24d	23d	22d
	四级(L_{abE})或非抗震(L_{ab})	39d	34d	30d	28d	25d	24d	23d	22d	21d
HRB335	一、二级(L_{abE})	44d	38d	33d	31d	29d	26d	25d	24d	24d
	三级(L_{abE})	40d	35d	31d	28d	26d	24d	23d	22d	22d
	四级(L_{abE})或非抗震(L_{ab})	38d	33d	29d	27d	25d	23d	22d	21d	21d
HRB400	一、二级(L_{abE})		46d	40d	37d	33d	32d	31d	30d	29d
	三级(L_{abE})		42d	37d	34d	30d	29d	28d	27d	26d
	四级(L_{abE})或非抗震(L_{ab})		40d	35d	32d	29d	28d	27d	26d	25d
HRB500	一、二级(L_{abE})		55d	49d	45d	41d	39d	37d	36d	35d
	三级(L_{abE})		50d	45d	41d	38d	36d	34d	33d	32d
	四级(L_{abE})或非抗震(L_{ab})		48d	43d	39d	31d	34d	32d	31d	30d

注：$L_{abE} = \zeta_{aE} L_{ab}$，$\zeta_{aE}$为抗震锚固长修正系数，对一、二级抗震等级取1.15，对三级抗震等级取1.05，对四级抗震等级取1.00。

（2）受拉钢筋锚固长度 L_a 和抗震锚固长度 L_{aE} 可按表7-4取用。

表7-4 受拉钢筋锚固长度 L_a、抗震锚固长度 L_{aE}

非抗震	抗震	注：1. L_a 不应小于200。 2. 锚固长度修正系数 ζ_a 按表7-5取用，当多于一项时，可按连乘计算，但不应小于0.6。 3. ζ_{aE} 为抗震锚固长修正系数，对一、二级抗震等级取1.15，对三级抗震等级取1.05，对四级抗震等级取1.00
$L_a = \zeta_a L_{ab}$	$L_{aE} = \zeta_a L_{abE}$	

表7-5 受拉钢筋锚固长度修正系数 ζ_a

锚固条件		ζ_a
带肋钢筋的公称直径大于25		1.10
环氧树脂涂层带肋钢筋		1.25
施工过程中易受扰动的钢筋		1.10
锚固区保护层厚度	$3d$	0.80
	$5d$	0.70

注：中间时按内插值，d 为锚固钢筋直径。

4. 钢筋弯钩增加长度

钢筋弯钩增加长度：指为增加钢筋和混凝土的握裹力，在钢筋端部做弯钩时，弯钩相对于钢筋平直部分外包尺寸增加的长度。

弯钩形式：弯钩弯曲的角度常有90°、135°和180°3种。一般地，Ⅰ级钢筋端部按带180°弯钩考虑，若无特别的图示说明，Ⅱ级钢筋端部按不带弯钩考虑。钢筋弯钩示意图如图7.2所示。

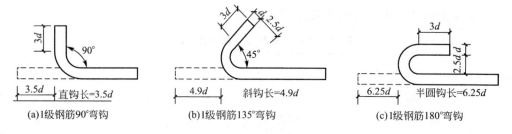

图7.2 钢筋弯钩示意图

钢筋钩头弯后平直部分的长度，一般为钢筋直径的3倍。

（1）一般受力筋的一个弯钩增加长度可按表7-6取定。

表7-6 一般受力筋的一个弯钩增加长度

钢筋类别	弯钩增加长度		
	180°	135°	90°
Ⅰ级钢筋	$6.25d$	$4.90d$	$3.50d$
Ⅱ级钢筋	无	$x+2.90d$	$x+0.93d$
备注	x 为平直段长度，按设计要求取定。D 为钢筋直径		

(2)箍筋弯钩增加长度的计算。

① 箍筋弯钩形式:结构抗震时,一般为135°/135°或90°/135°;结构非抗震时为90°/90°或90°/180,如图7.3所示。

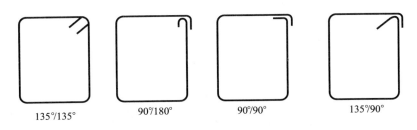

图 7.3 箍筋弯钩示意图

② 箍筋弯钩平直部分的长度:非抗震结构为箍筋直径的 5 倍;有抗震要求的结构为箍筋直径的 10 倍,且不小于 75mm。

③ 一个箍筋弯钩增加长度见表 7-7(Ⅰ级钢筋,直径为 d)。

表 7-7 一个箍筋弯钩增加长度

结构有抗震要求			结构无抗震要求		
180°弯钩	135°弯钩	90°弯钩	180°弯钩	135°弯钩	90°弯钩
—	11.90d(常用)	10.50d	8.25d(常用)	—	5.50d

5. 弯起钢筋的弯曲增加长度

弯起钢筋弯曲部分的增加长度是指钢筋弯曲部分的斜边长度与水平长度的差值,即 $S-L$,如图 7.4 所示。

(1)弯起角规定:h(梁高)$\leqslant 300$mm 时,$\alpha=30°$,300mm$<h<700$mm 时,$\alpha=45°$;高 $h\geqslant 700$mm 时,$\alpha=60°$。

(2)弯起钢筋弯曲部分的增加长度可按表 7-8 取用。

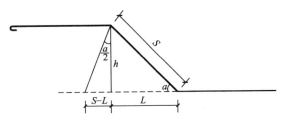

图 7.4 弯起钢筋弯曲部分的增加长度示意图

表 7-8 弯起钢筋弯起部分增加长度表

弯起角度	30°	45°	60°
斜长 S	2h	1.414h	1.155h
水平长 L	1.732h	h	0.577h
增加长度 $S-L$	0.268h	0.414h	0.578h
说明	板用	梁高 $H<0.8$m 时	梁高 $H\geqslant 0.8$m 时
备注	表中的 h 为板厚或梁高减去板或梁两端保护层后的高度		

(3)对于弯起钢筋,常用用构件图示尺寸减去两端保护层后,再加上弯曲部分的增加长度,即可计快速简便地算出弯起钢筋的下料长度。

6. 钢筋的搭接长度

(1) 钢筋的搭接形式有手工绑扎、焊接连接和机械连接 3 种。焊接连接分电弧焊、闪光对焊和电渣压力焊；机械连接分为锥螺纹连接和直螺纹连接。

(2) 电渣压力焊和机械连接均按个计算。

(3) 定额中规定，计算钢筋工程量时，设计已规定钢筋搭接长度的，按规定搭接长度计算，设计未规定搭接长度的，已包括在钢筋的损耗率之内，不另计算搭接长度。

(4) 设计图中已规定钢筋搭接长度的含义：结构构件上已经注明了钢筋搭接的位置和搭接长度，而没有注明位置的搭接长度，则已包括在钢筋损耗率之内，不再计算搭接长度。

(5) 图纸中已注明的搭接长度的计算公式如下：

$$搭接长度 = 搭接头个数 \times 钢筋的一个搭接长度$$

其中，搭接头个数 = 未计算搭接长度的钢筋下料长度 ÷ 7 − 1

(6) 纵向受拉钢筋的绑扎搭接长度见表 7-9。

表 7-9 纵向受拉钢筋的绑扎搭接长度 L_{lE}、L_l

纵向钢筋搭接接头面积百分率/%	≤25	50	100
非抗震	$l_l = 1.2 l_a$	$l_l = 1.4 l_a$	$l_l = 1.6 l_a$
抗震	$l_l = 1.2 l_{aE}$	$l_l = 1.4 l_{aE}$	$l_l = 1.6 l_{aE}$

(7) 在圈梁和构造柱中，纵向钢筋的绑扎搭接长度为 $35d$。

7.1.3 箍筋工程量计算

1. 双肢箍（图 7.5）单根长度计算公式（以抗震为例）

$$L = 构件图示长度 - 箍筋保护层 + 箍筋弯钩增加长度$$
$$L = [(b - 2 \times 0.025) + (h - 2 \times 0.025)] \times 2 + 11.90d \times 2$$

式中：L——单个箍筋预算长度，m；
  b——构件宽，m；
  h——构件高，m。

2. 四肢箍（图 7.6）

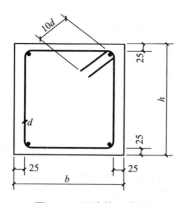

图 7.5 双肢箍示意图

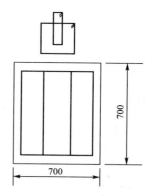

图 7.6 四肢箍示意图

首先算一个大箍，再算 1 个小箍。

小箍宽：$b=(0.7-0.025\times2)\div3$
$$L_大=(0.7-2\times0.025)\times4+2\times11.9\times0.01$$
$$L_小=(0.7-2\times0.025)\times2+(0.7-2\times0.025)\div3\times2+2\times11.9\times0.01$$

3. 方形四肢箍（图 7.7）

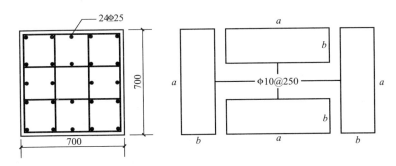

图 7.7　方形四肢箍示意图

先将以上箍筋分解成右图 4 个二肢箍，其中，$b=(0.7-0.025\times2)\div3$，再用二肢箍公式计算。即方形四肢箍总长度计算公式（以抗震为例）如下：
$$L=[(0.7-2\times0.025)\times2+(0.7-2\times0.025)\div3\times2+2\times11.9\times0.01]\times4$$

4. 方形二肢箍（图 7.8）

对于中间箍筋，其等效截面为 $b=h=(0.7-0.025\times2)\div2\times1.414$ 则箍筋的预算长度为：
$$L\phi8=[(0.7-2\times0.025)\div2\times1.414]\times4+2\times11.9\times0.008=1.37(\text{m})$$

5. 螺旋箍筋（图 7.9）

螺旋钢筋长度＝螺旋钢筋圈数$\times\sqrt{(螺距)^2+(\pi\times螺圈直径)^2}$＋上、下底面两个圆形筋长度＋2×弯钩增加长度

其中，螺旋钢筋圈数 $n=L\div P$；螺距为 P；螺圈直径＝$D-2a+d_0$

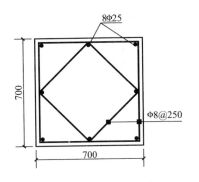

图 7.8　方形二肢箍示意图

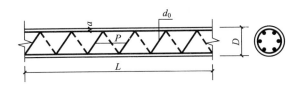

图 7.9　螺旋箍筋示意图

或按图 7.10 计算。

螺旋钢筋长度＝$\dfrac{L}{P}\times\sqrt{P^2+\pi^2\times(D-2a+d_0)^2}+\pi(D-2a+d_0)\times2+2\times6.25d_0$

式中：L——构件长度，m。

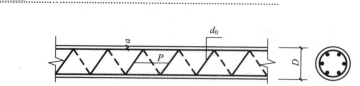

图 7.10 螺旋箍筋示意图

7.1.4 钢筋工程量计算步骤

(1) 确定构件混凝土的强度等级和抗震级别。
(2) 确定钢筋保护层的厚度。
(3) 计算钢筋的锚固长度 L_a、抗震锚固长度 L_{aE}、钢筋的搭接长度 L_l、抗震搭接长度 L_{lE}。
(4) 计算钢筋的下料长度和重量。

注意：弯钩增加长度、弯起钢筋弯起部分的增加长度、量度差、箍筋长度的简化计算以及箍筋根数、钢筋每米的重量。

(5) 按不同直径和钢种分别汇总现浇构件的钢筋重量。
(6) 计算或查用标准图集确定预制构件的钢筋重量。
(7) 按不同直径和钢种分别汇总预制构件的钢筋重量。

7.2 混凝土基础钢筋

围绕所附案例图纸，本章主要讲桩承台基础钢筋工程量的计算。

在计算桩承台钢筋工程量时，首先判断基础底部钢筋是否弯折 $10d$，其次是要确定起步第 1 根钢筋距离基础边侧的距离是否不大于 75mm 且不大于 $S/2$。

【例 7-1】 计算桩承台基础钢筋工程量〔见基础平面图(JG-04)〕。

【解】 计算过程如图 7.11 所示。

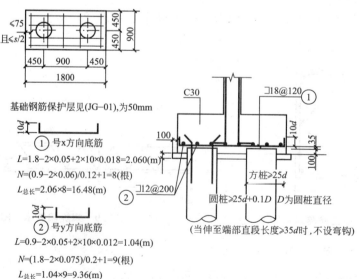

图 7.11 桩承台钢筋计算示意图

汇总一个承台基础钢筋见表 7-10。

表 7-10 桩承台基础钢筋汇总表

钢筋名称	规格	形状	单根长/m	根数	总长/m	总重/kg
1 号筋	Φ18@120	见图 7.11	2.06	8	16.48	32.945
2 号筋	Φ12@200		1.04	9	9.36	8.316

7.3 混凝土柱钢筋

计算柱钢筋时，首先从柱基础插筋开始，从下往上算。然后分析柱纵向钢筋的根数，一般柱纵向钢筋多于 4 根时，纵向钢筋至少分两个面搭接。再确定搭接长度是多少、加密区长度是多少，最后确定柱顶部纵向钢筋的锚固方式。具体见案例 7-2 的计算步骤。

【例 7-2】 计算柱 Z1 钢筋工程量 [见柱表(JG-05)]。

【解】 (1) Z1 基础插筋如图 7.12 所示。

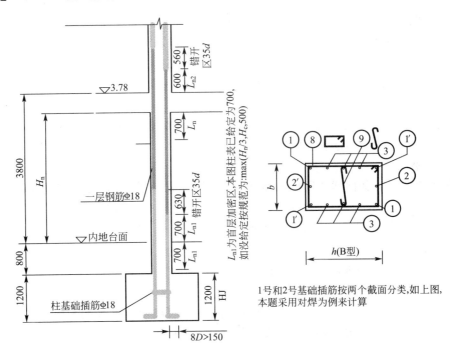

图 7.12 柱基础插筋与首层钢筋示意图

1′号筋长度＝基础高－基础底部保护层厚－基础底部受力筋直径＋
　　　　　　弯折＋首层加密区＋首层搭接区

首层加密区图上的表格内已明确为 0.7m，对焊时搭接区长度为 0。

1′号筋(Φ18)长度＝1.2－0.05－0.018＋0.15＋0.7＋0.8＝2.782(m)

根数：2 根

1 号筋长度＝基础高－基础底部保护层厚－基础底部受力筋直径＋弯折＋
　　　　　首层加密区＋首层搭接区＋首层错开区＋首层搭接区

1号筋(Φ18)长度＝1.2－0.05－0.018＋0.15＋0.7＋0.8＋0.63＝3.412(m)
首层错开区为 $35d=0.63m$。
根数：2根

3′号筋长度＝基础高－基础底部保护层厚－基础底部受力筋直径＋
弯折＋首层加密区＋首层搭接区

3′号(Φ16)筋长度＝1.2－0.05－0.018＋0.15＋0.7＋0.8＝2.782(m)
根数：1根

3号筋长度＝基础高－基础底部保护层厚－基础底部受力筋直径＋弯折＋
首层加密区＋首层搭接区＋首层错开区＋首层搭接区

3号筋(Φ16)长度＝1.2－0.05－0.018＋0.15＋0.7＋0.8＋0.56＝3.342(m)
根数：1根

(2) Z1首层钢筋如图7.12所示。
2层加密区长度为0.6m。
1′号筋长度＝基础顶到首层板顶高度－首层下加密区＋2层加密区＋2层搭接区
1′号(Φ18)筋长度＝3.8＋0.8－(0.7＋0.8)＋0.6＝3.700(m)
根数：2根

1号筋长度＝基础顶到首层板顶高度－首层下加密区－首层搭接区－首层错开区＋
2层加密区＋2层搭接区＋2层错开区＋2层搭接区

1号筋(Φ18)长度＝3.8＋0.8－(0.7＋0.8)－0.63＋0.6＋0.56＝4.430(m)
根数：2根

3′号筋长度＝基础顶到首层下板顶高度－首层下加密区＋2层加密区＋2层搭接区
3′号(Φ16)筋长度＝3.8＋0.8－(0.7＋0.8)＋0.6＝4.500(m)
根数：两根

3号筋长度＝基础顶到首层板顶高度－首层加密区－首层搭接区－首层错开区＋
2层加密区＋2层搭接区＋2层错开区＋2层搭接区

3号筋(Φ16)长度＝3.8＋0.8－0.7－0.56＋0.6＋0.56＝4.500(m)
根数：1根

(3) Z1第2层钢筋如图7.13所示。
3层加密区长度为0.6m。
1′号筋长度＝2层高－2层加密区＋3层加密区＋3层搭接区
1′号(Φ16)筋长度＝3.5－0.6＋0.6＝3.500(m)
根数：两根

1号筋长度＝2层高－2层加密区－2层搭接区－2层错开区＋3层加密区＋
3层搭接区＋3层错开区＋3层搭接区

1号筋(Φ16)长度＝3.5－0.6－0.56＋0.6＋0.56＝3.500(m)
根数：两根

3′号筋长度＝2层高－2层加密区＋3层加密区＋3层搭接区
3′号(Φ16)筋长度＝3.5－0.6＋0.6＝3.500(m)
根数：1根

3号筋长度＝2层层高－2层加密区－2层搭接区－2层错开区＋3层加密区＋

3层搭接区+3层错开区+3层搭接区

3号筋(Φ16)长度=3.5-0.6-0.56+0.6+0.56=3.500(m)

根数：1根

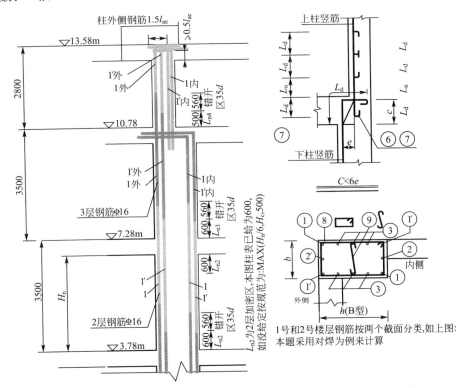

图7.13 柱2层及以上楼层钢筋示意图

(4) Z1第3层钢筋如图7.13所示。

由于第3层与第4层截面发生变化，因 $c=500$ mm，$e=100$ mm，经比较应选 $c \leqslant 6e$ 截面形式。

4层加密区长为0.5m。

$1'$号内筋长度=3层层高-3层加密区-3层节点区+L_d [搭接区 $1.4l_{aE}$，与新规范(11G101—1)规定不同，本题是按图纸计算的]

$1'$号内筋(Φ16)长度=3.5-0.6-0.5+1.4×35×0.016=3.184(m)

根数：1根

1号内筋长度=3层层高-3层加密区-3层搭接区-3层错开区-3层节点区+L_d

1号内筋(Φ16)长度=3.5-0.6-0.56-0.5+1.4×35×0.016=2.624(m)

根数：1根

$1'$号外筋长度=3层层高-3层加密区+4层加密区+4层搭接区

$1'$号筋(Φ16)长度=3.5-0.6+0.5=3.400(m)

根数：1根

1号外筋长度=3层层高-3层加密区-3层搭接区-3层错开区+4层加密区+4层搭接区+4层错开区+4层搭接区

1号筋(Φ16)长度=3.5-0.6-0.56+0.5+0.56=3.400(m)

根数：1 根

$3'$ 号筋长度＝3 层层高－3 层加密区＋4 层加密区＋搭接区

$1'$ 号筋长度＝3.5－0.6＋0.5＝3.400（m）

根数：1 根

3 号筋长度＝3 层层高－3 层加密区－3 层搭接区－3 层错开区＋
4 层加密区＋4 层搭接区＋4 层错开区＋4 层搭接区

1 号筋长度＝3.5－0.6－0.56＋0.5＋0.56＝3.400（m）

根数：1 根

(5) Z1 第 4 层钢筋如图 7.13 所示。

$1'$ 号内筋长度＝4 层层高－柱顶部保护层＋$12d$＋L_d（搭接区 $1.4L_{aE}$）

$1'$ 号内筋（Φ16）长度＝2.8－0.03＋12×0.016＋1.4×35×0.016＝3.746（m）

根数：1 根

1 号内筋长度＝4 层层高－柱顶部保护层＋$12d$＋L_d（搭接区 $1.4L_{aE}$）

1 号内筋长度＝2.8－0.03＋12×0.016＋1.4×35×0.016＝3.746（m）

根数：1 根

$1'$ 号外筋长度＝4 层层高－4 层加密区－4 层顶节点区＋$1.5L_{aE}$

$1'$ 号外筋（Φ16）长度＝2.8－0.5－0.4＋1.5×35×0.016＝2.740（m）

根数：1 根

1 号外筋长度＝4 层层高－4 层加密区－4 层搭接区－4 层错开区－4 层顶节点区＋$1.5L_{aE}$

1 号外筋长度＝2.8－0.5－0－0.56－0.4＋1.5×35×0.016＝2.180（m）

根数：1 根

3 号钢筋可以全部看成内侧钢筋，也可看成一根内侧钢筋、一根外侧钢筋。
下面按 3 号钢筋全部为内侧钢筋来计算的。

$3'$ 号筋长度＝4 层层高－4 层加密区－柱顶部保护层＋$12d$

$3'$ 号筋长度＝2.8－0.05－0.03＋12×0.016＝2.912（m）

根数：1 根

3 号筋长度＝4 层层高－4 层加密区－4 层搭接区－4 层错开区－柱顶保护层＋$12d$

3 号筋长度＝2.8－0.05－0－0.56－0.03＋12×0.016＝2.352（m）

根数：1 根

(6) 柱箍筋。

分析：从图 JG-05 和柱表中可知，Z1 有 8 号箍筋和拉筋。

① 基础段及 1 层、2 层、3 层 8 号箍筋一样长，计算结果如下所示。

8 号箍筋单根长＝(0.4－2×0.03)×2＋(0.3－2×0.03)×
2＋2×11.9×0.008＝1.35（m）

要求根数，必须知道加密范围。柱的加密范围是：本身加密区要加密；节点区要加密；搭接区及错开区也应加密。

首层加密范围长＝首层下加密区＋错开区＋首层上加密区＋节点区

首层加密范围长＝0.7＋0.63＋0.6＋0.5＝2.430（m）

首层非加密范围长＝3.8－2.430＝1.370（m）

2 层加密范围长＝2 层下加密区＋错开区＋2 层上加密区＋节点区

2层加密范围长＝0.6+0.56+0.6+0.5＝2.260(m)

2层非加密范围长＝3.5-2.26＝1.240(m)

3层同2层

所以，箍筋根数＝(0.8-0.05)/0.1+(2.43/0.1+1)+(2.26/0.1+1)×2+(1.37/0.2-1)+(1.24/0.2-1)×2+3＝99(根)

② 4层以上的8号箍筋一样长，计算结果如下所示。

8号箍筋单根长＝(0.4-2×0.03)×2+(0.2-2×0.03)×2+2×11.9×0.008＝1.151(m)

拉筋长＝0.3-2×0.03+2×0.008+2×11.9×0.008＝0.446(m)

4层加密范围长＝4层下加密区+错开区+4层上加密区+节点区

4层加密范围长＝0.5+0.56+0.5+0.4＝1.960(m)

4层非加密范围长＝2.6-1.960＝0.640(m)

4层箍筋根数＝(2.6-0.03-0.05)/0.1+1+(0.640/0.2-1)＝28(根)

③ 拉筋间距为箍筋非加密区间距的2倍。

拉筋长＝0.3-2×0.03+2×0.008+2×11.9×0.008＝0.546(m)

拉筋根数＝[(13.60+0.8)-0.05-0.03]/0.4＝36(根)

(7) 柱钢筋汇总见表7-11。

表7-11 柱钢筋汇总表

钢筋名称	规格	形状	单根长/m	根数	总长/m	总重/kg
1号筋						
2号筋						
3号筋						
箍筋						
拉筋						

7.4 混凝土梁钢筋

梁的钢筋相对比较复杂，考虑的因素较多。本节主要介绍框架梁配筋和非框架梁配筋两类计算方式。具体见下面案例计算。

1. 框架梁钢筋

参照楼层框架梁的平法配筋详图，如图7.14所示。

【例7-3】 计算KL1(1A)(C30，三级抗震)钢筋工程量[见2~3层梁板钢筋图(JG-07)]。

【解】 分析：框架梁通常要算的钢筋包括面部通长筋、支座负筋、架立筋、下部通长筋(或底部非通筋)、侧面纵筋(抗扭钢筋或构造钢筋)和不伸入支座钢筋、箍筋(包括加密区和非加密)、拉筋等。

在计算通长筋、支座负筋时，应首先判断伸入端支座的长度：是采用直锚还是弯锚，这很关键。判断如下：

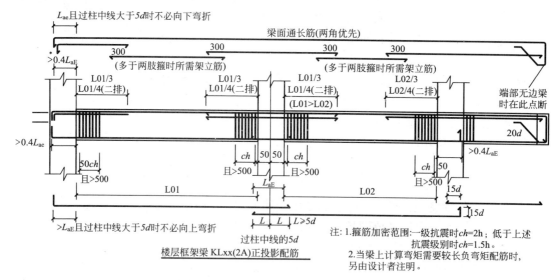

图 7.14 楼层框架梁正投影配筋示意图

(1) 若(支座宽-保护层)≥L_{aE}，则采用直锚，取值为 Max(L_{aE}, $0.5h_c+5d$)。

(2) 若 $0.4L_{aE}$≤(支座宽-保护层)≤L_{aE}，则采用弯锚，取值为 Max(L_{aE}, h_c-保护层+15d)。

其中，h_c 为支座宽，d 为钢筋直径。

梁钢筋计算汇总见表 7-12。

表 7-12 KL1(1A)钢筋计算汇总表

钢筋名称	规格	形状	单根长	根数	总长/m	总重/kg	备注
(1) 梁上部通长筋	Φ20		5+1.5-0.025+(0.5-0.025×2)+(0.2-0.025+0.05)+1.414×(0.5-0.025×2)+20×0.02-0.4+(0.4-0.025+15×0.02)=8.461(m)	2	16.922	417.635	L_{aE}=0.6m，支座宽-保护层+15D=0.675m
(2) 左端支座负筋	Φ20		1.5-0.025+0.4+(5-2×0.4)/3=3.275(m)	1	3.275	80.827	
(3) 右端支座负筋	Φ20		(5-2×0.4)/3+(0.4-0.025+15×0.02)=2.075(m)	1	2.075	51.211	
(4) 梁左端底筋	Φ14		1.5-0.025+15×0.014=1.685(m)	2	3.37	40.754	
(5) 主跨底筋	Φ18		(5-2×0.4)+2×(0.4-0.025+15×0.018)=5.490(m)	2	10.98	219.499	L_{aE}=0.6
(6) 抗扭钢筋	Φ12		(5-2×0.4)+2×(0.4-0.025+15×0.012)=5.310(m)	2	10.62	94.357	L_{aE}=0.4

(续)

钢筋名称	规格	形状	单根长	根数	总长/m	总重/kg	备注
(7)箍筋	φ8	▭	$(0.25-0.025\times2)\times2+(0.5-0.025\times2)\times2+2\times11.9\times0.008=1.490(m)$	31+13	65.56	258.883	
加密区及悬挑端箍筋根数:31根			$(1.5\times0.5-0.05)/0.1+1)\times2+(1.5-0.05-0.025)/0.1+1=31(根)$				
非加密区箍筋根数			$[5-2\times0.4-(1.5\times0.5)\times2]/0.2-1=13(根)$				
(8)拉筋	φ8	⊔	$(0.25-0.025\times2+2\times0.008)+2\times11.9\times0.008=0.422(m)$	11	4.466	17.635	间距为箍筋非加密区间距的2倍
拉筋根数			$(5-0.4\times2)/0.4=11(根)$				

说明:

(1) 由于KL1左端是悬挑梁,根据本案例图纸顶部通长筋为上表形式,可能与规范有出入,但以图纸为准。同时,底筋只要求伸入支座$15d$或$12d$,图上规定为$15d$。

(2) 抗扭钢筋计算同底筋。如为构造钢筋,两端伸入支座为$12d$或$15d$。

(3) 拉筋:拉筋规格与间距若图上没有详细说明,一般按下列方法计算:拉筋直径与箍筋直径相同,拉筋间距为箍筋非加密区间距的2倍。

(4) 架立筋一般是通长筋根数大于箍筋支数或梁腹高大于450mm时才计算,或图上直接标明时计算。

2. 非框架梁钢筋

参照楼层非框架梁平法配筋图,如图7.15所示。

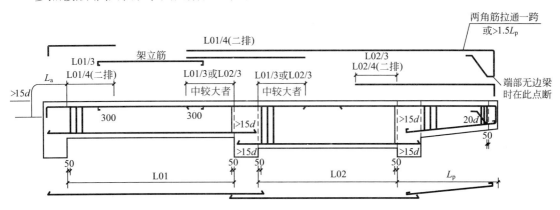

图 7.15 楼层非框架梁正投影配筋示意图

【例 7-4】 计算 L3(9)(C30)钢筋工程量[见 2-3 层梁板钢筋图(JG-07)]。

【解】 分析：非框架梁计算原理与框架梁计算原理相似，由于非框架梁的支座很小，所以上部钢筋基本为弯锚。

非框架梁与框架梁主要区别是：

(1) 底筋只需伸入支座 $12d$ 或 $15d$。

(2) 箍筋没有加密区与非加密区之分。

具体计算见表 7-13。

表 7-13 L3 钢筋计算汇总表

钢筋名称	规格	形状	单根长	根数	总长/m	总重/kg	备注
(1) 梁上部通长筋	Φ14		36−2×0.25+0.45×2=36.40(m)	2	72.8	880.385	L_a=0.45m，支座宽−保护层+15d=0.435m
(2) 梁下部通长筋	Φ14		36−2×0.25+15×0.014×2=35.92(m)	2	71.84	868.7755	
(3) 箍筋	φ8		(0.2−0.025×2)×2+(0.5−0.025×2)×2+2×8.25×0.008=1.332(m)	226	301.032	1188.715	
箍筋根数			[(4−0.25−0.125−2×0.05)/0.2+1]×2+[(4−0.25−2×0.05)/0.2+1]×7+9×3×2=226(根)				
吊筋	Φ12		0.2+2×0.05+[(0.5−2×0.025)×1.414+20×0.012]×2=2.053(m)	18	159.926	

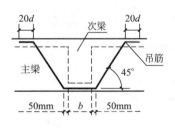

图 7.16 吊筋示意图

说明：吊筋如图 7.16 所示，吊筋长度=b+50×2+2×(h_b−2c)/sinθ+2×20d

其中，h_b≤800mm 时，θ=45°，h_b≥800mm 时，θ=60°。

式中：h_b——梁高，mm；

b——次梁高，mm；

c——混凝土保护层，mm。

3. 屋面层框架梁钢筋

屋面层框架梁钢筋除了上部通长筋和支座负筋的弯折长度必须伸入梁底外,其余钢筋的算法和楼层框架梁相同。

7.5 混凝土板钢筋

混凝土板的钢筋主要有三部分:上部钢筋、下部钢筋和马凳筋。其中,上部钢筋主要有支座钢筋、支座内分布筋或 X 和 Y 方向贯通筋。下部钢筋主就是 X 和 Y 方向钢筋。具体见下面案例计算。

在计算混凝土板钢筋时一般先算底筋,再算上部钢筋,最后算马凳筋。

1. 底筋算法

$$长度 = 板净长 + 2 \times 伸入支座长度 + 6.25d \times 2$$

伸入支座长度按下列长度计算,其中 h_c 为支座宽度,h 为板厚,d 为钢筋直径。
(1) 当支座为混凝土梁、墙时,取 $Max(5d, h_c/2)$。
(2) 当支座为砖墙时,取 $Max(120, h, 墙厚/2)$。
(3) 当混凝土板为纯悬挑板时,底筋伸入支座长度为 $Max(12d, h_c/2)$。

2. 面筋算法

(1) 支座负筋。

$$端支座负筋长度 = L_a + 负筋在板内净长 + 板厚 - 15$$

$$中间支座负筋长度 = 负筋在板内净长 + 2 \times (板厚 - 15) + 中间支座宽度$$

(2) 支座内分布筋一般不带弯钩,长度有 3 种算法,如下所示。
① 分布筋与两侧对面的支座负筋参差搭接 150mm。
② 分布筋按负筋布置范围计算长度。
③ 分布筋长度 = 当前的跨轴长度 - 2×50。
(3) 温度筋:一般在混凝土板上部无负筋范围内布置,其长度为两侧负筋的间距,一般不带弯钩。

3. 马凳筋

马凳筋属于措施钢筋,一般按施工组织要求来计算,如果没有要求,一般可按间距 b 及排距 s (1000mm×1000mm) 布置,其形状如图 7.17 所示。

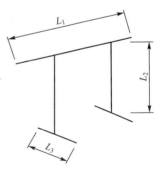

图 7.17 马凳筋示意图

L_1 一般取长度为 1000~1500mm,L_2 为板厚减上下保护层再减上下钢筋直径,L_3 一般为所在底筋间距。

$$马凳筋个数 = 每排个数 \times 排数 = [(L_y - 2c)/b + 1] \times [(L_x - 2c - s)/s + 1]$$

【例 7-5】 计算图 7.18 所示板钢筋(C30)工程量[见 2-3 层梁板钢筋图(JG-07)]。
【解】 具体计算见表 7-14。

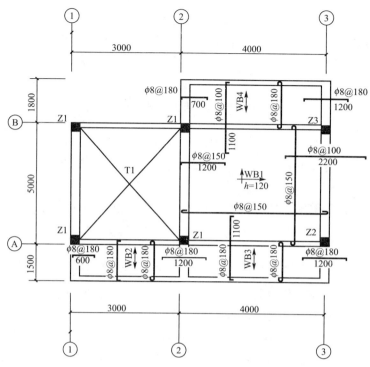

图 7.18 板配筋示意图

表 7-14 WB1 及 B2、B3 和 B5 板钢筋计算汇总表

钢筋名称	规格	形状	单根长/m	根数	总长/m	总重/kg	备注
（1）底筋							
X 向钢筋	φ8	⌴	4－0.25－0.125＋2×0.125＋6.25×0.008×2＝3.975	(5－2×0.2－2×0.05)/0.15＋1＝31	123.225	486.5909	
Y 向钢筋	φ8	⌴	5－0.2×2＋2×0.12＋6.25×0.008×2＝4.94	(4－0.25－0.125－2×0.05)/0.15＋1＝25	123.5	487.6768	0.12 是前面总说明要求的（图 JG-01）
（2）面筋							
2 轴支座负筋	φ8	⌐	1.2＋0.25－0.015＋15×0.008＋0.12－2×0.015＋6.25×0.08＝1.695	(5－2×0.2－2×0.05)/0.15＋1＝31	46.655	184.2313	L_a＝200mm 见前面说明，图上所标尺寸为支座边到板内的净长
2 轴支座负筋内分布筋	φ6	—	5－2×0.2－1.1×2＋2×0.15＝2.700	(1.2－0.125)/0.25＋1＝5	13.5	29.9862	间距及直径见前面说明
3 轴支座负筋	φ10	⌐	2.2＋(0.12－0.015×2)×2＝2.38	(5－2×0.2－2×0.05)/0.2＋1＝24	57.12	352.4304	
3 轴支座负筋内分布筋	φ6	—	5－2×0.2－1.1×2＋2×0.15＝2.700	(1.1－0.125－0.125)/0.25＋1＝4	10.8	23.989	

(续)

钢筋名称	规格	形状	单根长/m	根数	总长/m	总重/kg	备注
A 轴跨板支座负筋	φ10	⌐	$1.5-0.015+15 \times 0.01+0.2+1.1 +0.12-2\times 0.015+ 6.25\times 0.01=3.088$	$(4-0.25- 0.125-2\times 0.05)/0.18+ 1=21$	64.848	400.11	$L_a=250$mm 与 W—保护层 厚$+15d=$ 0.335 比较 取大值
A 轴跨板支座负筋内分布筋	φ6	⎯	$4-0.25-1.2- 1.1+2\times 0.15= 1.75$	$(1.1-0.05)/ 0.25+1=5$	8.75	19.436	
B 轴跨板支座负筋	φ10	⌐	$1.8-0.015+15\times 0.01+0.2+1.1+ 0.12-2\times 0.015+ 6.25\times 0.01=3.425$	$(4-0.25- 0.125-0.2- 4\times 0.05)/0.18+ 1=19$	65.075	401.51	$L_a=250$mm 与 W—保护层 厚$+15d=0.335$ 比较取大值
B 轴跨板支座负筋内分布筋	φ6	⎯	$(2.2-0.25- 0.1)+(1.8-0.1- 0.125)=3.425$	$(1.8-0.2- 0.125\times 2)/0.25 +1=6$	20.55	45.646	
B5 板面部 X 向钢筋(分布筋)	φ6	⎯	$4-2\times 0.6- 0.125+2\times 0.15= 2.975$	$(1.5-0.2- 2\times 0.125)/0.25 +1=6$	14.875	33.04	
B5 板底部 X 和 Y 方向钢筋的计算方法同 B1 板,B2 和 B3 板无底筋							

7.6 混凝土楼梯钢筋

混凝土楼梯的钢筋的计算:其中的层间休息平台及平台梁钢筋可参照混凝土板和混凝土梁的钢筋计算方法,而梯板钢筋主要有面筋和底筋,本章只介绍 AT 楼梯钢筋,具体见下面案例计算。

在计算梯板钢筋时,一般先算底筋,再算上部钢筋。底筋包括底部受力筋和分布筋,面筋包括两端支座负筋和支座内分布筋。

【例 7-6】 计算图 7.19 所示首层梯板钢筋(C30)工程量[见 2-3 层梁板钢筋图(JG-07)]。

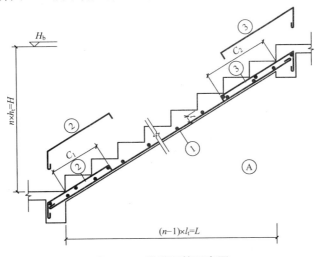

图 7.19 楼梯配筋示意图

127

【解】 具体计算见表 7-15。

表 7-15 梯板钢筋计算汇总表

楼梯板

钢筋名称	规格	形状	单根长/m	根数	总长/m	总重/kg	备注
底部受力钢筋	Φ12@200	—	12×0.3×[SQRT(0.3×0.3+0.1583×01583)/0.3]+15×0.012×2=4.43	{[(3−0.18−0.12)/2 − 2×0.015/0.2]+1}×2=15	66.45	590.395	图纸(JG-06)规定伸入支座15d
底部分布钢筋	φ8@200	—	(3−0.18−0.12)/2−2×0.015=1.32	{12×0.3×[SQRT(0.3×0.3+0.1583×0.1583)/0.3]/0.2+1}×2=42	55.44	218.921	
梯板下端面部支座负筋	Φ12@200	⌐	1+38×0.012+0.11−0.015×2=1.536	同底部受力筋根数	23.265	206.705	图纸(JG-06)规定伸入支座38d
梯板下端面部支座负筋内分布筋	φ8@200	—	(3−0.18−0.12)/2−2×0.015=1.32	(1−0.1)/0.2+1≈6 6×2=12	15.84	62.549	
梯板上端面部支座负筋	Φ12@200	∧	1+38×0.012+0.11−0.015=1.551	同底部受力筋根数	23.265	206.705	
梯板上端面部支座负筋内分布筋	φ8@200	—	(3−0.18−0.12)/2−2×0.015=1.32	(1−0.1)/0.2+1≈6 6×2=12	15.84	62.549	

7.7 预应力钢筋、钢丝束、钢绞线及其他

本节主要介绍先张预应力钢筋，后张预应力钢筋，钢丝束，钢绞线，钢筋网，螺栓、预埋铁件、固定预埋螺栓及预埋铁件的铁架，固定钢筋的铁垫块，植筋工程，锚杆、土钉、微型桩的钢管等内容。

1. 工程量计算规则

（1）先张预应力钢筋工程量：按设计图示尺寸用钢筋长度乘以单位理论质量以吨计算。

（2）后张预应力钢筋、钢丝束、钢绞线工程量：按设计图示尺寸用钢筋（钢丝、钢绞线）长度乘以单位理论质量以吨计算，并区别不同锚具类型，其长度按规定调整。

（3）植筋胶植筋工程量：按设计图示数量以个或套计算，植入的钢筋按质量另行计算。

（4）钢筋网：按设计图示尺寸用钢筋长度（或面积）乘以单位理论质量以吨计算。

（5）螺栓：预埋螺栓以质量（吨）计算，化学螺栓以套计算。

(6) 预埋铁件：按设计图示尺寸以质量（吨）计算。
(7) 固定预埋螺栓及铁件的支架和固定双层钢筋的铁马凳、垫铁等，根据审定的施工组织设计，分别按预埋螺栓、预埋铁件和钢筋以质量计算。
(8) 锚杆：包括锚杆制安和锚杆张拉两部分工程量。
① 钢筋锚杆、钢绞线锚杆制安工程量：按质量以吨计算，分别套不同定额。
② 锚杆张拉工程量：仍按质量计，也是各自套取自己的定额。
(9) 锚杆、土钉、微型桩等的钢管工程量：按设计图示长度乘以理论重量以质量（吨）计算。

2. 注意事项
(1) 后张预应力钢筋的长度按下面要求来调整。
① 低合金钢筋两端均采用螺杆锚具时，钢筋长度按孔道长度减 0.35m 计算，螺杆另行计算。
② 低合金钢筋一端采用墩头插片、另一端采用螺杆锚具时，钢筋长度按孔道长度计算，螺杆另行计算。
③ 低合金钢筋一端采用墩头插片、另一端采用帮条锚具时，钢筋长度按孔道长度增加 0.15m 计算；两端均采用帮条锚具时，钢筋长度按孔道长度增加 0.3m 计算。
④ 低合金钢筋采用后张混凝土自锚时，钢筋长度按孔道长度增加 0.35m 计算。
⑤ 低合金钢筋（钢绞线）采用 JM、XM、QM 型锚具，孔道长度在 20m 以内时，钢筋长度按孔道长度增加 1m 计算；孔道长度在 20m 以外时，钢筋（钢绞线）长度按孔道长度增加 1.8m 计算。
⑥ 碳素钢丝采用锥形锚具，孔道长度在 20m 以内时，钢丝束长度按孔道长度增加 1m 计算；孔道长度在 20m 以外时，钢丝束长度按孔道长度增加 1.8m 计算。
⑦ 碳素钢丝采用墩头锚具时，钢丝束长度按孔道长度增加 0.35m 计算。
(2) 植筋胶植筋：植入钢筋长度按 $10d$ 考虑，按 $\phi 25$ 子目套定额。
(3) 钢筋网：分地下连续墙钢筋网和喷射混凝土挂钢筋网两种情况。
① 地下连续墙钢筋网：按网片制作和网片安装两个子目计算，工程量都是以质量计，但分别套用各自定额。
② 喷射混凝土挂钢筋网：只有一个子目，直接算出质量套用一个定额即可。

本 章 小 结

本章主要讲五大部分内容，即桩承台基础钢筋、柱钢筋、梁钢筋、板钢筋、楼梯钢筋。在计算这五部分内容的案例时，基本是按图上平法详图及设计要求规定来计算的。若图上没规定，那么就按平法规范要求来计算。所以，读者在看本章案例时，一定要先熟悉图纸。

这一章是概预算工程量计算的重点和难点，对初学者来说，必须花大量时间来学习和熟悉钢筋平法。要求学生熟悉钢筋基础知识，掌握箍筋长度计算方法、各种钢筋弯钩长度取值、锚固长度及保护层厚度的确定，重点掌握基础、柱、梁、板、墙及楼梯的钢筋分布，并能正确计算其工程量。

本 章 习 题

1. 试计算二层 KL3(1B)所有钢筋的工程量。
2. 计算图 7.20 所示 KL 配筋示意图中梁的上部钢筋、下部钢筋、负筋的长度。

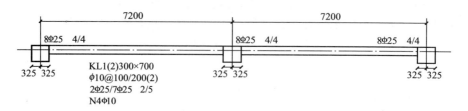

图 7.20 KL 配筋示意图

第8章

金属结构工程工程量计算

教学目标

本章介绍了在两种计价方式下金属结构工程量的计算方法：定额工程量和清单工程量。要求学生掌握定额计价方式下金属构件制作安装、钢结构安装、金属结构件运输、钢结构构件制作、钢结构安装措施项目的工程量计算规则及方法，熟悉钢屋架、钢网架、钢托架、钢桁架、钢柱、钢梁、压型钢板楼梯、墙板、钢构件及金属网等具体工程量的计算方法；掌握清单计价方式下金属结构工程工程量的计算规则及方法、计价工程量（或称报价工程量）的计算规则及方法、综合单价计算及分析方法。

教学要求

知识要点	能力要求	相关知识
定额计价	（1）能够根据给定的工程图纸正确计算金属结构工程的定额工程量 （2）能够进行金属结构工程各分项工程的定额换算	（1）钢材的类型及钢材的理论计算方法 （2）金属结构定额的内容及子目设置 （3）金属结构工程量的计算规则及方法
清单计价	（1）能够根据给定的工程图纸正确计算金属结构工程的清单工程量 （2）能够根据给定工程图纸结合工程施工方案正确计算金属结构工程的计价工程量（或称报价工程量） （3）能够正确计算金属结构工程各项清单的综合单价并进行综合单价分析	（1）金属结构清单的项目设置及工程量的计算规则及方法 （2）金属结构计价工程量的计算规则及方法 （4）综合单价计算方法

引言

金属结构工程包括金属构件的制作及安装和钢结构构件的制作、安装及运输等。其工程量的计算规则和注意事项有哪些？本章值得读者去探索。

8.1 定额计价下金属结构工程的工程量计算

1. 定额内容

本章将金属结构工程划分为钢结构工程和金属构件工程两大部分，其中金属构件工程部分保留非承重部分的金属构件项目。

在本章中，A.6.1 定额子目有金属构件的制作安装，包括钢梯、钢栏杆、钢支架、装饰金属构件、零星金属构件及其他。其中，零星小品（构件）是指挂落（图 8.1）、跨角花（图 8.2）、冰裂窗、拱门、花基等，以及单件在 30 kg 以内定额未列项目的金属构件。金属零星构件是指除零星小品（构件）以外单件在 50 kg 以内未列项目的金属构件。钢栏杆是指与钢楼梯、钢平台、钢走道板配套的钢栏杆（图 8.3）。

图 8.1 挂落

图 8.2 跨角花

图 8.3 与钢楼梯、钢平台配套的钢栏杆

《〈广东省建筑与装饰工程综合定额〉(2010)金属结构工程——钢结构》已另行编制并于 2011 年 4 月 1 日起施行，与《广东省建筑与装饰工程综合定额》(2010)一起执行。定额子目有钢结构构件的安装，包括钢柱（图 8.4）拼装、钢柱安装、钢梁拼装、钢梁安装（图 8.5）、钢桁架拼装（图 8.6）、钢桁架安装、钢屋架拼装、钢屋架安装（图 8.7）、钢网架安装（图 8.8）、钢托架安装、钢支撑安装、其他钢结构安装；金属结构件运输；钢结构构件制作基价；钢结构构件安装措施项目。

图 8.4 钢柱

图 8.5 钢梁安装

图 8.6 钢桁架拼装

图 8.7 钢屋架安装

图 8.8 钢网架安装

2. 钢材的理论计算方法

各种规格的钢材的每米质量均可从型钢表中查得,或由下列公式计算。

(1) 扁钢、钢板、钢带:$G=0.00785\times$宽$\times$高。
(2) 方钢:$G=0.00785\times$边长的平方。
(3) 圆钢、线材、钢丝:$G=0.00617\times$直径的平方。
(4) 钢管:$G=0.02466\times$壁厚$\times$(外径$-$壁厚)。

在以上公式中,G 为每米钢材的质量,其他计算单位均为 mm。

3. 定额工程量计算规则

1) 金属构件制作安装

(1) 金属构件制作安装工程量按设计图示尺寸以质量计算,不扣除孔眼(0.04m² 内)、切边、切肢的质量,焊条、铆钉、螺栓等不另增加质量,不规则或多边形钢板以其外接矩形面积乘以厚度乘以单位理论质量计算。

多边形钢板质量$=$最大对角线长度$\times$最大宽度$\times$面密度(kg/m²)

(2) 钢梯的质量包括梯梁、踏步的质量,梯栏杆另按相应子目计算。
(3) 钢网围墙按垂直投影净面积计算。

2) 钢结构构件安装

除另有规定外,钢结构构件安装(拼装)工程量按设计图示尺寸以质量计算,不扣除孔眼、切边、切肢的质量，焊条、铆钉、螺栓等不另增加质量，不规则或多边形钢板以其外接矩形面积乘以单位理论质量计算。

(1) 压型钢楼板按设计图示尺寸以铺设面的投影面积计算，不扣除柱、垛以及 0.3m² 以内的孔洞所占面积。

(2) 压型钢楼板周边挡板及开孔边沿挡板按设计图示尺寸以面积计算。

(3) 高强度螺栓、栓钉按套计算。

3) 金属结构件的运输

金属结构件运输工程量同金属构件的制作安装工程量。

4) 钢结构构件的制作

钢结构构件的制作工程量同钢结构构件的安装工程量。

5) 钢结构构件安装措施项目

(1) 钢屋架、钢桁架、钢托架拼装工作平台以质量计算。

(2) 支承胎架（图 8.9）工程量以座计算。构件跨度在 24m 以上 36m 以内计算一座，在 36m 以上每增加 24m 增加一座；两端无支点的另增加两座，片状交汇点只能计算一次。

图 8.9 桁架吊装中的支承胎架

4. 注意事项

1) 金属构件制作

(1) 金属构件制作包括分段制作和整体预装配的人工材料及机械台班用量、整体预装配用的螺栓及锚固杆件用的螺栓，已包括在子目内。

(2) 除注明者外，包括场内材料运输、号料、加工、组装及成品堆放、装车等工序。

(3) 金属构件制作子目中，均已包括刷一遍防锈漆工序。

(4) 踏步式、爬式钢梯包括梯围栏、平台，U 形爬梯套用爬式钢梯子目。

(5) 除设计钢材规格、比例与定额不同时，可按实调整外，其他材料、机械不做调整。

(6) 其他部位的栏杆、扶手应套用其他章节的相关定额子目。

2) 金属构件安装

(1) 定额金属构件安装按单机作业考虑。

(2) 定额金属构件安装按机械起吊点中心回转半径 15m 以内的距离计算的，如超出 15m 时，另按构件 1km 运输子目执行。

(3) 在每一工作循环中，均包括机械的必要位移。

(4) 综合考虑起重机类型，无论使用何种类型的起重机，均不予调整。

(5) 定额不包括起重机械、运输机械行驶道路和修整、铺垫工作的人工、材料和机械。

(6) 定额不包括焊缝无损探伤（如 X 光透视、超声波探伤、磁粉探伤、着色探伤等）、探伤固定支架的制作和被检工件的退磁。上述所发生的费用均另行计算。

(7) 金属构件的安装工程所需搭设的临时性脚手架，在措施项目中考虑。

(8) 钢网围墙子目不包括挖土、混凝土基础、立柱及基础回填。

3) 钢结构构件的安装

(1) 钢结构构件的安装按照履带式起重机、汽车式起重机、塔式起重机等不同施工机械分别编制。最高安装高度在 36m 以下的建筑物，执行履带式起重机或汽车式起重机子目；最高吊装高度在 36m 以上的建筑物，执行塔式起重机安装子目。除定额另有规定外，实际使用机械与定额不同时，不得调整。

(2) 吊装机械回转半径按机械起吊点中心回转半径 15m 以内的距离考虑的，超出 15m 时，其水平运输套用金属结构件的场内运输子目。

(3) 球节点钢网架包括钢管、锥头钢板、套筒封板、钢球的质量；制动梁、制动桁架、制动板、车挡的质量并入吊车梁工程量内；煤斗和漏斗，包括依附煤斗和漏斗的型钢的质量并入煤斗和漏斗工程量内；柱上的牛腿及悬臂的质量并入钢柱工程量；墙架柱、墙架梁及连系拉杆的质量并入墙架工程量内。

(4) 钢结构构件的安装不包结构件的高强螺栓，压型钢楼板的安装不包栓钉，高强螺栓、栓钉分别按定额中的相关子目计算。

(5) 钢柱地脚锚栓的安装不包锚栓套架。如设计有要求的，锚栓套架按设计要求计算；设计没有要求的，按地脚锚栓质量的 2 倍作为预算工程量，套用"混凝土及钢筋混凝土工程"预埋铁件子目。

(6) 钢结构构件的安装子目不包括临时耳板工料，并不包括跨度在 24m 以上的钢构件安装所需的支承胎架。

(7) 钢结构构件的现场拼装不包括拼装所需的工作平台。构件尺寸大于 3m×4m 或长度大于 18m 的，需计算拼装工程量。

(8) 吊车梁安装不含钢轨道。

4) 金属结构件的运输

(1) 金属结构件的运输适用于从金属结构件加工厂至施工现场的运输。预算运输距离由与项目所在地最近且能够满足加工能力工厂的距离确定。

(2) 定额构件运输子目已综合考虑城镇、现场运输道路等级、重车上下坡等各种因素，未包括道路限载(限高)而发生的加固、拓宽等费用及有电车线路和需要公安交通管理部门加派保安护送的费用。

(3) 金属结构件按照表 8-1 划分为 3 类。

表 8-1 金属结构件分类表

类别	项目
1	钢柱、钢屋架、钢桁架、钢梁、钢托架、钢轨
2	钢吊车梁、型钢檩条、钢支撑、上下挡、钢拉杆栏杆、盖板、垃圾出灰门、倒灰门、箅子、爬梯、钢梯、钢平台、操作台、走道休息台、钢吊车梯台、零星构件、钢漏斗
3	钢墙架、挡风架、钢天窗架、组合檩条、轻型屋架、网架、滚动支架、悬挂支架、管道支架、钢煤斗、车挡、钢门、钢窗

(4) 金属结构件的人力运输按材料二次运输计算。

(5) 钢结构零星构件是指构件分类表中未列明的结构性零散构件，其单体质量一般在 50kg 以内。

5) 钢结构构件的制作基价

(1) 钢结构构件基价按照2010年第二季度广东省综合价格水平确定。

(2) 钢结构构件基价未包括除锈、油漆等内容,发生时按设计要求和"油漆涂料裱糊工程"章的规定计算。

6) 钢结构构件安装措施项目

(1) 定额钢屋架、钢桁架、钢托架拼装平台子目和支承胎架子目按照摊销编制。支承胎架按照单座台架情况考虑,支承胎架联成台架群时,乘以系数1.30。

(2) 构件跨度在24m以上时,应计算安装所需的支承胎架,支承高度按支承最高点的高度确定。

(3) 耳板应按设计图纸计算工程量,分别套用钢梁、钢柱子目;设计图纸上没有耳板的,预算按照钢梁、钢柱制安工程量的0.7%计算,列入措施项目费。

(4) 钢构件安装需搭设脚手架的,按"脚手架工程"规定执行。

(5) 钢构件现场拼装所需的工作平台,按本章相应规则和子目计算。

(6) 吊装跨度在60m以上的钢构件安装,应按设计要求或审批的施工方案选用垂直运输机械。

(7) 定额不包括起重机、运输机械行驶道路的修整、铺垫工作的人工、材料、机械,发生时另行计算。

(8) 定额钢柱安装按照垂直柱考虑,斜柱安装所需的支承按照审批的施工方案另行计算。

(9) 定额未包括构件安装发生的焊缝无损检测费(如X光透视、超声波探伤、磁粉探伤、着色探伤等)、探伤固定支架制作和被检工件的退磁、构件变形监测、沉降观测等的费用。

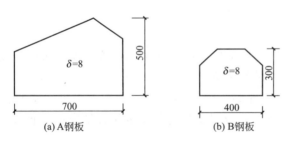

图 8.10 某工程连接钢板示意图

【例8-1】 图8.10所示为两个不规则多边形,求其钢板面积。

【解】 分析:不规则或多边形钢板以其外接矩形面积乘以厚度以单位理论质量计算。因此,钢板的面积计算如下:

钢板A的面积=0.7×0.5=0.35(m²)

钢板B的面积=0.4×0.3=0.12(m²)

8.2 工程量清单计价下金属结构工程的工程量计算

1. 清单项目设置

根据本章建设工程工程量清单《计价规范》设置的清单项目有钢屋架、钢网架、钢托架、钢桁架、钢柱、钢梁、压型钢板楼板、墙板、钢构件、金属网等共24个项目。

2. 清单工程量计算规则

(1) 一般规定:除压型钢板楼板、压型钢板墙板、金属网以面积计算外,其他金属结构清单的工程量按设计图示尺寸以质量计算,即按设计图示的几何尺寸乘以相应的单位理论质量以吨为单位计算,不扣除孔眼、切边、切肢的质量,焊条、铆钉、螺栓等不另增加质量。不规则或多边形钢板以其外接矩形面积乘以厚度以单位理论质量计算。

(2) 依附在钢柱上的牛腿及悬臂梁等并入钢柱工程量内。

(3) 钢管柱上的节点板、加强环、内衬管、牛腿等并入钢管柱工程量内。

(4) 制动梁、制动桁架、制动板、车挡等并入制动梁工程量内。

(5) 依附在钢漏斗上的型钢并入钢漏斗工程量内。

(6) 压型钢板楼板按设计图示以铺设水平投影面积计算,不扣除柱、垛及单个面积在 0.3m² 以内的孔洞所占面积。

(7) 压型钢板墙按设计图示尺寸以铺挂面积计算,不扣除单个面积在 0.3m² 以内的孔洞所占面积,包角、包边、窗台泛水等不另增加面积。

(8) 金属网按设计图示尺寸以面积计算。

3. 计价内容

(1) 钢屋架、钢网架、钢托架、钢桁架、实腹柱、空腹柱的工作内容有:①制作;②运输;③拼装;④安装;⑤探伤;⑥刷油漆。

(2) 钢管柱、钢梁、钢吊车梁、钢构件的工作内容有:①制作;②运输;③安装;④探伤;⑤刷油漆。

(3) 压型钢板、墙板、金属网的工作内容有:①制作;②运输;③安装;④刷油漆。

4. 注意事项

(1) 金属构件的拼装台的搭拆和材料摊销,应列入措施项目费中。

(2) 金属构件需探伤(包括射线探伤、超声波探伤、磁粉探伤、金相探伤、着色探伤、荧光探伤等),应包括在报价内。

(3) 金属构件除锈(包括特殊除锈)、刷防锈漆,其所需费用应计入相应项目报价内。

(4) 金属构件面层刷油漆,按"装饰装修工程"中相关工程量清单项目编码列项。

(5) 金属构件如需运输,其所需费用应计入相应项目报价内。

【例 8-2】 计算宿舍工程中结施 JG-03 中的钢桩尖及桩头封孔钢板的工程量。图 8.11、图 8.12 分别是宿舍工程的十字形桩尖的大样和桩顶构造。

【解】 分析:钢板按不同厚度分别计算。

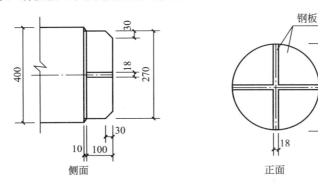

图 8.11 宿舍工程中的十字形桩尖大样

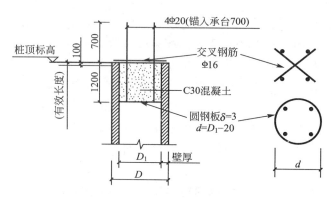

图 8.12　宿舍工程的桩顶构造

1. 钢桩尖

（1）10mm 厚圆形钢板的质量：

$$0.00785 \times 270 \times 270 \times 0.01 = 5.723 (\text{kg})$$

（2）18mm 厚肋板的质量：

$$0.00785 \times (270 \times 100 + 252 \times 100) \times 0.018 = 7.376 (\text{kg})$$

（3）该工程钢桩尖质量小计：$(5.723 + 7.376) \times 48 = 628.752 (\text{kg}) = 0.629 (\text{t})$

2. 桩头封孔钢板

桩外径 $D = 300\text{mm}$，壁厚 70mm，内径 $D_1 = 300 - 70 \times 2 = 160 (\text{mm})$，$d = D_1 - 20 = 160 - 20 = 140 (\text{mm})$，则封孔钢板单质量：$0.00785 \times 140 \times 140 \times 0.003 = 0.462 (\text{kg})$

复数量小计：$0.462 \times 48 = 22.156 (\text{kg}) = 0.022\text{t}$

注意，该钢桩尖和封孔钢板的费用可套定额 A2-27 及 A6-28 并计入预制管桩（010201001）清单综合单价中。

【例 8-3】某单位自行车棚的高度为 4m。用 5 根 H200×100×5.5×8 钢梁，长度为 4.80m，单根质量为 104.16kg；用 36 根槽钢 18a 钢梁，长度为 4.12m，单根质量为 83.10kg。由附属加工厂制作，刷防锈漆一遍，运至安装地点，运距 1.5km。试编制工程量清单。

【解】1. 计算钢梁工程量

H200×100×5.5×8 钢梁工程量：　　$104.16 \times 5 = 520.80 (\text{kg}) = 0.521 (\text{t})$

槽钢 18a 钢梁工程量：　　$83.10 \times 36 = 2991.60 (\text{kg}) = 2.992 (\text{t})$

2. 编制工程量清单（表 8-2）

表 8-2　分部分项工程量清单与计价表

工程名称：　　　　　　　　　　　　　　　　　　　　　　　　　　　第 1 页　共 1 页

序号	项目编码	项目名称	项目特征描述	计量单位	工程量	金额/元	
						综合单价	合价
1	010604001001	钢梁	① 钢材品种、规格：H200×100×5.5×8 ② 单根质量：0.104t ③ 安装高度：4m ④ 油漆种类、刷漆遍数：刷防锈漆一遍	t	0.521		

(续)

序号	项目编码	项目名称	项目特征描述	计量单位	工程量	金额/元	
						综合单价	合价
2	010604001002	钢梁	① 钢材品种、规格：槽钢 18a ② 单根质量：0.083t ③ 安装高度：4m ④ 油漆种类、刷漆遍数：刷防锈漆一遍	t	2.992		

【例 8 - 4】 某工程的钢屋架如图 8.13 所示，共 8 榀，现场制作并安装，试编制工程量清单，并进行清单报价。

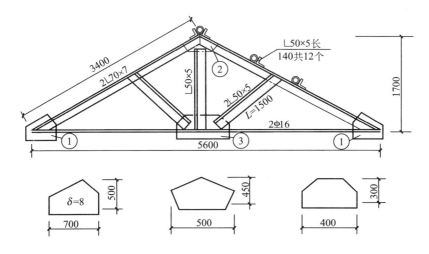

图 8.13 某工程的钢屋架施工图

【解】 1. 计算单榀钢屋架工程量

上弦质量 = 3.40×2×2×7.398 = 100.61(kg)

下弦质量 = 5.60×2×1.58 = 17.70(kg)

立杆质量 = 1.70×3.77 = 6.41(kg)

斜撑质量 = 1.50×2×2×3.77 = 22.62(kg)

① 号连接板质量 = 0.7×0.5×2×62.80 = 43.96(kg)

② 号连接板质量 = 0.5×0.45×62.80 = 14.13(kg)

③ 号连接板质量 = 0.4×0.3×62.80 = 7.54(kg)

檩托质量 = 0.14×12×3.77 = 6.33(kg)

2. 计算钢屋架清单工程量

屋架工程量 = (100.61+17.70+6.41+22.62+43.96+14.13+7.54+6.33)×8
= 219.30×8 = 1754.40(kg) = 1.754(t)

3. 编制钢屋架工程量清单(表 8-3)

表 8-3 分部分项工程量清单与计价表

工程名称   第 1 页 共 1 页

序号	项目编码	项目名称	项目特征描述	计量单位	工程量	金额/元	
						综合单价	合价
1	010601001001	钢屋架	① 屋架类型：一般钢屋架 ② 钢材品种、规格：不同规格的角钢 ③ 单榀屋架质量：0.219t	t	1.754		

4. 计价工程量

该工程的计价内容包括钢屋架的制作和安装，按一类地区计取。

1) 钢屋架安装工程量计算

钢屋架因构件尺寸小于 3m×4m，长度小于 18m，因此不需计算拼装工程量，只计算安装工程量，安装工程量按设计图示尺寸以质量计算，同清单量为 1.754t。按汽车吊考虑，套定额 A6-82 组合型钢屋架安装 10.0t 以内的汽车吊，按一类地区考虑，基价为 1088.41 元/t。

2) 钢屋架制作工程量计算

钢屋架制作工程量同安装工程量，为 1.754t。套定额 A6-182 组合型钢屋架 3t 以内，制作基价为 1750 元/t，不含钢材费用(另注：因基价中未标明人工费，为计取利润，此处取钢屋架制作中包含人工费 1000 元/t)。

钢材消耗量为 1.06×1.754＝1.859(t)，查 2011 年第一季度广州钢材价格，角钢综合价格为 4110 元/t。

5. 计算综合单价

利润率按人工费的 18%计算。

$$综合单价=[1088.41×1.754+1750×1.754+4110×1.859+$$
$$(190.03+1000)×1.754×18\%]÷1.754$$
$$=7408.65(元)$$

6. 编制分部分项工程报价表(表 8-4)

表 8-4 分部分项工程报价表

工程名称：   第 1 页 共 1 页

序号	项目编码	项目名称	项目特征描述	计量单位	工程量	金额/元	
						综合单价	合价
1	010601001001	钢屋架	① 屋架类型：一般钢屋架 ② 钢材品种、规格：不同规格角钢 ③ 单榀屋架质量：0.219t	t	1.754	7408.65	12994.77

本章小结

本章主要介绍两种计价方式下的金属结构的工程量计算及报价,相关知识涉及钢结构等相关知识。对施工图纸中的金属结构工程,应先了解其构造做法和材料,再根据清单计价规范和定额中的计算规则进行工程量计算。

本章定额中将金属结构工程划分为钢结构工程和金属构件工程两大部分,其中金属构件工程部分主要指非承重部分的金属构件。要求学生应对金属构件制作安装、钢结构安装、金属结构件运输、钢结构构件制作、钢结构安装措施项目熟悉其工程内容、计算规则及计算方法。

在清单计价模式下,注意项目的计价内容应与设计要求一致,并结合施工方法,在组价时注意定额中子目的工作内容包含和不包含的内容,如定额中金属构件制作子目中均已包括刷一遍防锈漆工序,而钢结构制作不包含除锈及油漆,构件安装不包括焊缝无损检测、探伤等费用,以避免漏报或重复报价。

本章习题

一、单项选择题

1. 根据《建设工程工程量清单计价规范》,对金属结构工程量的计算,下列选项中正确的是(   )。
   A. 钢网架连接用铆钉、螺栓按质量并入钢网架工程量中计算
   B. 依附于实腹钢柱上的牛腿及悬臂梁不另增加质量
   C. 压型钢板楼板按设计图示尺寸以质量计算
   D. 钢平台、钢走道按设计图示尺寸以质量计算

2. 根据《广东省建筑与装饰工程综合定额》(2010),下列选项中属于一类金属构件的是(   )。
   A. 挡风架   B. 钢支撑
   C. 钢吊车梁   D. 钢柱

3. 属于钢结构构件安装定额子目内容的是(   )。
   A. 普通螺栓
   B. 临时耳板工料
   C. 跨度在24m以上的钢构件安装所需的支承胎架
   D. 结构件的高强螺栓

4. 以下选项不属于定额中金属结构的零星小品的是(   )。
   A. 金属冰裂窗
   B. 金属拱门
   C. 钢栏杆
   D. 金属花基

5. 根据《广东省建筑与装饰工程综合定额》(2010),钢结构构件的制作不包括(   )。
   A. 制作所需的人工、机械、辅助材料
   B. 整体预装配用的螺栓及锚固杆件用的螺栓
   C. 除锈、油漆
   D. 成品整体堆放及装车

二、简答题

1. 金属构件制作及安装的定额工程量应如何计算?
2. 某建筑物建有室外混凝土楼梯,采用钢栏杆,该钢栏杆应套《广东省建筑与装饰工程综合定额》(2010)哪些章节?工程量应如何计算?
3. 根据《建设工程工程量清单计价规范》,钢管柱的工程量应如何计算?

第9章

屋面及防水工程工程量计算

教学目标

本章主要介绍了两种计价模式下屋面工程量的计算方法：定额工程量和清单工程量。要求学生熟悉各种屋面的类型及构造，理解延尺系数及隅延尺系数的含义和作用，掌握定额计价方式下屋面及防水工程定额工程量的计算规则及方法，掌握清单计价方式下屋面及防水工程清单工程量的计算规则及方法、计价工程量（或称报价工程量）的计算规则及方法、综合单价的计算及分析方法。重点会计算瓦和型材屋面、屋面刚性和柔性防水、墙地面防水、防潮等工程的工程量。

教学要求

知识要点	能力要求	相关知识
定额计价	（1）能够根据给定的工程图纸正确计算屋面及防水工程的定额工程量 （2）能够进行屋面及防水工程各分项工程的定额换算	（1）屋面的类型及构造 （2）延尺系数及隅延尺系数的含义和作用 （3）瓦型材屋面的计算规则 （4）屋面卷材防水、刚性防水工程量的计算规则 （5）墙、地面防水、防潮工程工程量的计算规则 （6）变形缝工程量计算规则
清单计价	（1）能够根据给定的工程图纸正确计算屋面及防水工程的清单工程量 （2）能够根据给定工程图纸，结合工程施工方案正确计算屋面及防水工程的计价工程量（或称报价工程量） （3）能够正确计算屋面及防水工程各项清单的综合单价并进行综合单价分析	（1）瓦型材屋面等清单工程量的计算规则及方法 （2）屋面卷材防水、刚性防水工程量的计算规则及方法 （3）墙、地面防水、防潮工程量的计算规则及方法 （4）综合单价的计算方法

引言

许多人在买房时都不愿意买顶层,为什么呢?原因不外乎两个:一是顶层上面是屋顶,容易漏水;二是顶层太热,担心屋顶保温隔热做得不到位。本章着重介绍屋面构造、防水等相关知识以及工程量计算,这样可帮助你选择顶层房屋。

9.1 工程量计算准备

1. 屋面构造

屋面是房屋建筑的重要组成部分之一,是房屋最上层覆盖的外围护结构,用来抵抗风霜、雨、雹的侵袭并减少日晒、寒冷等自然条件对室内的影响。

屋面的首要功能是防水和排水,在寒冷地区还要求保温,在炎热地区还要求隔热。

屋面及防水工程包括三部分共12个项目,其中,瓦、型材屋面3项,屋面防水5项(常用项目3项,即卷材防水、涂膜防水、排水管),墙地面防水防潮4项(常用项目两项,即卷材防水和涂膜防水)。屋面的基本构造如图9.1所示。

2. 屋面类型

(1)屋面的类型有坡屋面、平屋面及拱形屋面。

常见的坡屋面有单坡屋面、双坡屋面及四坡屋面。坡屋面常用木结构或钢筋混凝土结构或钢结构承重,用瓦防水,常用的瓦有:水泥瓦、粘土瓦、小青瓦、石棉瓦、西班牙瓦及金属压型板。在屋架下设吊顶或在瓦下设保温层以解决保温问题;平屋面是指屋面坡度较小(倾斜度一般为2%~3%)的屋面,是现代民用建筑及公共建筑常见的类型。

(2)屋面坡度的表示方法通常有3种,如图9.2所示。

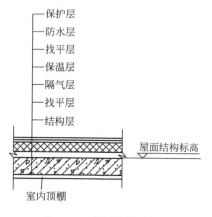

图9.1 屋面构造示意图

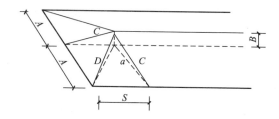

图9.2 屋面坡度表示示意图

① 屋顶的高度与屋顶的半跨之比即坡度,用 B/A 表示。
② 屋顶的高度与屋顶的跨度之比即高跨比,用 $B/(2A)$ 表示。
③ 屋面的水平面与斜面相交的夹角用 α 表示。

注:A 为四坡屋面的1/2边长,B 为脊高,C 为延尺系数,D 为隅延尺系数。

(3)当 $S=0$ 时,为两坡屋面;当 $A=S$ 时,为等四坡屋面。

(4) 斜屋面工程量的计算。

$$斜屋面工程量＝屋面水平投影面积×屋面坡度系数C$$

坡度系数 C 也称延迟系数，通常可查表求得，表中无对应项可用下列公式计算：延尺系数 $C(A=1)=1/\cos\alpha$

如：$\alpha=30°$ 时，查屋面坡度系数表（表9-1）可知，延尺系数 $C=1.1547$。

用公式计算：屋面坡度系数 $C=1/\cos30°=1.1547$，结果是一样的。

(5) 瓦脊：西班牙瓦脊、小青瓦脊、琉璃瓦脊、檐口线的工程量，按图示尺寸以长度计算。

$$斜脊长度＝斜坡水平长度×隅延尺系数D$$

隅延尺系数用于计算四坡屋面的斜脊长度，通常也可以查表求得，计算公式如下 $(A=1)$：

$$隅延尺系数 D=(1+C^2)^{1/2}$$

(6) 沿山墙泛水长度 $=A×C$。

表9-1 屋面坡度系数表

坡度 $B(A=1)$	坡度 $B/(2A)$	坡度角度(α)	延尺系数 $C(A=1)$	隅延尺系数 $D(A=1)$
1	1/2	45°	1.4142	1.7321
0.75		36°52′	1.2500	1.6008
0.70		35°	1.2207	1.5779
0.666	1/3	33°40′	1.2015	1.5620
0.65		33°01′	1.1926	1.5564
0.60		30°58′	1.1662	1.5362
0.577		30°	1.1547	1.5270
0.55		28°49′	1.1413	1.5170
0.50	1/4	26°34′	1.1180	1.5000
0.45		24°14′	1.0966	1.4839
0.40	1/5	21°48′	1.0770	1.4697
0.35		19°17′	1.0594	1.4569
0.30		16°42′	1.0440	1.4457
0.25		14°02′	1.0308	1.4362
0.20	1/10	11°19′	1.0198	1.4283
0.15		8°32′	1.0112	1.4221
0.125		7°8′	1.0078	1.4191
0.100	1/20	5°42′	1.0050	1.4177
0.083		4°45′	1.0035	1.4166
0.066	1/30	3°49′	1.0022	1.4157

9.2 定额计价方式下屋面及防水工程量计算

1. 瓦、型材屋面定额工程量的计算

(1) 计算规则：瓦、型材屋面工程量，除另有规定外，均按设计图示尺寸以斜面积计算。亦可按屋面水平投影面积乘以屋面坡度系数以面积计算。不扣除房上烟囱、风帽底座、风道、小气窗、斜沟等所占面积，小气窗的出檐部分不增加面积。

(2) 注意事项：在计算屋面水平投影面积时，根据图纸确定屋面外边线的位置，并非平面图中的外墙线尺寸。

【例 9-1】 计算带有小气窗的四坡瓦屋面的工程量和屋脊长度。查表可知坡度系数 $C=1.118$。

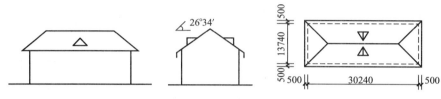

图 9.3 四坡屋面示意图

【解】
屋面工程量 $=(30.24+0.5\times2)\times(13.74+0.5\times2)\times1.118=514.81(m^2)$
若 $S=A$，则正屋脊长度 $=30.24-13.74=16.5(m)$
查表知，$D=1.5$，则斜屋脊长度 $=A\times D=(13.74+0.5\times2)/2\times1.5\times4=44.22(m)$
屋脊长度 $=$ 正屋脊长度 $+$ 斜屋脊长度 $=16.5+44.22=60.72(m)$

【例 9-2】 某屋面工程如图 9.4 所示，屋面板上铺水泥大瓦，计算瓦屋面工程量，已知坡度系数 $C=1.118$。

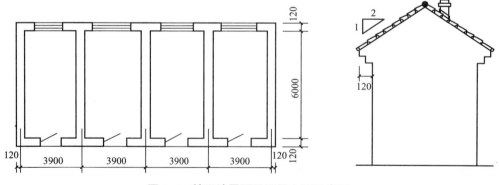

图 9.4 某四坡屋面平面及立面示意图

【解】 等两坡屋面工程量 $=$（房屋总宽度 $+$ 外檐宽度 $\times2$）$\times$ 外檐总长度 $\times$ 延尺系数
瓦屋面工程量 $=(6+0.24+0.12\times2)\times(3.9\times4+0.24)\times1.118=114.76(m^2)$

2. 屋面卷材防水、涂膜防水定额工程量的计算

(1) 计算规则：屋面卷材防水、涂膜防水工程量按设计图示尺寸以面积计算，不扣除房上烟囱、风帽底座、风道、屋面小气窗和斜沟所占的面积。屋面的女儿墙、伸缩缝和天窗等处的弯起部分按设计图示尺寸并入屋面工程量内；如图纸无规定时，伸缩缝、女儿墙的弯起部分可按 250mm 计算，天窗弯起部分可按 500mm 计算。

① 平屋顶按水平投影面积计算。

② 斜屋顶（不包括平屋顶找坡）按斜面积计算，亦可按水平投影面积乘以屋面坡度系数以面积计算。

（2）注意事项：屋面女儿墙处的防水弯起部分面积要按设计图示尺寸以面积计算并入屋面工程量内，要防止漏算。

【例 9 - 3】 计算屋面卷材防水的工程量［见屋面平面图(J - 02)］。

【解】

（1）屋面卷材防水的面积：

$$S_{水平}=(36-0.18\times2)\times(8.3-0.18\times2)=282.98(m^2)$$
$$S_{弯起}=[(36-0.18\times2)+(8.3-0.18\times2)]\times2\times0.25+(0.6-0.18)\times$$
$$(16\times4+4)\times0.25=28.93(m^2)$$
$$S_{总}=282.98+28.93=311.91(m^2)$$

（2）楼梯间屋面：

$$S_{梯}=(6.5+0.5\times2)\times(3+0.5\times2+0.18)\times2=62.7(m^2)$$

（3）当屋面与楼梯间屋面做法一样时合并计算，做法不同时应分别计价。

（4）$S_{屋卷材工程量}=311.91+62.7=374.61(m^2)$

【例 9 - 4】 已知某工程的女儿墙厚 240mm，屋面卷材在女儿墙处卷起 250mm，采用高聚物改性沥青卷材做防水，求图 9.5 所示坡屋面卷材防水的工程量。

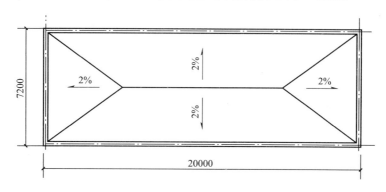

图 9.5 某坡屋面平面图

【解】 屋面防水工程量＝屋面水平投影面积＋弯起部分面积

屋面水平投影面积＝$(20-0.12\times2)\times(7.2-0.12\times2)=137.53(m^2)$

女儿墙弯起部分面积＝$(20-0.12\times2+7.2-0.12\times2)\times2\times0.25=13.36(m^2)$

屋面防水工程量＝$137.53+13.36=150.89(m^2)$

3. 屋面刚性防水定额工程量的计算

计算规则：

（1）屋面刚性防水工程量按设计图示尺寸以面积计算，不扣除房上烟囱、风帽底座、风道等所占的面积及小于 0.3m² 以内孔洞等所占面积。

(2) 分格缝工程量按设计图示尺寸以长度计算。

【例 9-5】 计算屋面刚性防水工程量〔见屋面平面图(J-02)〕。

【解】

(1) 屋面刚性防水工程量：$S_{屋刚性防水工程量}=282.98+62.7=345.68(m^2)$

(2) 分格缝(间隔≤6m 工程量)：

① 屋面：$(5+1.8+1.5-0.18×2)×5+(4×9-0.18×2)=75.34(m)$

② 楼梯间：$3+0.5×2+0.18=4.18(m)$

分格缝总长：$75.34+4.18=79.52(m)$

(3) 钢筋工程量：

$(36-0.18×2+3×6.25×0.004×2+25×0.004×3)×[(8.3-0.18×2)/0.2+1]=1468.86(m)$

$(8.3-0.18×2+6.25×0.004×2)×[(36-0.18×2)/0.2+1]=1431.81(m)$

重量$=(1468.86+1431.81)×0.098=2900.67×0.098=284.266(kg)$

4. 屋面排水定额工程量的计算

(1) 屋面排水管示意图如图 9.6 所示。

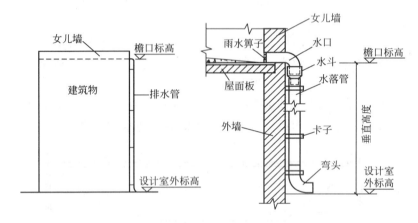

图 9.6 屋面排水管示意图

屋面排水管项目适用于各种排水管材(PVC 管、玻璃钢管、铸铁管等)。

(2) 铸铁落水管、PVC 雨水管工程量按设计图示尺寸以长度计算。如设计未标注尺寸的，则按檐口至设计室外散水上表面垂直距离计算。不扣除雨水口、水斗、弯头等管件所占长度。

(3) 铁皮排水工程量按设计图示尺寸以展开面积计算，如图纸没有注明尺寸时，则按铁皮排水单体零件折算表计算。咬口和搭接等不另计算。表 9-2 为铁皮排水单体零件折算表。

表 9-2 铁皮排水单体零件折算表

名称		单位	落水管/m	檐沟/m	水斗/个	漏斗/个	下水口/个	
铁皮排水	落水管、檐沟、水斗、漏斗、下水口	m²	0.32	0.30	0.40	0.16	0.45	
	天沟、斜沟、天窗台泛水、天窗侧面泛水、烟囱泛水、通气管泛水、滴水檐头泛水、滴水	m²	天沟/m	斜沟天窗窗台泛水/m	天窗侧面泛水/m	烟囱泛水/m	通气管泛水/m	滴水檐头泛水/m	滴水/m
			1.30	0.50	0.70	0.80	0.22	0.24	0.11

(4) 屋面天沟、檐沟项目适用于水泥砂浆天沟、细石混凝土天沟、预制混凝土天沟板、卷天沟、玻璃钢天沟、镀锌铁皮天沟，以及塑料檐沟、镀锌铁皮檐沟、玻璃钢檐沟等，按设计图示尺寸以面积计算。铁皮和卷材天沟按展开面积计算。

① 计算规则重点：铸铁落水管、PVC雨水管工程量按设计图示尺寸以长度计算。如设计未标注尺寸的，则按檐口至设计室外散水上表面垂直距离计算。不扣除雨水口、水斗、弯头等管件所占长度。

② 注意事项：长度按檐口至设计室外散水上表面垂直距离计算时，要结合剖面图确定标高，明确详细尺寸。

【例9-6】 计算屋面排水工程量[见屋面平面图(J-02)]。

【解】

屋面排水：8个雨水管(PVC管)

雨水管的总长度：(10.8+0.3)×8=88.8(m)

5. 其他防水(潮)定额工程量计算

计算规则：

(1) 建筑物地面防水、防潮层按主墙间净空面积计算，扣除凸出地面的构筑物、设备基础等所占的面积，不扣除间壁墙及单个面积在 $0.3m^2$ 以内的柱、垛、烟囱和孔洞所占面积。与墙面连接处上卷高度在500mm以内者按展开面积计算，并按平面防水层计算，超过500mm时，按立面防水层计算。

(2) 墙基防水、防潮层按设计图示尺寸以面积计算。外墙按外墙中心线长度乘以宽度计算，内墙按内墙净长乘以宽度计算。

(3) 构筑物及建筑物地下室防水层按设计图示尺寸以面积计算，但不扣除 $0.3m^2$ 以内的孔洞所占面积。平面与立面交接处的防水层，其上卷高度超过500mm时，按立面防水层计算。

【例9-7】 计算该项目地面防潮层的工程量[见首层平面图(J-01)]。

【解】 地面防潮层=外墙按外墙中心线长度×宽度
=[(42-0.18+5-0.18)×2+(5-0.18×2)×4]×0.18
=20.13(m^2)

【例9-8】 某工程的地面和墙身均做1:3水泥砂浆，掺5%防水粉的防水砂浆防潮层，尺寸如图9.7所示，计算砂浆防潮层的工程量。

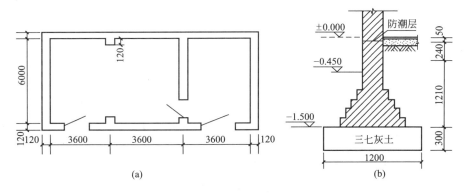

图9.7 某工程平面图及墙身长剖面图

【解】

(1) 地面防潮层工程量＝主墙间净长度×主墙间净宽度±增减面积

$$\text{地面防潮层工程量}=(3.60\times3-0.24\times2)\times(6-0.24)$$
$$=59.44(\text{m}^2)$$

(2) 墙基防潮层工程量＝外墙中心线长度×实铺宽度＋内墙净长度×实铺宽度

$$\text{墙基防潮层工程量}=[(3.60\times3+6)\times2+(6-0.24)+0.12\times2]\times0.24$$
$$=9.504(\text{m}^2)$$

6. 变形缝定额工程量的计算

变形缝包括沉降缝、伸缩缝。变形缝含油浸麻丝、油浸木丝板、玛蹄脂、石灰麻刀、建筑油膏、沥青砂浆、聚氯乙烯胶泥、止水带等，它适用于屋面、墙面、楼地面等部位。

沉降缝是指将建筑物或构筑物从基础到顶部分隔成段的竖直缝，或是将建筑物或构筑物的地面或屋面分隔成段的水平缝，借以避免因各段荷载不匀引起下沉而产生裂缝。它通常设置在荷载或地基承载力差别较大的各部分之间，或在新旧建筑的连接处。

伸缩缝又称"温度缝"，在长度较大的建筑物或构筑物中，在基础以上设置直缝，把建筑物或构筑物分隔成段，借以适应温度变化而引起的伸缩，以避免产生裂缝。

计算规则：变形缝和止水带按设计图示以长度计算。

9.3 清单计价方式下屋面及防水工程量计算

1. 瓦、型材屋面清单工程量的计算

1) 定义及解释

(1) 型材屋面：型材屋面适用于压型钢板、金属压型夹芯板、阳光板、玻璃钢等屋面。

(2) 膜结构屋面：也称索膜结构，是一种以膜布与支撑(柱、网架等)和拉结结构(拉杆、钢丝绳等)组成的屋盖、篷顶结构。膜结构屋面(图9.8)适用于膜布屋面。

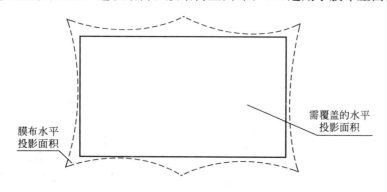

图9.8 膜结构屋面图

2. 工程量清单(表9-3)

表9-3 瓦屋面、型材屋面、膜结构屋面工程量清单

项目编码	项目名称	项目特征	计量单位	工程量计算规则	工程内容
010701001	瓦屋面	(1) 瓦品种、规格、品牌、颜色 (2) 防水材料种类 (3) 基层材料种类 (4) 楔条种类、截面 (5) 防护材料种类	m²	按设计图示尺寸以斜面积计算。不扣除房上烟囱、风帽底座、风道、小气窗、斜沟等所占面积，小气窗的出檐部分不增加面积	(1) 檩条、椽子安装 (2) 基层铺设 (3) 铺防水层 (4) 安顺水条和挂瓦条 (5) 安瓦 (6) 刷防护材料
010701002	型材屋面	(1) 型材品种、规格、品牌、颜色 (2) 骨架材料品种、规格 (3) 接缝、嵌缝材料种类			(1) 骨架制作、运输、安装 (2) 屋面型材安装 (3) 接缝、嵌缝
010701003	膜结构屋面	(1) 膜布品种、规格、颜色 (2) 支柱(网架)钢材品种、规格 (3) 钢丝绳品种、规格 (4) 油漆品种、刷漆遍数		按设计图示尺寸以需要覆盖的水平面积计算	(1) 膜布热压胶接 (2) 支柱(网架)制作、安装 (3) 膜布安装 (4) 穿钢丝绳、锚头锚固 (5) 刷油漆

3. 屋面防水清单工程量的计算

1) 定义解释

屋面防水分为刚性防水屋面和柔性防水屋面两种。

(1) 刚性防水屋面

以细石混凝土、防水水泥砂浆等刚性材料作为屋面防水层的屋面，称刚性防水屋面。屋面刚性防水项目适用于细石混凝土、补偿收缩混凝土、块体混凝土、预应力混凝土和钢纤维混凝土刚性防水屋面。优点是构造简单、施工方便、造价较低；缺点是易开裂，对气温变化及屋面基层变形的适应性较差。为了防止刚性防水屋面因受温度变化或房屋不均匀沉陷影响而产生开裂，在细石混凝土或防水砂浆面层中应设分格缝。

(2) 柔性防水屋面

以沥青、油毡等柔性材料铺设和粘结的屋面防水层，及将以高分子合成材料为主体的材料涂布于屋面形成的防水层，称柔性防水屋面。优点是对房屋地基沉降、房屋受振动或温度影响的适应性较好，防止渗漏水的质量比较稳定；缺点是施工繁杂、层次多，出现渗漏水后维修比较麻烦。

柔性防水层材料有石油沥青玛蹄脂卷材、三元乙丙橡胶卷材、氯丁橡胶卷材、聚氯乙烯防水卷材、改性石油沥青卷材、塑料油膏、塑料油膏玻璃纤维布、聚氨酯涂膜、JC-Ⅱ

型冷胶防水、水性丙烯酸酯防水涂料等。

(3) 屋面涂膜防水

涂膜防水是指在基层上涂刷防水涂料，经固化后形成具有防水效果的薄膜。屋面涂膜防水项目适用于厚质涂料、薄质涂料及有加增强材料和无加增强材料的涂膜防水屋面。

2) 工程量清单(9-4)

表 9-4 屋面防水工程量清单

项目编码	项目名称	项目特征	计量单位	工程量计算规则	工程内容
010702001	屋面卷材防水	(1) 卷材品种、规格 (2) 防水层做法 (3) 嵌缝材料种类 (4) 防护材料种类	m²	按设计图示尺寸以面积计算： (1) 斜屋顶(不包括平屋顶找坡)按斜面积计算，平屋顶按水平投影面积计算 (2) 不扣除房上烟囱、风帽底座、风道、屋面小气窗和斜沟所占面积 (3) 屋面的女儿墙、伸缩缝和天窗等处的弯起部分，并入屋面工程量内	(1) 基层处理 (2) 抹找平层 (3) 刷底油 (4) 铺油毡卷材、接缝、嵌缝 (5) 铺保护层
010702002	屋面涂膜防水	(1) 防水膜品种 (2) 涂膜厚度、遍数 (3) 嵌缝材料种类 (4) 防护材料种类			(1) 基层处理 (2) 抹找平层 (3) 涂防水膜 (4) 铺保护层
010702003	屋面刚性防水	(1) 防水层厚度 (2) 嵌缝材料种类 (3) 混凝土强度等级		按设计图示尺寸以面积计算。不扣除房上烟囱、风帽底座、风道等所占面积	(1) 基层处理 (2) 混凝土制作、运输、铺筑、养护

【例 9-9】 计算屋面防水工程量〔见屋面平面图(J-02)〕。

【解】

(1) 屋面卷材防水的面积：

$$S_{水平}=(36-0.18\times2)\times(8.3-0.18\times2)=282.98(m^2)$$

$$S_{弯起}=[(36-0.18\times2)+(8.3-0.18\times2)]\times2\times0.25$$
$$+(0.6-0.18)\times(16\times4+6)\times0.25$$
$$=29.14(m^2)$$

$$S_{总}=282.98+29.14=312.12(m^2)$$

(2) 楼梯间屋面：

$$S_{梯}=(6.5+0.5\times2)\times(3+0.5\times2+0.18)\times2$$
$$=62.7(m^2)$$

(3) S屋面卷材防水工程量＝312.12＋62.7＝374.82(m²)
(4) S屋面刚性防水工程量＝282.98＋62.7＝345.68(m²)

表9-5 分部分项工程量清单与计价表

工程名称：　　　　　　　　　　标段：　　　　　　　　　　第　页　共　页

序号	项目编码	项目名称	项目特征描述	计量单位	工程量	金额/元	
						综合单价	合价
1	010702001001	屋面卷材防水	卷材品种、规格：屋面满铺SBC120复合卷材，冷贴满铺，1.2mm厚	m²	374.82	—	—
2	010702003001	屋面刚性防水	防水层厚度：上捣40mm厚的C20的细石混凝土（内配4根钢筋，双向中距200mm），表面随手抹平	m²	345.68	—	—
3	010702004001	屋面排水管	DN100 PVC管	m	88.8	—	—

4. 墙地面防水、防潮清单工程量的计算

计算规则：按设计图示尺寸以面积计算。

① 地面防水：按主墙间净空面积计算，扣除凸出地面的构筑物、设备基础等所占面积，不扣除间壁墙及单个0.3m²以内的柱、垛、烟囱和孔洞所占面积。

② 墙基防水：外墙按中心线计算，内墙按净长乘以宽度计算。

【例9-10】 计算墙、地面防水的工程量［见屋面平面图(J-02)］。

【解】 地面防潮层＝外墙按外墙中心线长度×宽度＝[(42－0.18＋5－0.18)×2＋(5－0.18×2)×4]×0.18＝20.13(m²)

表9-6 分部分项工程量清单与计价表

工程名称：　　　　　　　　　　标段：　　　　　　　　　　第　页　共　页

序号	项目编码	项目名称	项目特征描述	计量单位	工程量	金额/元	
						综合单价	合价
1	010703003001	砂浆防（潮）水	（1）防水（潮）部位：墙身防水砂浆防潮 （2）防水（潮）厚度、层数：20mm厚 （3）砂浆配合比：1:2防水砂浆	m²	20.13	—	—

表 9-7 墙、地面防水、防潮工程量清单

项目编码	项目名称	项目特征	计量单位	工程量计算规则	工程内容
010703001	卷材防水	(1) 卷材、涂膜品种 (2) 涂膜厚度、遍数、增强材料种类 (3) 防水部位 (4) 防水做法 (5) 接缝、嵌缝材料种类 (6) 防护材料种类	m^2	按设计图示尺寸以面积计算： (1) 地面防水：按主墙间净空面积计算，扣除凸出地面的构筑物、设备基础等所占面积，不扣除间壁墙及单个 $0.3m^2$ 以内的柱、垛、烟囱和孔洞所占面积 (2) 墙基防水：外墙按中心线计算，内墙按净长乘以宽度计算	(1) 基层处理 (2) 抹找平层 (3) 刷粘结剂 (4) 铺防水卷材 (5) 铺保护层 (6) 接缝、嵌缝
010703002	涂膜防水				(1) 基层处理 (2) 抹找平层 (3) 刷基层处理剂 (4) 铺涂膜防水层 (5) 铺保护层
010703003	砂浆防水(潮)	(1) 防水(潮)部位 (2) 防水(潮)厚度、层数 (3) 砂浆配合比 (4) 外加剂材料种类			(1) 基层处理 (2) 挂钢丝网片 (3) 设置分格缝 (4) 砂浆制作、运输、摊铺、养护
010703004	变形缝	(1) 变形缝部位 (2) 嵌缝材料种类 (3) 止水带材料种类 (4) 盖板材料 (5) 防护材料种类	m	按设计图示以长度计算	(1) 清缝 (2) 填塞防水材料 (3) 止水带安装 (4) 盖板制作 (5) 刷防护材料

9.4 楼地面综合案例分析

(1) 综合单价分析表见表 9-8~表 9-11。

表 9-8 综合单价分析表

工程名称：宿舍楼　　　　　　　　　　　　　　　　　　　　　　　　　　　　　　　　　第 1 页　共 4 页

项目编码	010702001001	项目名称	屋面卷材防水				计量单位	m^2			清单工程量	374.61

综合单价分析

定额编号	定额名称	定额单位	工程数量	单价					合价				
				人工费	材料费	机械费	管理费	利润	人工费	材料费	机械费	管理费	利润
A7-88	屋面满铺 SBC120 复合卷材冷贴满铺 1.2mm 厚	100m²	0.01	207.47	3752.74		30	37.34	2.07	37.53		0.3	0.37
A9-1	楼地面水泥砂浆找平层 混凝土或硬基层上 20mm	100m²	0.01	272.8	37.89		48.37	49.1	2.73	0.38		0.48	0.49
8001651	水泥砂浆 1:2.5	m³	0.04	15.3	206.37	9.71		2.75	0.62	8.34	0.39		0.11
A9-1	楼地面水泥砂浆找平层 混凝土或硬基层上 20mm	100m²	0.01	272.8	37.89		48.37	49.1	2.73	0.38		0.48	0.49
人工单价			小　计						8.15	46.62	0.39	1.27	1.47
综合工日 51 元/工日			未计价材料费						57.9				
			综合单价						46.62				

材料费明细	主要材料名称、规格、型号	单位	数量	单价/元	合价/元	暂估单价/元	暂估合价/元
	其他材料费			—	0.32	—	
	材料费小计			—	46.62	—	

表9-9 综合单价分析表

工程名称：宿舍楼　　　　　　　　　　　　　　　　　　　　　　　　　　　　　　　　　　　　第2页 共4页

项目编码	010702003001	项目名称	屋面刚性防水			计量单位	m²	清单工程量	345.68

综合单价分析

| 定额编号 | 定额名称 | 定额单位 | 工程数量 | 单价 | | | | | 合价 | | | | |
				人工费	材料费	机械费	管理费	利润	人工费	材料费	机械费	管理费	利润
A7-106+A7-107	细石混凝土刚性防水厚3.5cm,实际厚度为4cm	100m²	0.01	768.68	171.55		111.15	138.36	7.69	1.72		1.11	1.38
8001641	水泥砂浆1:1	m³	0.005	15.3	299.64	9.71		2.75	0.08	1.53	0.05		0.01
8021115	普通预拌混凝土C20粒径为20mm的石子	m³	0.046		240					11.02			
A7-110	屋面刚性防水层填分格缝细石混凝土面厚3.5cm	100m	0.002	215.32	195.64		31.14	38.76	0.50	0.45		0.07	0.09
8001646	水泥砂浆1:2	m³	0.0001	15.3	226.94	9.71		2.75		0.02			
A4-174	现浇构件圆钢φ4内	t	0.0008	840.12	4399.89	42.29	253.69	151.22	0.69	3.62	0.03	0.21	0.12
人工单价				小　计					8.95	18.34	0.08	1.39	1.61
综合工日 51元/工日				未计价材料费									
				综合单价					30.37				

材料费明细	主要材料名称、规格、型号	单位	数量	单价/元	合价/元	暂估单价/元	暂估合价/元
				—	—	—	—
	其他材料费						
	材料费小计						

表 9-10 综合单价分析表

工程名称：宿舍楼   第 3 页 共 4 页

项目编码	010702004001	项目名称	屋面排水管			计量单位	m	清单工程量	88.8
			综合单价分析						
定额编号	定额名称	定额单位	工程数量	单价					
				人工费	材料费	机械费	管理费	利润	
A7-123	塑料雨水管 DN100	100m	0.01	261.63	3289.49		37.83	47.09	
人工单价			小　计	2.62	32.89		0.38	0.47	
综合工日 51元/工日			未计价材料费						
	综合单价			2.62	32.89		0.38	0.47	
材料费明细	主要材料名称、规格、型号		单位	数量	单价/元	合价/元	暂估单价/元	暂估合价/元	
	其他材料费				—	36.36	—		
	材料费小计				—		—		

表 9-11 综合单价分析表

工程名称：宿舍楼　　　　　　　　　　　　　　　　　　　　　　　　　　　　第 4 页 共 4 页

项目编码	010703003001	项目名称	砂浆防（潮）水		计量单位	m²	清单工程量	
			综合单价分析					
定额编号	定额名称	定额单位	工程数量	单价				
				人工费	材料费	机械费	管理费	利润
A7-192	防水砂浆普通平面	100m²	0.01	396.98	26.86		57.4	71.46
8007541	水泥防水砂浆 1:2	m³	0.02	16.83	281.26	9.71		3.03
人工单价				小　计				
综合工日 51 元/工日				未计价材料费				
			综合单价					

合价				
人工费	材料费	机械费	管理费	利润
3.97	0.27		0.57	0.71
0.34	5.74	0.20		0.06
4.31	6.01	0.2	0.57	0.78
		11.87		20.13

材料费明细	主要材料名称、规格、型号	单位	数量	单价/元	合价/元	暂估单价/元	暂估合价/元
				—	—	—	—
	其他材料费						
	材料费小计						

(2) 报价表见表 9-12。

表 9-12 分部分项工程报价表

工程名称：宿舍楼　　　　　　　　　　　　　　　　　　　　　　　　第1页　共1页

序号	项目编码	项目名称	项目特征	计量单位	工程数量	金额/元	
						综合单价	合价
1	010702001001	屋面卷材防水	卷材品种、规格：屋面满铺SBC120复合卷材 冷贴 满铺1.2mm厚	m²	374.61	57.9	21689.92
2	010702003001	屋面刚性防水	防水层厚度：上捣40mm厚的C20细石混凝土（内配4根钢筋，双向中距200mm），表面随手抹平	m²	345.68	30.37	10498.3
3	010702004001	屋面排水管	排水管品种、规格、品牌、颜色：DN100 PVC管	m	88.8	36.36	3228.77
4	010703003001	砂浆防(潮)水	(1) 防水(潮)部位：墙身防水砂浆防潮 (2) 防水(潮)厚度、层数：20mm厚 (3) 砂浆配合比：1:2防水砂浆	m²	20.13	11.87	238.94
			分部小计				35655.93

本 章 小 结

本章主要介绍了定额计价模式下和清单计价模式下屋面及防水工程量的计算方法及注意事项。还介绍了瓦型材屋面、屋面卷材防水、刚性防水工程及墙、地面防水、防潮工程等工程量的计算。

清单计价模式下要计算的工程量有两个：一是清单工程量，二是计价工程量。

清单工程量严格按2008年国家规范清单的计算原则来计算，每一个清单只对应一个清单工程量。

计价工程量对应每一个清单规定的组成内容，所以一个清单的计价工程量可能是一个，也可能是多个，根据清单的组成内容来定。这些工程量的计算方法同定额工程量的计算方法，并且在量上与定额工程量相等。

要求学生掌握清单计价方式下屋面及防水工程清单工程量的计算规则及方法、计价工程量(或称报价工程量)的计算规则及方法、综合单价的计算及分析方法。

本 章 习 题

1. 名词解释：泛水、天沟、檐沟。
2. 什么是屋面的正脊、山脊和斜脊？
3. 定额项目中满铺、空铺、点铺、条铺的具体施工方法是什么？
4. 有一两坡防水卷材屋面，屋面防水层构造层次为：预制钢筋混凝土空心板、1：2水泥砂浆找平、冷底子油一道、二毡三油一砂防水层。屋面示意图如图9.9所示。试计算：

(1) 当有女儿墙，屋面坡度为1：4时的屋面工程量。
(2) 当有女儿墙，坡度为3%时的屋面工程量。
(3) 无女儿墙有挑檐，坡度为3%时的屋面工程量。

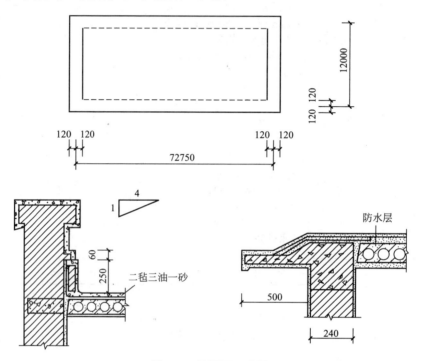

图 9.9　某屋面示意图

第10章 防腐、隔热、保温工程工程量计算

教学目标

本章主要介绍了建筑物防腐、隔热、保温工程的基本概念、类型和工程量计算方法。要求学生熟悉防腐、隔热、保温工程使用的常用材料，掌握工程量的计算规则及方法；掌握清单计价方式下防腐、隔热、保温工程清单工程量的计算规则及方法、计价工程量（或称报价工程量）的计算规则及方法、综合单价的计算及分析方法。

教学要求

知识要点	能力要求	相关知识
防腐工程	（1）能够根据给定的工程图纸正确计算防腐工程的定额工程量与清单工程量 （2）能够准确套用防腐工程定额 （3）能够正确计算防腐工程项目清单的综合单价并进行综合单价分析	（1）防腐工程的分类 （2）防腐工程工程量的计算规则 （3）防腐工程的清单项目及工程内容 （4）防腐工程综合单价的计算方法
隔热、保温工程	（1）能够根据给定的工程图纸正确计算隔热、保温工程的定额工程量与清单工程量 （2）能够准确套用隔热、保温工程定额 （3）能够正确计算隔热、保温工程项目清单的综合单价并进行综合单价分析	（1）隔热、保温工程的分类 （2）隔热、保温工程工程量的计算规则 （3）隔热、保温工程的清单项目及工程内容 （4）隔热、保温工程综合单价的计算方法

引言

你或许见过栏杆或铁门刷防锈漆,也见过外墙刷防腐涂料,也知道建筑物屋顶要做保温隔热,但是你对防腐材料分类、防腐施工具体过程、保温隔热材料分类、到底建筑物的哪些部位要做保温隔热以及如何做保温隔热可能不清楚,本章主要介绍的就是这方面的知识。

10.1 防腐工程

现行的建筑防腐工程主要有耐酸防腐和刷油防腐两大类。

耐酸防腐是运用人工或机械将具有耐腐蚀性能的材料(如:水玻璃耐酸混凝土、耐酸沥青砂浆、耐酸沥青混凝土、硫黄混凝土、环氧砂浆、环氧烯胶泥、重晶石混凝土、重晶石砂浆、酸化处理、环氧玻璃钢、酚醛玻璃钢、耐酸沥青胶泥卷材、瓷砖、瓷板、铸石板、花岗岩以及耐酸防涂料等),在将基层清扫干净、调配好材料后,浇筑、涂刷、喷涂、粘贴或铺砌在应防腐蚀的工程的物体表面上,达到的防腐蚀效果。

耐酸防腐包括整体面层、块料面层和耐酸防腐涂料等。

刷油防腐:刷油是一种经济而有效的防腐措施,对于各种工程建设来说,不仅施工方便,而且具有优良的物理性能和化学性能,因此应用范围很广。刷油除了具有防腐作用外,还能起到装饰和标志的作用。

10.1.1 整体面层防腐

各种整体面层防腐适用于平面或立面的水玻璃混凝土(砂浆、胶泥)、沥青混凝土(砂浆、胶泥)、树脂混凝土(砂浆、胶泥)以及聚合物水泥砂浆等防腐等,包括沟、坑、槽。

1. 工程量计算规则

整体面层防腐工程量按设计图示尺寸以面积计算。平面防腐:扣除凸出地面的构筑物、设备基础等所占的面积;立面防腐:砖垛等突出部分按展开面积并入墙面面积内。

2. 清单项目及工程内容

整体面层防腐的清单项目有防腐混凝土面层、防腐砂浆面层、防腐胶泥面层、玻璃钢防腐面层等4个项目。各项目编码、项目名称、项目特征、计量单位、工程量计算规则及包含的工程内容详见"计价规范",其形式见表10-1。

表10-1 防腐面层(编码:010801)

项目编码	项目名称	项目特征	计量单位	工程量计算规则	工程内容
010801001	防腐混凝土面层	(1)防腐部位 (2)面层厚度 (3)砂浆、混凝土、胶泥种类	m²	按设计图示尺寸以面积计算 (1)平面防腐:扣除凸出地面的构筑物、设备基础等所占面积 (2)立面防腐:砖垛等突出部分按展开面积并入墙面面积内	(1)基层清理 (2)基层刷稀胶泥 (3)砂浆制作、运输、摊铺、养护 (4)混凝土制作、运输、摊铺、养护
010801002	防腐砂浆面层				
010801003	防腐胶泥面层				(1)基层清理 (2)胶泥调制、摊铺

(续)

项目编码	项目名称	项目特征	计量单位	工程量计算规则	工程内容
010801004	玻璃钢防腐面层	(1) 防腐部位 (2) 玻璃钢种类 (3) 贴布层数 (4) 面层材料品种	m²	按设计图示尺寸以面积计算 (1) 平面防腐：扣除凸出地面的构筑物、设备基础等所占面积 (2) 立面防腐：砖垛等突出部分按展开面积并入墙面积内	(1) 基层清理 (2) 刷底漆、刮腻子 (3) 胶浆配制、涂刷 (4) 粘布、涂刷面层
010801005	聚氯乙烯板面层	(1) 防腐部位 (2) 面层材料品种 (3) 粘结材料种类	m²	按设计图示尺寸以面积计算 (1) 平面防腐：扣除凸出地面的构筑物、设备基础等所占面积 (2) 立面防腐：砖垛等突出部分按展开面积并入墙面积内	(1) 基层清理 (2) 配料、涂胶 (3) 聚氯乙烯板铺设 (4) 铺贴踢脚板
010801006	块料防腐面层	(1) 防腐部位 (2) 块料品种、规格 (3) 粘结材料种类 (4) 勾缝材料种类		(3) 踢脚板防腐：扣除门洞所占面积并相应增加门洞侧壁面积	(1) 基层清理 (2) 砌块料 (3) 胶泥调制、勾缝

3. 注意事项

防腐混凝土面层、防腐砂浆面层的工程内容包括：①基层清理；②基层刷稀胶泥；③砂浆制作、运输、摊铺、养护；④混凝土制作、运输、摊铺、养护。

防腐胶泥面层的工程内容包括：①基层清理；②胶泥调制、摊铺。

玻璃钢防腐面层的工作内容包括：①基层清理；②刷底漆、刮腻子；③胶浆配制、涂刷；④粘布、涂刷面层。

防腐工程清单项目的设置必须按设计图纸的要求注明材料名称、规格、品种、设计要求做法(包括厚度、层数、遍数)、特殊施工工艺要求等；根据每个项目可能包含的工程内容、区分材质、做法、位置等分别列项。编制各分部分项工程项目清单时，应注意以下项目的列项及工程内容范围等问题。

(1) "防腐混凝土面层"、"防腐砂浆面层"、"防腐胶泥面层"项目适用于平面或立面的水玻璃混凝土、水玻璃砂浆、水玻璃胶泥、沥青混凝土、沥青砂浆、沥青胶泥、树脂砂浆、树脂胶泥以及聚合物水泥砂浆等防腐工程。编制清单时应注意：

① 因不同防腐材料价格上的差异，清单项目中必须列出混凝土、砂浆、胶泥的材料种类，如水玻璃混凝土、沥青混凝土等。

② 如遇池槽防腐，则池底和池壁可合并列项，也可分为池底面积和池壁防腐面积分

别列项。

（2）"玻璃钢防腐面层"项目适用树脂胶料与增强材料（如玻璃纤维丝、布、玻璃纤维表面毡、玻璃纤维短切毡或涤纶布、涤纶毡、丙纶布、丙纶毡等）复合塑制而成的玻璃钢防腐。编制清单时应注意：

① 项目名称应描述构成玻璃钢、树脂和增强材料的名称。如环氧酚醛（树脂）玻璃钢、酚醛（树脂）玻璃钢、环氧煤焦油（树脂）玻璃钢、环氧呋喃（树脂）玻璃钢、不饱和（树脂）玻璃钢，以及增强材料玻璃纤维布、毡、涤纶布毡等。

② 应该清楚地描述防腐部位、立面、平面等内容。

（3）防腐工程中需酸化处理时应包括在报价内。

（4）防腐工程中的养护应包括在报价内。

【例10-1】 图10.1所示地面为抹水玻璃耐酸砂浆，计算其工程量。

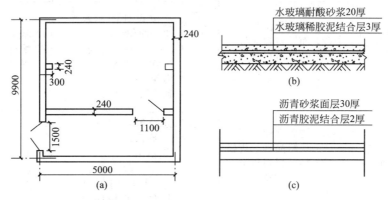

图10.1 耐酸砂浆地面示意图

【解】 水玻璃耐酸砂浆面层工程量按设计图示尺寸以面积计算，扣除凸出地面的构筑物、设备基础等所占的面积。

水玻璃耐酸砂浆面层工程量$=(9.9-0.24-0.24)\times(5-0.24)+0.24\times1.1$
$+0.24\times1.5-0.24\times0.3\times2=45.32(m^2)$

10.1.2 聚氯乙烯板面层

聚氯乙烯板面层适用于地面和墙面的软、硬聚氯乙烯板防腐工程。

1. 工程量计算规则

聚氯乙烯板面层工程量按设计图示尺寸以面积计算。平面防腐：扣除凸出地面的构筑物、设备基础等所占面积；立面防腐：砖垛等突出部分按展开面积并入墙面积内；踢脚板防腐：扣除门洞所占面积并相应增加门洞的侧壁面积。

2. 清单项目及工程内容

聚氯乙烯板面层清单项目见表10-1。

聚氯乙烯板面层清单项目的工程内容包括：①基层清理；②配料、涂胶；③聚氯乙烯板铺设；④铺贴踢脚板。

3. 注意事项

进行聚氯乙烯板面层工程量清单计价时，聚氯乙烯板的焊接应包括在报价内。

【例 10-2】 计算图 10.2 所示软聚氯乙烯塑料板地面的工程量。

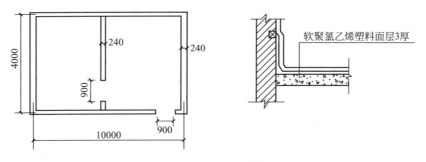

图 10.2 软聚氯乙烯塑料板地面

【解】 软聚氯乙烯塑料板地面的工程量中已包括了踢脚线的因素，其工程量计算如下：

$$(10-0.24\times2)\times(4-0.24)+0.9\times0.24\times2=36.38(m^2)$$

10.1.3 块料防腐面层

块料防腐面层适用于地面、沟槽、基础的各类块料防腐工程。

1. 工程量计算规则

块料防腐面层工程量按设计图示尺寸以面积计算。平面防腐：扣除凸出地面的构筑物、设备基础等所占面积。立面防腐：砖垛等突出部分按展开面积并入墙面积内。踢脚板防腐：扣除门洞所占面积并相应增加门洞的侧壁面积。

平面砌筑双层耐酸块料时，按单层面积乘以系数2计算。

2. 清单项目及工程内容

块料防腐面层清单项目见表 10-1。

块料防腐面层清单项目的工程内容包括：①基层清理；②砌块料；③胶泥调制、勾缝基层清理。

3. 注意事项

（1）编制清单时应注意在清单项目特征中描述防腐蚀块料的粘贴部位(地面、沟槽、基础、踢脚线)及防腐蚀块料的规格、品种(瓷板、铸石板、天然石板)等。

（2）定额应用时块料防腐面层以平面砌为准，砌立面者套平面砌相应子目，人工消耗量乘以系数1.38，踢脚板人工消耗量乘以系数1.56，其他不变。

（3）花岗岩石以六面剁斧的板材为准。如底面为毛面，则水玻璃砂浆增加 $0.38m^3$；耐酸沥青砂浆增加 $0.44m^3$。

【例 10-3】 计算图 10.3 所示的耐酸瓷砖的工程量及定额分部分项工程费。

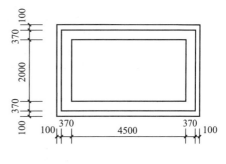

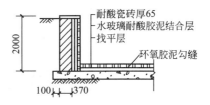

图 10.3 池槽耐酸防腐面层

【解】 池槽表面镶贴耐酸瓷砖，结合层为水玻璃耐酸胶泥，则环氧胶泥勾缝的工程量＝3.5×1.5+(3.5+1.5)×2=15.25(m³)

套用定额 A8-61，基价(一类)为 23986.07(元/100m²)

定额分部分项工程费＝0.35×23986.07＝8395.12(元)

计算结果见表 10-2。

表 10-2 定额分部分项工程费汇总表

工程名称： 第 页 共 页

序号	定额编号	名称及说明	单位	数量	基价/元	合价/元
1	A8-61	耐酸瓷砖，水玻璃耐酸胶泥结合层	100m²	0.35	23986.07	8395.12
		小　　计				8395.12

10.1.4 隔离层

隔离层适用于楼地面的沥青类、树脂玻璃钢类防腐工程的隔离层。

1. 工程量计算规则

隔离层工程量按设计图示尺寸以面积计算。平面防腐：扣除凸出地面的构筑物、设备基础等所占面积。立面防腐：砖垛等突出部分按展开面积并入墙面积内。

2. 清单项目及工程内容

隔离层、砌筑沥青浸渍砖、防腐涂料清单项目在计价规范中列为其他防腐清单项目，详情见表 10-3。

表 10-3 其他防腐(编码：010802)

项目编码	项目名称	项目特征	计量单位	工程量计算规则	工程内容
010802001	隔离层	(1) 隔离层部位 (2) 隔离层材料品种 (3) 隔离层做法 (4) 粘贴材料种类	m²	按设计图示尺寸以面积计算 (1) 平面防腐：扣除凸出地面的构筑物、设备基础等所占面积 (2) 立面防腐：砖垛等突出部分按展开面积并入墙面积内	(1) 基层清理、刷油 (2) 煮沥青 (3) 胶泥调制 (4) 隔离层铺设
010802002	砌筑沥青浸渍砖	(1) 砌筑部位 (2) 浸渍砖规格 (3) 浸渍砖砌法（平砌、立砌）	m³	按设计图示尺寸以体积计算	(1) 基层清理 (2) 胶泥调制 (3) 浸渍砖铺砌
010802003	防腐涂料	(1) 涂刷部位 (2) 基层材料类型 (3) 涂料品种、刷涂遍数	m²	按设计图示尺寸以面积计算 (1) 平面防腐：扣除凸出地面的构筑物、设备基础等所占面积 (2) 立面防腐：砖垛等突出部分按展开面积并入墙面积内	(1) 基层清理 (2) 刷涂料

隔离层清单项目的工程内容包括：①基层清理、刷油；②煮沥青；③胶泥调制；④隔离层铺设。

【例10-4】 计算图10.4所示的二布三油耐酸沥青胶泥玻璃布隔离层楼面的工程量及定额分部分项工程费。

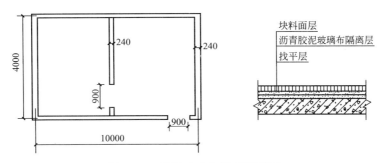

图10.4 胶泥玻璃布隔离层楼面

【解】 (1) 计算工程量。
楼面二布三油耐酸沥青胶泥玻璃布隔离层的工程量：
$$(10-0.24\times 2)\times(4-0.24)+0.9\times 0.24\times 2=36.38(m^2)$$
(2) 计算定额分部分项工程费。
套用定额A8-93(一布一油)，基价(一类)为2585.44(元/100m²)
增加一布一油，套用定额A8-94，基价(一类)为1157.71(元/100m²)
定额分部分项工程费=0.3638×(2585.44+1157.71)=1361.76(元)
计算结果见表10-4。

表10-4 定额分部分项工程费汇总表

工程名称： 第 页 共 页

序号	定额编号	名称及说明	单位	数量	基价/元	合价/元
1	A8-93	耐酸沥青胶泥铺贴玻璃布隔离层	100m²	0.3638	2585.44	940.58
2	A8-94	耐酸沥青胶泥铺贴玻璃布，增加一布一油	100m²	0.3638	1157.71	421.17
		小　　计				1361.76

10.1.5 砌筑沥青浸渍砖

砌筑沥青浸渍砖项目适用于浸渍标准砖。

1. 工程量计算规则

砌筑沥青浸渍砖工程量按设计图示尺寸以体积计算。

2. 清单项目及工程内容

砌筑沥青浸渍砖清单项目见表10-3。
清单项目的工程内容包括：①基层清理；②胶泥调制；③浸渍砖铺砌。

3. 注意事项

工程量以体积计算，立砌按厚度为115mm计算，平砌以厚度为53mm计算。

10.1.6 耐酸防腐涂料

耐酸防腐涂料项目适用于建筑物、构筑物以及钢结构的防腐。

1. 工程量计算规则

耐酸防腐涂料工程量按设计图示尺寸以面积计算。平面防腐：扣除凸出地面的构筑物、设备基础等所占面积。立面防腐：砖垛等突出部分按展开面积并入墙面积内。

2. 清单项目及工程内容

砌筑沥青浸渍砖清单项目见表10-3。

清单项目的工程内容包括：①基层清理；②刷涂料。

3. 注意事项

编制耐酸防腐涂料项目清单时应注意：

(1) 项目特征应对涂刷基层(混凝土、抹灰面)进行描述。

(2) 项目特征应对涂料底漆层、中层漆层、面漆涂刷(或刮)遍数进行描述。

(3) 需刮腻子时，其费用应包括在报价内。

10.2 保温隔热工程

保温材料一般是指导热系数小于或等于0.2的材料。

(1) 保温材料按照其不同的相对密度、成分、范围、形状、施工方法和形态进行划分，可分为以下类别。

① 按保温材料的不同容重可分为重质($400\sim600kg/m^3$)、轻质($150\sim350kg/m^3$)和超轻质(小于$150kg/m^3$)3类。

② 按保温材料的不同成分可分为有机和无机两类。

③ 按保温材料适用温度的不同范围可分为高温用(700℃以上)、中温用($100\sim700$℃)和低温用(小于100℃)3类。

④ 按保温材料不同形状可分粉末、粒状、纤维状、瓦块和砖等类。

⑤ 按保温材料不同施工方法可分为湿抹式、填充式、绑扎式、包裹缠绕式等。

⑥ 按保温材料的不同形态可分为纤维状、微孔状、气泡状和层状等。

(2) 常用的保温材料如下所示。

外墙保温材料有：硅酸盐保温材料、陶瓷保温材料、胶粉聚苯颗粒、钢丝网采水泥泡沫板(舒乐板)、XPS挤塑板、硬泡聚氨酯现场喷涂、硬泡聚氨酯保温板等。

屋面保温材料有：陶瓷保温板、XPS挤塑板、EPS泡沫板、珍珠岩及珍珠岩砖、石灰炉渣、水泥蛭石及蛭石砖等。

热力、空调保温材料有：酚醛树脂、聚氨酯(防水保温一体化)、橡塑海绵、聚乙烯、聚苯乙烯泡沫、玻璃棉、岩棉等。

钢构保温材料有：聚苯乙烯、挤塑板、聚氨酯板、玻璃棉卷毡等。

无机保温材料有：发泡水泥、YT无机活性墙体保温材料。

1. 屋面保温隔热

保温隔热屋面适用于各种材料的屋面隔热保温。

1) 工程量计算规则

(1) 屋面保温、隔热层工程量按设计图示尺寸以面积计算,不扣除柱、垛所占的面积。

(2) 屋面保温层的排气管工程量按设计图示尺寸以延长米计算,不扣管件所占长度。保温层排气孔按设计图示数量以个计算。

2) 清单项目及工程内容

隔热保温工程清单项目包括保温隔热屋面、保温隔热天棚、保温隔热墙、保温柱和隔热楼地面等5个项目。各项目编码、项目名称、项目特征、计量单位、工程量计算规则及包含的工程内容详见"计价规范",其形式见表10-5。

表 10-5 隔 热 保 温

项目编码	项目名称	项目特征	计量单位	工程量计算规则	工程内容
010803001	保温隔热屋面	(1) 保温隔热部位 (2) 保温隔热方式(内保温、外保温、夹心保温) (3) 踢脚线、勒脚线保温做法 (4) 保温隔热面层材料品种、规格、性能 (5) 保温隔热材料品种、规格 (6) 隔气层厚度 (7) 粘结材料种类 (8) 防护材料种类	m²	按设计图示尺寸以面积计算。不扣除柱、垛所占面积	(1) 基层清理 (2) 铺粘保温层 (3) 刷防护材料
010803002	保温隔热天棚				
010803003	保温隔热墙			按设计图示尺寸以面积计算。扣除门窗洞口所占面积;门窗洞口侧壁需做保温时,并入保温墙体工程量内	(1) 基层清理 (2) 底层抹灰 (3) 粘贴龙骨 (4) 填贴保温材料 (5) 粘贴面层 (6) 嵌缝 (7) 刷防护材料
010803004	保温柱			按设计图示以保温层中心线展开长度乘以保温层高度计算	
010803005	隔热楼地面			按设计图示尺寸以面积计算。不扣除柱、垛所占面积	(1) 基层清理 (2) 铺设粘贴材料 (3) 铺贴保温层 (4) 刷防护材料

屋面保温隔热的工程内容包括:①基层清理;②铺贴保温层;③刷防护材料。

3) 注意事项

编制屋面保温隔热工程量清单时应注意:

(1) 屋面保温隔热层上的防水层应按屋面的防水项目单独列项。

(2) 预制隔热板屋面的隔热板与砖墩分别按混凝土工程和砌筑工程的相关项目编码列项。

(3) 屋面保温隔热的找坡、找平层应包括在报价内,如果屋面防水层项目包括找平层和找坡,则不再计算屋面保温隔热,以免重复计算。

2. 天棚面保温隔热

保温隔热天棚适用于各种材料的下贴式或吊顶上搁置式的保温隔热的天棚。

1) 工程量计算规则

天棚保温层工程量按设计图示尺寸以面积计算,不扣除柱、垛所占的面积。柱帽保温隔热层按图示保温隔热层面积并入天棚保温隔热层工程量内。

2) 清单项目及工程内容

天棚保温清单项目见表10-5。

天棚保温清单项目的工程内容包括:①基层清理;②铺粘保温层;③刷防护材料。

3) 注意事项

编制清单时应注意：

（1）下贴式保温隔热天棚如需底层抹灰时，应包括在报价内。

（2）保温隔热材料需加药物防虫剂时，应在清单中进行描述。

3. 楼地面保温隔热

1) 工程量计算规则

（1）地面隔热层工程量按设计图示尺寸以面积计算，不扣除柱、垛所占的面积。

（2）块料隔热层工程量不扣除附墙烟囱、竖风道、风帽底座、屋顶小气窗、水斗和斜沟的面积。

2) 清单项目及工程内容

楼地面保温隔热清单项目见表 10-5。

楼地面保温隔热清单项目的工程内容包括：①基层清理；②铺设粘贴材料；③铺贴保温层；④刷防护材料。

3) 注意事项

池槽保温隔热编制清单时，池壁、池底应分别编码列项，池底应并入地面保温隔热工程量内。

4. 墙、柱面保温隔热

保温隔热墙、柱面适用于工业与民用建筑物的外墙、内墙、柱面保温隔热工程。

1) 工程量计算规则

（1）墙体保温隔热层工程量按设计图示尺寸以面积计算，扣除门窗洞口所占面积；门窗洞口侧壁需做保温时，并入保温墙体工程量内。

（2）柱保温层工程量按设计图示以保温层的中心线展开长度乘以保温层高度计算。

2) 清单项目及工程内容

保温隔热墙、柱面清单项目见表 10-5。

保温隔热墙、柱面清单项目的工程内容包括：①基层清理；②底层抹灰；③粘贴龙骨；④填贴保温材料；⑤粘贴面层；⑥嵌缝；⑦刷防护材料。

3) 注意事项

（1）池槽保温隔热：池壁、池底应分别编码列项，池壁应并入墙面保温隔热工程量内。

（2）编制保温隔热墙清单时应注意：

① 外墙内保温的内墙保温踢脚线应包括在报价内。

② 外墙外保温、内保温、内墙保温的基层抹灰或刮腻子应包括在报价内。

（3）保温隔热墙的装饰面层应按装饰工程墙的柱面项目编码列项。

【例 10-5】 如图 10.5 所示冷库，设计

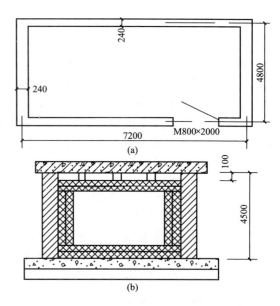

图 10.5 冷库房室内保温

时采用沥青贴软木保温层，厚 0.1m；顶棚做带木龙骨(400mm×400mm，间距 400mm×400mm)的保温层，墙面用 1∶1∶6 的水泥石灰砂浆 15mm 打底附墙贴软木，地面直接铺保温层。门为保温门，不需考虑门及框的保温。根据《建设工程工程量清单计价规范》(GB 50500—2008)和《广东省建筑与装饰工程综合定额》(2010)完成下列内容。

(1) 编制此保温隔热工程的工程量清单。
(2) 分析分部分项工程工程量清单的综合单价。
(3) 计算分部分项工程清单项目费。

【解】 1) 编制清单项目

依据《建设工程工程量清单计价规范》(GB 50500—2008)，清单项目应设置为：

(1) 保温隔热天棚(010803002001)：带木龙骨贴软木 100mm 厚。
(2) 保温隔热墙(010803003001)：1∶1∶6 水泥石灰砂浆底，附墙沥青贴软木 100mm 厚。
(3) 隔热楼地面(010803005001)：沥青贴软木 100mm 厚。

2) 求工程量

清单工程量：

(1) 墙面保温(不计门框)：$(7.2-0.24-0.1+4.8-0.24-0.1)\times 2 \times (4.5-0.1-0.1-0.1)-0.8\times 2 = 93.49(m^2)$

(2) 地面保温：$(7.2-0.24)\times(4.8-0.24)=31.74(m^2)$

(3) 天棚保温：$(7.2-0.24)\times(4.8-0.24)=31.74(m^2)$

计价工程量：

(1) 墙面抹底灰：$[(7.2-0.24)+(4.8-0.24)]\times 2\times 4.5-0.8\times 2=102.08(m^2)$

(2) 墙面保温(不计门框)：$93.49(m^2)$

(3) 地面保温：$31.74(m^2)$

(4) 天棚保温：$31.74(m^2)$

3) 编制工程量清单

工程量清单编制结果见分部分项工程量清单与计价表(表 10-6)。

表 10-6 分部分项工程量清单与计价表

工程名称： 标段： 第 页 共 页

序号	项目编码	项目名称	项目特征描述	计量单位	工程量	综合单价	合价	其中：暂估价
1	010803002001	保温隔热天棚	带木龙骨贴软木 100mm 厚	m²	31.74	—	—	—
2	010803003001	保温隔热墙	1∶1∶6 水泥石灰砂浆底，附墙沥青贴软木 100mm 厚	m²	93.49	—	—	—
3	010803005001	隔热楼地面	沥青贴软木 100mm 厚	m²	31.74	—	—	—

4) 综合单价分析

工料机单价：人工按 90 元/工日计，其他(含管理费)均按《广东省建筑与装饰工程综合定额》(2010)取价，利润按人工费的 18% 计取。

计算方法与结果见综合单价分析表(表 10-7～表 10-9)。

建筑装饰工程计量与计价

表 10-7 综合单价分析表

工程名称:　　　　　　　　　　　　　　　　　　　　　　　　　　　　　　　　　　　第 1 页　共 3 页

项目编码	010803002001	项目名称		保温隔热天棚		计量单位		m²
				综合单价分析				
定额编号	子目名称	定额单位	工程数量	单价				合价
				人工费	材料费	机械费	管理费和利润	人工费	材料费	机械费	管理费和利润
A8-190	天棚保温(带木龙骨),沥青软木,混凝土下沥青铺贴,100mm 厚	100m²	0.010	3660.39	13164.85		958.80	36.60	131.65	0.00	9.59
人工单价				小　计				36.60	131.65	0.00	9.59
综合工日 90 元/工日				未计价材料费				0.00			
				综合单价				177.84			
材料费明细	主要材料名称、规格、型号			单位	数量	单价/元		合价/元			
	圆钉(50~75)			kg	0.013	4.36		0.05			
	铁件(综合)			kg	0.455	5.81		2.64			
	杉木板			m³	0.008	1775.36		13.32			
	软木(50)			m³	0.099	850.00		83.73			
	木柴			kg	4.075	0.65		2.65			
	防腐油			kg	0.111	35.00		3.89			
	石油沥青(#30)			kg	8.858	2.80		24.80			
	其他材料费							0.57			
	材料费小计							131.65			

表10-8 综合单价分析表

工程名称：

项目编码	010803003001	项目名称	保温隔热墙	计量单位	m²

第2页 共3页

综合单价分析

定额编号	子目名称	定额单位	工程数量	单价				合价			
				人工费	材料费	机械费	管理费和利润	人工费	材料费	机械费	管理费和利润
A8-192	沥青贴软木附墙铺贴100mm厚	100m²	0.010	2585.52	11885.69		677.25	25.86	118.86		6.77
A10-1	底层抹灰各种墙面厚15mm，1:1:6水泥石灰砂浆底	100m²	0.010	1026.90	355.19		288.01	10.27	3.55		2.88
	人工单价				小 计			36.13	122.41	0.00	9.65
	综合工日 90元/工日				未计价材料费				0.00		
	综合单价								168.19		

材料费明细	主要材料名称、规格、型号	单位	数量	单价	合价
	圆钉(50~75)	kg	0.013	4.36	0.05
	复合普通硅酸盐水泥(P.C 32.5)	t	0.001	317.07	0.19
	软木(50)	m³	0.105	850.00	89.25
	木柴	kg	4.344	0.65	2.82
	石油沥青(#30)	kg	9.444	2.80	26.44
	水	m³	0.010	2.80	0.03
	水泥石灰砂浆(1:1:6)	m³	0.017	191.63	3.20
	其他材料费				0.42
	材料费小计				122.41

表 10-9 综合单价分析表

工程名称：

项目编码	010803005001	项目名称		隔热楼地面			计量单位			m³	第 3 页 共 3 页
定额编号	子目名称	定额单位	工程数量	综合单价分析							
				单价				合价			
				人工费	材料费	机械费	管理费和利润	人工费	材料费	机械费	管理费和利润
A8-212	楼地面隔热沥青贴软木100mm厚	100m²	0.010	2240.46	9441.14		586.86	22.40	94.41	0.00	5.87
	人工单价			小　计				22.40	94.41	0.00	5.87
	综合工日 90 元/工日			未计价材料费					0.00		
				综合单价					122.68		
材料费明细	主要材料名称、规格、型号						单位	数量	单价/元		合价/元
	软木(50)						m³	0.105	850.00		89.25
	木柴						kg	0.766	0.65		0.50
	石油沥青(#30)						kg	1.666	2.80		4.66
	其他材料费										
	材料费小计										94.41

5) 计算分部分项工程清单项目费

计算方法与结果见分部分项工程计价表(表10-10)。

表10-10 分部分项工程计价表

工程名称：　　　　　　　　　　　　标段：　　　　　　　　　　　　第 页 共 页

序号	项目编码	项目名称	项目特征描述	计量单位	工程量	金额/元		
						综合单价	合价	其中：暂估价
1	010803002001	保温隔热天棚	带木龙骨贴软木100mm厚	m²	31.74	177.84	5644.64	—
2	010803003001	保温隔热墙	1∶1∶6水泥石灰砂浆底，附墙沥青贴软木100mm厚	m²	93.49	168.19	15724.08	—
3	010803005001	隔热楼地面	沥青贴软木100mm厚	m²	31.74	122.68	3893.86	—
			小　　计				25262.58	

本 章 小 结

本章主要介绍了防腐、保温、隔热工程的分类和清单项目及工程内容、工程量计算规则、综合单价分析。

防腐工程主要分耐酸防腐和刷油防腐两大类。耐酸防腐包括整体面层、块料面层和耐酸防腐涂料等。整体面层防腐包括防腐混凝土面层、防腐砂浆面层、防腐胶泥面层、玻璃钢防腐面层等。隔热保温工程包括保温隔热屋面、保温隔热天棚、保温隔热墙、保温柱和隔热楼地面等。

防腐、保温、隔热工程定额工程量和清单工程量的计算规则基本一致。

整体面层防腐、隔离层和防腐涂料工程量按设计图示尺寸以面积计算。平面防腐：扣除凸出地面的构筑物、设备基础等所占的面积。立面防腐：砖垛等突出部分按展开面积并入墙面积内。聚氯乙烯板面层和块料防腐面层工程量按设计图示尺寸以面积计算。平面防腐：扣除凸出地面的构筑物、设备基础等所占面积。立面防腐：砖垛等突出部分按展开面积并入墙面积内。踢脚板防腐：扣除门洞所占面积并相应增加门洞侧壁面积。砌筑沥青浸渍砖工程量按设计图示尺寸以体积计算。

保温隔热屋面、保温隔热天棚和保温隔热楼地面工程量均按设计图示尺寸以面积计算，不扣除柱、垛所占的面积。保温隔热墙工程量按设计图示尺寸以面积计算，扣除门窗洞口所占面积；门窗洞口侧壁需做保温时，并入保温墙体工程量内。保温柱工程量按设计图示以保温层中心线展开长度乘以保温层高度计算。

本章习题

1. 防腐涂料工程量按设计图示尺寸以面积计算，平面防腐扣除（　　）等所占的面积。
   A. 凸出地面的构筑物　　　　　　B. 单个面积在 $0.3m^2$ 以内的孔洞
   C. 设备基础　　　　　　　　　　D. 柱、垛
2. 平面砌筑双层耐酸块料时，按单层面积乘以系数（　　）计算。
   A. 1.2　　　　　　　　　　　　B. 1.4
   C. 1.6　　　　　　　　　　　　D. 2
3. 在耐酸防腐工程中，块料防腐面层定额应用时以平面砌为准，砌立面者套平面砌相应子目，人工消耗量乘以系数（　　），踢脚板人工消耗量乘以系数（　　），其他不变。
   A. 1.38　　　　　　　　　　　　B. 1.5
   C. 1.56　　　　　　　　　　　　D. 1.78

第11章

楼地面工程工程量计算

教学目标

本章主要介绍了两种计价模式下楼地面工程量的计算方法：定额工程量和清单工程量。要求学生熟悉楼地面装修工程的施工工艺和流程，掌握定额计价方式下楼地面工程定额工程量的计算规则及方法，掌握清单计价方式下楼地面工程清单工程量的计算规则及方法、计价工程量（或称报价工程量）的计算规则及方法、综合单价的计算及分析方法。

教学要求

知识要点	能力要求	相关知识
定额计价	（1）能够根据给定的工程图纸正确计算楼地面工程的定额工程量 （2）能够进行楼地面工程各分项工程的定额换算	（1）楼地面的分类和构造 （2）整体面层和块料面层的分类及特点 （3）整体面层、块料面层楼地面工程量的计算规则 （4）踢脚线、楼梯、台阶等工程量的计算规则 （5）阳台、散水、零星项目等工程量的计算规则
清单计价	（1）能够根据给定的工程图纸正确计算楼地面工程的清单工程量 （2）能够根据给定的工程图纸结合工程施工方案正确计算楼地面工程的计价工程量（或称报价工程量） （3）能够正确计算楼地面各项清单的综合单价并进行综合单价分析	（1）整体面层、块料面层等地面清单工程量的计算规则及方法 （2）踢脚线、楼梯、台阶等清单工程量的计算规则及方法 （3）综合单价的计算方法

引言

楼地面随处可见，我们的教室有的地面是大理石，有的是瓷砖，有的是水磨石，有的是水泥楼地面等。那么这些楼地面有什么区别？楼地面下面的各层又是什么构造呢？楼地面各层的工程量又是如何计算的呢？

11.1 工程量计算准备(基础知识)

楼地面工程的内容包括楼面、地面、踢脚线、台阶、楼梯、扶手、栏杆、栏板、零星装饰等9节共43个清单项目。

1. 楼地面的构造

楼地面是指楼面和地面，其主要构造层次一般为基层、垫层、找平层和面层，必要时可增设填充层、隔离层、结合层等。楼地面的构造如图11.1所示。

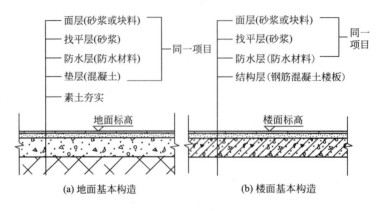

图 11.1 楼地面构造示意图

2. 楼地面的分类

楼地面的面层分为整体面层、块料面层等。

1) 整体面层

整体面层包括水泥砂浆、现浇水磨石、细石混凝土、菱苦土楼地面等。

(1) 水泥砂浆面层是在楼地面上抹的厚度为20～25mm、配合比为1∶1.5～1∶2.5的水泥砂浆，是应用最广泛的一种整体面层。

(2) 水磨石面层的做法是：在垫层上抹20mm厚、配合比为1∶3水泥砂浆。要求抹得很平，但不压光。砂浆干硬后弹线，镶玻璃条或铜条，铜条玻璃条高10mm，用稠膏状水泥浆粘牢成格，然后在每一个格内抹1∶2水泥石子浆，拍平并反复压实。待石子浆有适当强度后，用磨石机将表面磨光，然后清洗干净打蜡。

2) 块料面层

块料面层包括以下内容。

(1) 湿作业：大理石、花岗岩、汉白玉、抛光砖、预制水磨石块、陶瓷锦砖等。湿作业类的做法是：先在垫层上或钢筋混凝土楼板上抹1∶3水泥砂浆找平层，要抹得很平，但不抹光，然后用水泥砂浆或干粉型粘结剂或粘结粘贴。

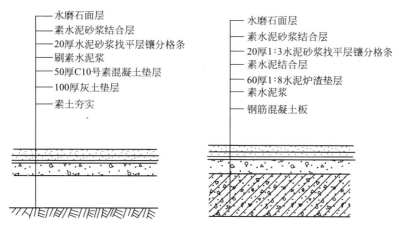

图 11.2 水磨石楼地面构造示意图

(2) 干作业：塑胶地板、地毯、木地板、防静电活动地板等。

① 橡塑面层：包括塑料面层和橡胶面层两类。

塑料地板主要指塑料地板革、塑料地板砖等材料，它是以 PVC、UP 等树脂为主要材料，加入其他辅助材料加工而成的预制或现场铺设的地面材料。塑料地板具有质轻、表面光滑、耐磨耐腐、易清洁、隔声防潮、色泽鲜艳、花色品种多、装饰效果好、加工方便、施工铺设方便、维修保养方便的特点；其主要缺点是耐久性较差、表面不耐刻划、易受烟头危害等。

橡胶地面：指在橡胶中掺入适量的填充料制成的地板铺贴而成的地面。填充料有烟片胶、氧化锌、硬脂酸、防老化粉和颜料等。橡胶地板表面可做成光平或带肋，带肋的橡胶地板多用于防滑走道上，厚度为 4～6mm。橡胶地板可制成单层或双层，也可根据设计制成各类色彩和花纹。橡胶地面具有良好的弹性、耐磨性、保温性、消声性，表面光而不滑，行走舒适，比较适用于展览馆、疗养院、阅览室、实验室等公共场合。(橡胶板：有天然橡胶板和合成橡胶板两种，是由高分子化合物制成的，具有弹性好、不透水、不透气、绝缘性好的优点。)

② 地毯：将羊毛、化纤、塑料及剑麻等，经手工或机织而成的地面覆盖材料。它具有隔声、吸声、隔热、防滑、脚感舒适、质感柔和、色彩图案丰富等特点，装饰效果高雅，施工简便。

地毯的种类：按材质分有纯毛地毯、混纺地毯、化纤地毯、塑料地毯和剑麻地毯。纯毛地毯又称羊毛地毯，是采用粗糙羊毛经手工或机织而成的，它弹性大、手感柔和、光泽足、抗静电性能好、不易老化和褪色，但耐菌性、耐虫性、耐温性较差，多用于高级宾馆会堂、舞台及卧室楼地面上。化纤地毯的外表与触感均像羊毛，而且它的耐磨、耐菌、耐虫、耐酸碱、耐湿性优于羊毛地毯，但回弹性、抗静电性较差，在阳光照射下老化较快。塑料地毯是采用聚氯乙烯树脂、增塑剂等辅助材料，经混炼、塑制而成的，性能差于化纤地毯，但耐湿性、耐腐蚀性、抗静电性较好。剑麻地毯具有耐酸碱、耐摩擦、尺寸稳定、无静电现象等特点，但手感粗糙，弹性较差。地毯的规格从尺寸上分有方块地毯(规格为 610mm×920mm～3050mm×4270mm)和成卷地毯(幅宽 900～4000mm，长 5～20m)。

③ 木地板：具有较强的质感，装饰地面会给人以温暖舒服的感觉，表面花纹精美且花纹多样，增加了地面的整体美。木地板的优点是自重轻、有弹性、易于加工、具有一定

的使用耐久性,不足之处是导热性能差,在使用中随着空气中湿度及温度的变化容易产生裂缝和翘曲,耐火性差,保养不善容易腐朽。

依构造方式不同,木地面基层可分为架空式木地板和实铺式木地板,如图11.3所示。

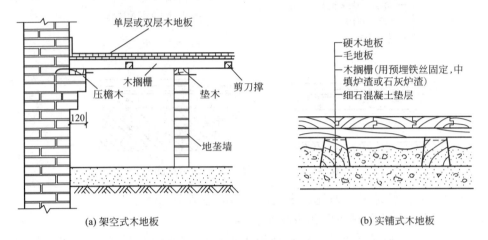

图11.3 木地板楼地面构造示意图

木地板面层主要有木板面层和拼花木板面层两种,木板面层又分单层面层和双层面层。单层木板面层是在木搁栅上直接钉企口板;双层木板面层是在木搁栅上先钉一层毛地板,再钉一层企口板;拼花木板面层是用加工好的拼花木板条铺钉于毛地板上或以沥青胶结料(或胶结剂)粘贴于水泥砂浆或混凝土的基层上,如图11.4所示。

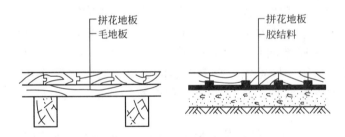

图11.4 拼花木板面层楼地面

在装饰工程中使用的高级木地板有柚木地板、水曲柳地板、柞木地板、白桦木地板、枫木地板等。楼地面铺贴木地板装饰工程适用于体育馆、会议馆、接待室、阅览室、办公室、游艺场、会客厅等场合。

④ 防静电活动地板(装配式地板)是由各种规格、型号和材质的防静电面板块、桁条(横梁)、支架等组合拼装而成。该地板具有质量轻、强度大、表面平整、尺寸稳定、面层质感好、装饰性好等特点,此外还具有防火、防虫鼠侵害、耐腐蚀等性能。架空部分可用于敷设电缆和各种管线。它适用于电子计算机房、通信中心、程控机房、实验室、电化教室等场合。

防静电面板主要有铝合金复合石棉塑料贴板、铸铝合金面板、塑料地板、平压刨花板面板等。横梁有镀锌钢板及铝合金横梁,支架有铸铝支架及钢铁支架等。面板尺寸约为600mm×600mm,支架高度一般为250~350mm,横梁间距约为550mm×550mm。选用材料时应根据设计要求、地面荷载及防静电的要求确定。活动地板的构造如图11.5所示。

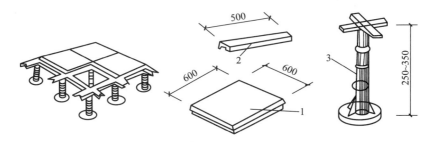

图 11.5 活动地板构造示意图
1—板面块 2—金属横梁 3—可调支架

⑤ 金属复合地板：利用真空镀膜技术喷镀一层金属膜，形成闪亮的金属地板，它可提高装饰效果。

11.2 定额计价方式下楼地面工程量计算

楼地面的基本组成部分：垫层、找平层及面层。定额中分为找平层、整体面层、块料面层和其他4个部分。

垫层的主要作用是传递荷载。找平层一般设在混凝土或者硬基层上，或填充材料上。其中，填充材料是指泡沫混凝土块、加气混凝土块、石灰炉渣、珍珠岩等。找平层常用的材料是水泥砂浆或细石混凝土。找平层的工程量按相应面层的工程量计算规则计算。面层分为整体面层及块料面层。

1. 整体面层定额工程量的计算

1) 计算规则

整体面层按设计图示尺寸以面积计算。扣除凸出地面构筑物、设备基础、室内管道、地沟等所占面积，不扣除间壁墙和 $0.3m^2$ 以内的柱、垛、附墙烟囱及孔洞所占面积。门洞、空圈、暖气包槽、壁龛的开口部分不增加面积。

2) 注意事项

计算主墙间的净面积时，应注意计算定额中要求的扣除和不扣除的面积。

【例 11-1】 试计算图 11.6 所示住宅水泥砂浆地面的工程量。

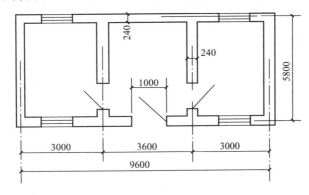

图 11.6 住宅楼地面平面图

【解】 水泥砂浆地面属于整体面层,按整体面层工程量的计算规则按主墙间净空面积计算:

工程量=(5.8-0.24)×(9.6-0.24×3)=49.37(m²)

【例 11-2】 如图 11.7 所示,房屋采用现浇水磨石地面,地面的做法为水磨石面层,素水泥砂浆结合层,20 厚水泥砂浆找平层镶分格条,刷素水泥浆,50 厚 C10 素混凝土垫层,100 厚灰土垫层,试求该水磨石地面的工程量。

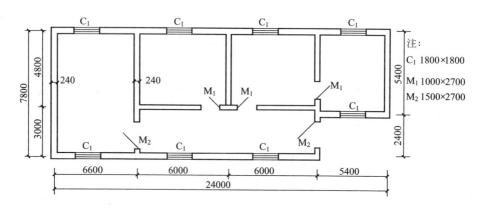

图 11.7 水磨石地面平面图

【解】 地面工程量=(6.6-0.24)×(7.8-0.24)+(6-0.24)×(4.8-0.24)×2+(12-0.24)×(3-0.24)+(5.4-0.24)×(5.4-0.24)=165.16(m²)

2. 块料面层(湿作业)定额工程量的计算

1) 计算规则

楼地面石材、块料面层按设计图示尺寸以面积计算。扣除凸出地面构筑物、设备基础、室内管道、地沟等所占面积,不扣除间壁墙、点缀和 0.3m² 以内的柱、垛、附墙烟囱及孔洞所占面积。门洞、空圈、暖气包槽、壁龛的开口部分不增加面积。

2) 注意事项

(1) 拼花、波打线(嵌边)按相应的楼地面块料面层工程量的计算规则计算。

(2) 点缀按个计算,计算主体铺贴地面面积时,不扣除点缀所占面积。

与整体面层的计算规则相比,不扣除部分增加了点缀的内容,楼地面点缀是一种简单的楼地面块料拼铺方式,即在块料的四角相交处各切去一个角,另镶一小块深艳色块料,起到点缀的作用。定额计算时不用扣除点缀。

【例 11-3】 计算楼地面工程量[见首层平面图(J-01)]。

1. 块料楼地面(厨房、卫生间除外)

(1) 首层:大厅:(4×5-0.18)×(5-0.18×2)=91.96(m²)

平台:(42-0.3×2×2)×(1.2-0.3)=36.72(m²)

S_1=91.96+36.72=128.68(m²)

(2) 二、三层:宿舍楼面:(4×9-0.18×10)×(5-0.18×2)=158.69(m²)

走廊:(1.5-0.2)×(42-0.2×2)=54.08(m²)

阳台:(1.8-0.2)×[(1.6+0.39+0.21-0.18)×7+(1.6+0.39+0.21-0.09-0.2)×2]=28.736(m²)

$S_2=(158.69+54.08+28.736)\times 2=241.506\times 2=483.012(m^2)$

（3）屋面楼梯间：$S_3=(3-0.18)\times(1.5-0.18)\times 2=7.44(m^2)$

所以二层以上：$S_2+S_3=483.012+7.44=490.452(m^2)$

2. 块料楼地面（厨房、卫生间）

（1）首层：厨房：$(4\times 3-0.18-0.09)\times(5-0.18\times 2)=54.43(m^2)$

卫生间：

女：$(2.80-0.18)\times(5-0.18\times 2)=12.16(m^2)$

男：$(1.42+1.2-0.12-0.09)\times(5-0.18\times 2)+(0.75+0.83+0.12-0.18)\times(1.5-0.12-0.18)-0.72=12.29(m^2)$

$$总卫生间=12.16+12.29=24.45(m^2)$$

厨房加卫生间：$S=54.43+24.72=78.88(m^2)$

（2）二、三层：卫生间：$(1.2+0.3+0.3-0.18)\times(1.8-0.18)\times 9\times 2=23.62\times 2=47.24(m^2)$

【例11-4】 某建筑物地面为1:2水泥砂浆花岗石（600mm×600mm），如图11.8所示找平层为1:3水泥砂浆，厚25mm，试计算块料面层的定额工程量。

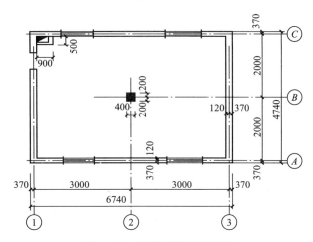

图11.8 花岗岩地面平面图

【解】 地面工程量$=(6-0.24)\times(4-0.24)-0.9\times 0.5=21.21(m^2)$

【例11-5】 如图11.9所示，试求某办公楼卫生间地面镶贴马赛克面层的工程量。

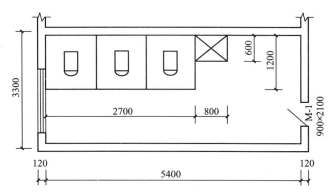

图11.9 马赛克地面平面图

【解】 马赛克地面工程量
=(5.4−0.24)×(3.3−0.24)−2.7×1.2−0.8×0.6=12.07(m^2)

3. 橡塑面层(干作业块料面层)定额工程量的计算

1) 计算规则

橡胶面层、塑料面层、地毯面层、木地板、防静电活动地板、金属复合地板面层工程量均按设计图示尺寸以面积计算。门洞、空圈、暖气包槽、壁龛的开口部分并入相应的工程量内。

2) 注意事项

橡胶面层、木地板等按实铺面积计算,计算时应注意各增加部分的面积,以免漏算。

【例 11−6】 某小型展厅铺设活动式地板,如图 11.10 所示,试求该活动式铝质地板的工程量。

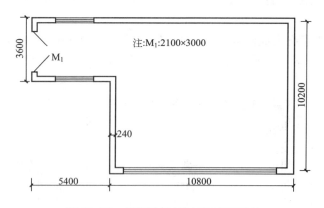

图 11.10 铝质地板(楼)地面平面图

【解】 活动式铝质地板工程量
=[5.4×(3.6−0.24)+(10.8−0.24)×(10.2−0.24)+2.1×0.24]
=(18.144+105.178+0.504)=123.826(m^2)

【例 11−7】 试计算图 11.11 所示试验室铺企口木地板的工程量。做法:木地板铺在楞木上,大楞木的尺寸为 50mm×60mm,中距为 500mm,小楞木的尺寸为 50mm×50mm,中距为 1000mm。

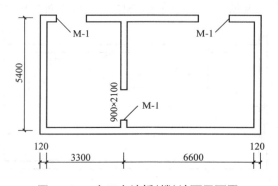

图 11.11 企口木地板(楼)地面平面图

【解】 按图示尺寸以实铺面积计算。

地板工程量＝(5.4－0.24)×(3.3－0.24)＋(5.4－0.24)×(6.6－0.24)＋0.9×0.24×3
　　　　　＝49.26(m²)

4. 踢脚线定额工程量的计算

踢脚线是地面与墙面相交处的处理构造，其主要功能是保护墙面，以防止墙面因受外界的碰撞而损坏，或在清洗地面时脏污墙面。踢脚线的高度为150～300mm。踢脚线的构造方式有3种：与墙面相平、凸出和凹进。有木踢脚线、水泥砂浆踢脚线、现浇水磨石踢脚线及其他块材等踢脚线。

1) 计算规则

踢脚线按设计图示尺寸用长度乘以高度以面积计算。（需说明一下，干作业的块料踢脚线与湿作业块料踢脚线及水泥砂浆踢脚线的计算长度不同。）

2) 注意事项

(1) 木地板踢脚线定额子目的适用高度在200mm以内，其余踢脚线定额子目的适用高度300mm以内。超过上述高度时，套用墙柱面的相应子目。

(2) 踢脚线底层抹灰按墙面底层抹灰子目执行。

(3) 楼梯踢脚线块料面层套踢脚线相应子目，其中人工、材料消耗量乘以系数1.15，其他不变。

【例11－8】 该项目踢脚线按块料踢脚线考虑，试计算该项目踢脚线的工程量[见首层平面图(J－01)]。

【解】

(1) 首层：[(4×8－0.18×2－0.09)×2＋(5－0.18×2)×2－3×2＋0.18×2×2]×0.12＝9.17(m²)

(2) 二、三层：[(4×9－0.18×10)×2＋(5－0.18×2)×18－1×9－0.8×9＋0.09×2×9×2)]×0.12×2
　　＝138.96×0.12×2＝16.68×2＝33.36(m²)

踢脚线工程量：9.17＋33.36＝42.53(m²)

【例11－9】 某房屋地面平面图及踢脚线如图11.12所示，室内水泥砂浆粘贴200mm高石材踢脚线，计算踢脚线工程量。

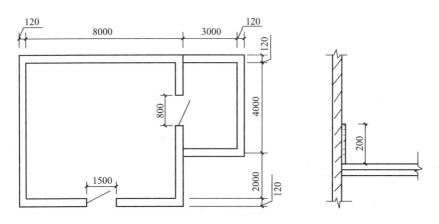

图11.12　某房屋(楼)地面平面图及踢脚线示意图

【解】 石材踢脚线工程量计算公式：踢脚线工程量＝踢脚线净长度×高度

踢脚线工程量＝[(8.00－0.24＋6.00－0.24)×2＋(4.00－0.24＋3.00－0.24)×2－1.50－0.80×2＋0.12×6]×0.20＝7.54(m²)

【例11-10】 计算图11.13所示工程在下列条件下的踢脚线工程量。

(1) 客厅为直线形大理石踢脚线，水泥砂浆粘贴，M4宽700mm。

(2) 卧室为榉木夹板踢脚线。两种材料踢脚线的高度均按150mm考虑。

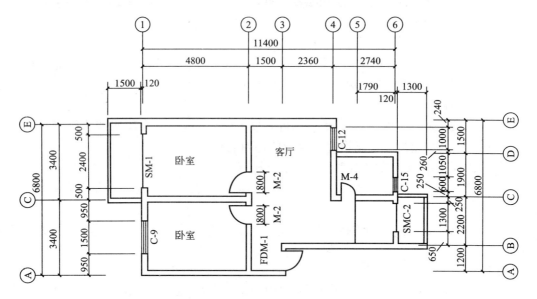

图11.13 某房屋(楼)地面平面图

【解】 (1) 大理石踢脚线工程量：

大理石踢脚线长度＝[(6.8－1.2－0.24)＋(1.5＋2.36－0.24)]×2－(2.2－0.24)＋1.2＋0.24×4＋(0.24＋0.06×2)＋2×(2.74－1.79＋0.12)－0.7－0.8×2＝17.40(m)

大理石踢脚线工程量＝17.40×0.15＝2.75(m²)

(2) 榉木夹板踢脚线工程量：

榉木夹板踢脚线长＝[(3.4－0.24)＋(4.8－0.24)]×4－2.40－0.8×2＋0.24×2(洞口侧面，不考虑SM-1门框厚)＝27.36(m)

榉木夹板踢脚线工程量＝27.36×0.15＝4.10(m²)

5. 楼梯面层定额工程量的计算

楼梯面层包括踏步、休息平台以及宽度小于500mm的楼梯井的表面。

1) 楼梯的计算规则及注意事项

(1) 计算规则：楼梯面层按设计图示尺寸以楼梯(包括踏步、休息平台及宽度小于500mm的楼梯井)水平投影面积计算。楼梯与楼地面相连时，算至梯口梁内侧边沿；无梯口梁者，算至最上一层踏步边沿加300mm。

(2) 注意事项：楼梯按水平投影面积计算，有梯口梁和无梯口梁时，计算位置有区别，计算时较易出错，初次学习时更应加以区分。另外，应注意层数减一的问题。

【例11-11】 计算楼梯工程量[见首层平面图(J-01)]。

【解】 首层楼梯：(3－0.18)×(5－0.18)×2＝27.18(m²)

二、三层楼梯：(3−0.18)×(5−0.18)×2×2=27.18×2=54.36(m²)

所以有：S=27.18+54.36=81.54(m²)

【例 11-12】 图 11.14 所示为某四层办公楼的楼梯平面，楼梯用大理石面层装饰，平台梁宽 250mm，楼梯井宽 300mm，试求楼梯工程量。

【解】

大理石楼梯工程量＝(1.5+3.0−0.12+0.25)×(3.0−0.24)×(4−1)=38.34(m²)

2) 扶手、栏杆、栏板装饰的计算规则及注意事项

(1) 计算规则：按设计图纸尺寸以扶手中心线长度(包括弯头长度)计算。

(2) 注意事项：弯头处工程量不包括在内，应另外计算；应注意层数减一的问题。

【例 11-13】 图 11.15 所示为五层建筑的楼梯，扶手为不锈钢管的直线型(其他)栏杆，计算栏杆扶手工程量。栏杆扶手伸入平台 150mm。

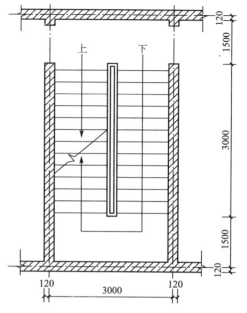

图 11.14 某楼梯平面图

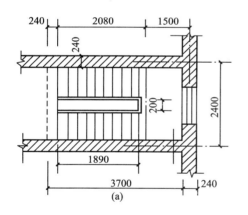

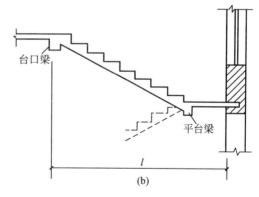

图 11.15 某楼梯示意图

【解】

楼梯扶手(栏杆)工程量＝每层水平投影长度×(n−1)×1.15【系数】+顶层水平扶手长度＝(1.89+0.15×2【伸入长度】+0.2【井宽】)×2×(5−1)×1.15+(2.4−0.24−0.2)÷2=22.97(m)

3) 防滑条的计算规则

对于人流量较大的楼梯，踏步表面应考虑防滑措施。通常是在靠踏步阳角部位做防滑条，防滑条所用材料可选用水泥铁屑、金刚砂、金属条等。塑料防滑条用在楼梯踏步的直角处，它的耐磨性好，比水泥或钢筋做的防滑条美观。

计算规则：楼梯及台阶面层防滑条按设计图示尺寸以长度计算。设计图纸未注明长度

时，防滑条按踏步两端距离各减 150mm 计算。水磨石嵌铜条、防滑条按设计图示尺寸以长度计算。

6. 台阶面层定额工程量的计算

台阶是连接两个高低地面的交通踏步阶梯，由踏步和平台组成，有单面踏步式、三面踏步式等形式。有时为突出台阶的正面，两侧还设置台阶牵边。台阶坡度较楼梯平缓，每级踏步高为 10～15cm，踏面宽为 30～40cm，当台阶高度超过 1m 时，宜设护栏。一般建筑的室内地面高于室外地面，为了便于进入，需根据室内外的高差设置台阶，室外门前为了便于车辆进出，常做坡道。

1) 计算规则

台阶面层按设计图示尺寸以台阶（包括最上层踏步边沿加 300mm）水平投影面积计算。

2) 注意事项

计算时应理解清楚台阶与平台的分界，以准确计算。

【例 11-14】 计算台阶工程量［见首层平面图(J-01)］。

室外台阶面积：$(42+0.3×2)×0.3×3+0.3×3×2×(1.2-0.3)=39.96(m^2)$

室内男厕台阶面积：$0.9×(0.5+0.3)=0.72(m^2)$

【例 11-15】 某建筑物台阶如图 11.16 所示，试计算现浇剁假石台阶面层工程量。

【解】 现浇水磨石台阶面层工程量$=3×0.3×3=2.70(m^2)$

现浇水磨石平台面层工程量$=(2.1-0.3)×3=5.40(m^2)$

【例 11-16】 某建筑物门前台阶如图 11.17 所示，试计算贴大理石面层的工程量。

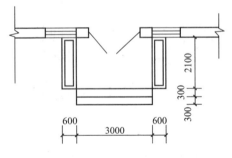

图 11.16 某台阶平面图

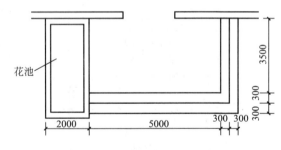

图 11.17 门前台阶图

【解】 台阶贴大理石面层的工程量为：

$(5.0+0.3×2)×0.3×3+(3.5-0.3)×0.3×3=7.92(m^2)$

平台贴大理石面层的工程量为：$(5.0-0.3)×(3.5-0.3)=15.04(m^2)$

1. 阳台、散水、防滑坡道及其他定额工程量的计算

1) 计算规则

(1) 阳台、雨篷的面层抹灰并入相应的楼地面抹灰项目计算。雨篷顶面带反檐或反梁者，其工程量乘以系数 1.20。

(2) 散水、防滑坡道按设计图示尺寸以面积计算。

(3) 零星装饰按设计图示尺寸以面积计算。梯级拦水线按设计图示尺寸以水平投影面积计算。

11.3 清单计价方式下楼地面工程量计算

1. 整体面层清单工程量清单（表 11-1）

表 11-1 整体面层工程量清单

项目编码	项目名称	项目特征	计量单位	工程量计算规则	工程内容
020101001	水项目泥砂浆楼地面	（1）垫层材料种类、厚度 （2）找平层厚度、砂浆配合比 （3）防水层厚度、材料种类 （4）面层厚度、砂浆配合比	m²	按设计图示尺寸以面积计算。扣除凸出地面构筑物、设备基础、室内铁道、地沟等所占面积，不扣除间壁墙和 0.3m² 以内的柱、垛、附墙烟囱及孔洞所占面积。门洞、空圈、暖气包槽、壁龛的开口部分不增加面积	（1）基层清理 （2）垫层铺设 （3）抹找平层 （4）防水层铺设 （5）抹面层 （6）材料运输
020102002	现浇水磨石楼地面	（1）垫层材料种类、厚度 （2）找平层厚度、砂浆配合比 （3）防水层、材料种类 （4）面层厚度、水泥石子浆配合比 （5）材料品类、规格 （6）石子种类、规格、颜色 （7）颜料种类、颜色 （8）图案要求 （9）磨光、酸洗、打蜡要求	m²		（1）基层清理、铺设垫层、抹找平层 （2）防水层铺设、填充层 （3）面层铺设 （4）嵌缝 （5）刷防护材料 （6）酸洗、打蜡 （7）材料运输
020101003	细石混凝土地面	（1）垫层材料种类、厚度 （2）找平层厚度、砂浆配合比 （3）防水层厚度、材料种类 （4）面层厚度、混凝土强度等强	m²		（1）基层清理 （2）垫层铺设 （3）抹找平层 （4）防水层铺设 （5）面层铺设 （6）材料运输

2. 块料面层清单工程量清单（表 11-2）

表 11-2 块料面层清单工程量清单

项目编码	项目名称	项目特征	计量单位	工程量计算规则	工程内容
020102001	石材楼地面	（1）垫层材料种类、厚度 （2）找平层厚度、砂浆配合比 （3）防水层、材料种类 （4）填充材料种类、厚度 （5）结合层厚度、砂浆配合比 （6）面层材料品种、规格、品牌、颜色 （7）嵌缝材料种类 （8）防护层材料种类 （9）酸洗、打蜡要求	m²	按设计图示尺寸以面积计算。扣除凸出地面构筑物、设备基础、室内铁道、地沟等所占面积，不扣除间壁墙和 0.3m² 以内的柱、垛、附墙烟囱及孔洞所占面积。门洞、空圈、暖气包槽、壁龛的开口部分不增加面积	（1）基层清理、铺设垫层、抹找平层 （2）防水层铺设、填充层 （3）面层铺设 （4）嵌缝 （5）刷防护材料 （6）酸洗、打蜡 （7）材料运输
020102002	块料楼地面				

【例 11-17】 计算楼地面清单工程量［见首层平面图(J-01)］。

【解】 清单工程量同定额工程量,工程量清单与计价表见表 11-3。

表 11-3 分部分项工程量清单与计价表

工程名称:　　　　　　　　　　标段:　　　　　　　　　第 页 共 页

序号	项目编码	项目名称	项目特征描述	计量单位	工程量	金额/元 综合单价	合价
1	020102002004	块料地面(首层)	(1)垫层材料种类、厚度:素土分层夯实,每层夯实厚度不大于 200mm,C10 素混凝土 150mm 厚 (2)找平层厚度、砂浆配合比:20mm 厚 1:2.5 水泥砂浆找平层 (3)面层材料品种、规格、品牌、颜色:3mm 厚纯水泥浆粒贴 8mm 厚 600mm×600mm 白色抛光地砖	m²	128.68	—	—
2	020102002001	块料楼地面(首层厨厕)	(1)垫层材料种类、厚度:素土分层夯实,每层夯实厚度不大于 200mm,C10 素混凝土 150mm 厚 (2)找平层厚度、砂浆配合比:20mm 厚 1:3 水泥砂浆找平层 (3)面层材料品种、规格、品牌、颜色:3mm 厚纯水泥浆贴 400mm×400mm 防滑无釉砖	m²	78.88	—	—
3	020102002002	块料楼面(二层以上)	(1)找平层厚度、砂浆配合比:20mm 厚 1:2.5 水泥砂浆找平层 (2)面层材料品种、规格、品牌、颜色:3mm 厚纯水泥浆粒贴 8mm 厚 600mm×600mm 白色抛光地砖	m²	490.452	—	—
4	020102002005	块料楼地面(二层以上厨厕)	(1)找平层厚度、砂浆配合比:20mm 厚 1:3 水泥砂浆找平层 (2)面层材料品种、规格、品牌、颜色:3mm 厚纯水泥浆贴 400mm×400mm 防滑无釉砖	m²	47.24	—	—

3. 橡塑面层清单工程量的计算

橡塑面层包括橡胶板、橡胶卷材、塑料板、塑料卷材楼地面 4 个清单项目。

橡塑面层各清单项目适用于用粘结剂粘贴橡塑楼面、地面面层工程。

1) 计算规则

按设计图示尺寸以面积计算。门洞、空圈、暖气包槽、壁龛的开口部分并入相应的工程量内。

2) 工程内容

工程内容包括基层清理、抹找平层、铺设填充层、面层铺贴、压缝条装钉、材料运输。

4. 其他材料面层工程量的计算

其他材料面层包括楼地面地毯、竹木地板、防静电活动地板、金属复合地板4个清单项目。

1) 计算规则

按设计图示尺寸以面积计算。门洞、空圈、暖气包槽、壁龛的开口部分并入相应的工程量内。

2) 工程内容

工程内容包括基层清理、抹找平层、铺设填充层、铺贴面层、刷防护材料、材料运输。

各清单项目除了需要完成以上工程内容外，还有下列工作内容需要完成。

(1) 楼地面地毯：装钉压条。
(2) 竹木地板：龙骨铺设、基层铺设、刷油漆。
(3) 防静电活动地板：固定支架安装、活动面层安装。
(4) 金属复合地板：龙骨铺设、基层铺设。

5. 踢脚线清单工程量的计算

踢脚线包括水泥砂浆踢脚线、石材踢脚线、块料踢脚线、现浇水磨石踢脚线、塑料板踢脚线、木质踢脚线、金属踢脚线、防静电踢脚线8个清单项目。

1) 计算规则

按设计图示长度乘以高度以面积计算。

2) 工程内容

工程内容包括基层清理、底层抹灰、面层铺贴、勾缝、磨光、酸洗、打蜡、刷防护材料、材料运输。

【例11-18】 计算踢脚线清单工程量[见首层平面图(J-01)]。

【解】 清单工程量同定额工程量，工程量清单与计价表见表11-4。

表11-4 分部分项工程量清单与计价表

工程名称：　　　　　　　　　　标段：　　　　　　　　　　第 页 共 页

序号	项目编码	项目名称	项目特征描述	计量单位	工程量	金额/元	
						综合单价	合价
1	020105003001	块料踢脚线	1. 踢脚线高度：100mm 2. 面层材料品种、规格、品牌、颜色：釉面砖 600mm×100mm×10mm	m²	41.412	—	—

6. 楼梯清单工程量的计算

楼梯装饰包括石材、块料、水泥砂浆、现浇水磨石、地毯、木板楼梯面6个清单项目。

1) 计算规则

按设计图示尺寸以楼梯（包括踏步、休息平台及宽度小于500mm的楼梯井）水平投影面积计算。楼梯与楼地面相连时，算至梯口梁内侧边沿；无梯口梁者，算至最上一层踏步边沿加300mm。

2) 工程内容

工程内容包括基层清理、抹找平层、抹面层、抹防滑条、材料运输。

除具有以上的共同特征外，个别项目还需要完成下列工程内容。

(1) 石材、块料楼梯面层：包含贴嵌防滑条、勾缝、刷防护材料、酸洗、打蜡。

(2) 水泥砂浆楼梯面：包含抹防滑条。

(3) 现浇水磨石楼梯面：包含抹防滑条、磨光、酸洗、打蜡。

(4) 地毯楼梯面：包含固定配件安装、刷防护材料。地毯固定配件是用于固定地毯的压棍脚和压棍。

(5) 木板楼梯面：包含基层铺贴、刷防护材料。

【例11-19】 计算楼梯清单工程量［见首层平面图(J-01)］。

【解】 清单工程量同定额工程量，工程量清单与计价表见表11-5。

表11-5 分部分项工程量清单与计价表

工程名称：　　　　　　　标段：　　　　　　　第 页 共 页

序号	项目编码	项目名称	项目特征描述	计量单位	工程量	金额/元	
						综合单价	合价
1	020106002001	块料楼梯面层	(1) 找平层厚度、砂浆配合比：20mm厚1:2.5水泥砂浆找平层 (2) 面层材料品种、规格、品牌、颜色：300mm×300mm耐磨、防滑楼梯砖	m²	81.54	—	—

7. 扶手、栏杆、栏板清单工程量的计算

扶手、栏杆、栏板装饰包括金属、硬木、塑料扶手带栏杆、栏板及金属、硬木、塑料靠墙扶手6个清单项目。

扶手、栏杆、栏板装饰项目适用于楼梯、阳台、走廊、回廊及其他装饰扶手、栏杆、栏板。

1) 计算规则

按设计图纸尺寸以扶手中心线长度（包括弯头长度）计算。

2) 工程内容

工程内容包括制作、运输、安装、刷防护材料、刷油漆。

8. 台阶装饰清单工程量的计算

台阶装饰项目包括石材、块料、水泥砂浆、现浇水磨石、剁假石台阶面5个清单项目。

1) 计算规则

按设计图示尺寸以台阶(包括最上层踏步边沿加 300mm)水平投影面积计算。

2) 工程内容

工程内容包括基层清理、铺设垫层、抹找平层、面层铺贴(或抹面层)、材料运输。

除具有以上的共同特征外,个别项目还需要完成下列工程内容。

(1) 石材、块料台阶面:包含贴嵌防滑条、勾缝、刷防护材料。

(2) 水泥砂浆台阶面:包含抹防滑条。

(3) 现浇水磨石台阶面:包含贴嵌防滑条、磨光、酸洗、打蜡。

(4) 剁假石台阶面:包含剁假石。

【例 11 - 20】 计算台阶清单工程量[见首层平面图(J - 01)]。

【解】 清单工程量同定额工程量,工程量清单与计价表见表 11 - 6。

表 11 - 6 分部分项工程量清单与计价表

工程名称:　　　　　　　　　　标段:　　　　　　　　　第 页 共 页

序号	项目编码	项目名称	项目特征描述	计量单位	工程量	金额/元	
						综合单价	合价
1	020108002001	块料台阶面(室外)	1. 找平层厚度、砂浆配合比:20厚 1:2.5 水泥砂浆找平层 2. 面层材料品种、规格、品牌、颜色:300mm×400mm 耐磨防滑砖	m²	39.96	—	—
2	020108002002	块料台阶面(首层男厕所室内台阶)	1. 找平层厚度、砂浆配合比:20厚 1:2.5 水泥砂浆找平层 2. 面层材料品种、规格、品牌、颜色:250mm×250mm 耐磨防滑砖	m²	0.72	—	—

9. 零星装饰项目清单工程量的计算

零星装饰项目包括石材零星项目、碎拼石材零星项目、块料零星项目、水泥砂浆零星项目。

零星装饰适用于楼梯、台阶侧面装饰及小面积(0.5m² 以内)少量分散的楼地面装饰,其工程部位或名称应在清单项目中进行描述。

1) 计算规则

按设计图示尺寸以面积计算。

2) 工程内容

工程内容包括清理基层、抹找平层、面层铺贴、勾缝、刷防护材料、酸洗、打蜡、材料运输。

11.4 楼地面综合案例分析

(1) 综合单价分析表见表 11 - 7～表 11 - 13。

表 11-7 综合单价分析表

工程名称：宿舍楼   第1页 共7页

项目编码	020102002004	项目名称	块料地面(首层)				计量单位	m²	清单工程量	128.68

				综合单价分析								
定额编号	定额名称	定额单位	工程数量	单价					合价				
				人工费	材料费	机械费	管理费	利润	人工费	材料费	机械费	管理费	利润
A9-68	楼地面陶瓷块料,每块周长在2600mm以内水泥砂浆	100m²	0.01	1105.73	7233.79		196.05	199.03	11.06	72.34		1.96	1.99
8001646	1:2水泥砂浆	m³	0.01	15.3	226.94	9.71		2.75	0.15	2.29	0.10		0.03
A9-1	楼地面水泥砂浆找平层混凝土或硬基层上20mm	100m²	0.01	272.8	37.89		48.37	49.1	2.73	0.38		0.48	0.49
8001651	1:2.5水泥砂浆	m³	0.02	15.3	206.37	9.71		2.75	0.31	4.17	0.20		0.06
A4-75	素土	10m³	0.012	314.16	457.34		90.32	56.55	3.77	5.49		1.08	0.68
A4-58	混凝土垫层	10m³	0.015	513.57	4.82		147.65	92.44	7.70	0.07		2.21	1.39
8021424	C10混凝土20石(搅拌站)	10m³	0.015	37.74	1892.26	125.71		6.79	0.57	28.81	1.91		0.1
人工单价			小计						26.3	113.55	2.21	5.74	4.73
综合工日51元/工日			未计价材料费										
			综合单价							152.53			

材料费明细	主要材料名称、规格、型号	单位	数量	单价/元	合价/元	暂估单价/元	暂估合价/元
	其他材料费			—	—		
	材料费小计			—	—		

表 11-8 综合单价分析表

工程名称：宿舍楼　　　　　　　　　　　　　　　　　　　　　　第 2 页　共 7 页

项目编码	020102002001	项目名称	块料楼地面（首层厨厕）				计量单位	m^2	清单工程量	79.15

综合单价分析												
定额编号	定额名称	定额单位	工程数量	单价					合价			
				人工费	材料费	机械费	管理费	利润	人工费	材料费	机械费	管理费	利润
A9-67	楼地面陶瓷块料，每块周长在2100mm以内水泥砂浆	100m^2	0.01	1003.83	6077.59		177.98	180.69	10.04	60.78		1.78	1.81
8001646	1:2水泥砂浆	m^3	0.01	15.3	226.94	9.71		2.75	0.15	2.29	0.10		0.03
A9-1	楼地面水泥砂浆找平层混凝土或硬基层上20mm	100m^2	0.01	272.8	37.89		48.37	49.1	2.73	0.38		0.48	0.49
8001656	1:3水泥砂浆	m^3	0.02	15.3	188.18	9.71		2.75	0.31	3.80	0.20		0.06
A4-75	素土	10m^3	0.012	314.16	457.34		90.32	56.55	3.77	5.49		1.08	0.68
A4-58	混凝土垫层	10m^3	0.015	513.57	4.82		147.65	92.44	7.70	0.07		2.21	1.39
8021424	C10混凝土20石（搅拌站）	10m^3	0.015	37.74	1892.26	125.71		6.79	0.58	28.91	1.92		0.1
人工单价			小计						25.32	101.74	2.21	5.57	4.56
综合工日51元/工日			未计价材料费									
综合单价									139.22			

材料费明细	主要材料名称、规格、型号	单位	数量	单价/元	合价/元	暂估单价/元	暂估合价/元
	其他材料费			—		—	
	材料费小计			—		—	

表 11-9 综合单价分析表

工程名称：宿舍楼　　　　　　　　　　　　　　　　　　　　　第3页　共7页

项目编码	020102002003	项目名称	块料楼面(二层以上)					计量单位	m²	清单工程量	490.45
综合单价分析											
定额编号	定额名称	定额单位	工程数量	单价					合价			
				人工费	材料费	机械费	管理费	利润	人工费	材料费	机械费	管理费	利润
A9-68	楼地面陶瓷块料,每块周长在2600mm以内水泥砂浆	100m²	0.01	1105.73	7233.79		196.05	199.03	11.06	72.34		1.96	1.99
8001646	1:2水泥砂浆	m³	0.01	15.3	226.94	9.71		2.75	0.15	2.29	0.10		0.03
A9-1	楼地面水泥砂浆找平层混凝土或硬基层上20mm	100m²	0.01	272.8	37.89		48.37	49.1	2.73	0.38		0.48	0.49
8001651	1:2.5水泥砂浆	m³	0.02	15.3	206.37	9.71		2.75	0.31	4.17	0.20		0.06
人工单价			小计						14.25	79.18	0.29	2.44	2.57
综合工日51元/工日			未计价材料费										
综合单价									98.73				
材料费明细	主要材料名称、规格、型号				单位		数量		单价/元	合价/元		暂估单价/元	暂估合价/元
	其他材料费								—	—			
	材料费小计								—	—			

表 11－10　综合单价分析表

工程名称：宿舍楼　　　　　　　　　　　　　　　　　　　　　　　　　　　　第 4 页　共 7 页

项目编码	020102002004	项目名称	块料楼地面(二层以上厨厕)			计量单位	m^2	清单工程量	47.24

综合单价分析													
定额编号	定额名称	定额单位	工程数量	单价					合价				
				人工费	材料费	机械费	管理费	利润	人工费	材料费	机械费	管理费	利润
A9－67	楼地面陶瓷块料，每块周长在2100mm以内水泥砂浆	100m^2	0.01	1003.83	6077.59		177.98	180.69	10.04	60.78		1.78	1.81
8001646	1∶2水泥砂浆	m^3	0.01	15.3	226.94	9.71	2.75		0.15	2.29	0.10		0.03
A9－1	楼地面水泥砂浆找平层混凝土或硬基层上20mm	100m^2	0.01	272.8	37.89		48.37	49.1	2.73	0.38		0.48	0.49
8001656	1∶3水泥砂浆	m^3	0.02	15.3	188.18	9.71	2.75		0.31	3.80	0.20		0.06
人工单价			小计					13.23	67.25	0.29	2.26	2.38
综合工日51元/工日			未计价材料费									
综合单价									85.41			

材料费明细	主要材料名称、规格、型号	单位	数量	单价/元	合价/元	暂估单价/元	暂估合价/元
	其他材料费				—		—
	材料费小计				—		—

表 11-11 综合单价分析表

工程名称：宿舍楼　　　　　　　　　　　　　　　　　　　　　　第 5 页　共 7 页

项目编码	020105003001	项目名称	块料踢脚线				计量单位	m^2	清单工程量	49.97
综合单价分析											
定额编号	定额名称	定额单位	工程数量	单价					合价			
				人工费	材料费	机械费	管理费	利润	人工费	材料费	机械费	管理费	利润
A9-73	铺贴陶瓷块料踢脚线水泥砂浆	100m^2	0.01	2311.27	2251.06		409.79	416.03	23.11	22.51		4.1	4.16
8001646	1：2 水泥砂浆	m^3	0.013	15.3	226.94	9.71		2.75	0.20	2.97	0.13		0.04
人工单价			小计					23.31	25.48	0.13	4.1	4.2
综合工日 51 元/工日			未计价材料费									
综合单价										57.22		

材料费明细	主要材料名称、规格、型号	单位	数量	单价/元	合价/元	暂估单价/元	暂估合价/元
	其他材料费				—		—
	材料费小计				—		—

表 11-12 综合单价分析表

工程名称：宿舍楼　　　　　　　　　　　　　　　　　　　　　　第 6 页　共 7 页

项目编码	020106002001	项目名称	块料楼梯面层				计量单位	m^2	清单工程量	81.54
综合单价分析											
定额编号	定额名称	定额单位	工程数量	单价					合价			
				人工费	材料费	机械费	管理费	利润	人工费	材料费	机械费	管理费	利润
A9-71	铺贴陶瓷块料楼梯水泥砂浆	100m^2	0.01	3608.25	4345.89		639.74	649.49	36.08	43.46		6.4	6.49
8001646	1：2 水泥砂浆	m^3	0.014	15.3	226.94	9.71		2.75	0.21	3.13	0.13		0.04
A9-4	水泥砂浆找平层楼梯 20mm	100m^2	0.01	1123.28	51.79		199.16	202.19	11.23	0.52		1.99	2.02
8001651	1：2.5 水泥砂浆	m^3	0.028	15.3	206.37	9.71		2.75	0.42	5.70	0.27		0.08

(续)

项目编码	020106002001	项目名称		块料楼梯面层			计量单位	m²	清单工程量	81.54
人工单价				小计			47.95	52.8	0.4	8.39	8.63
综合工日51元/工日				未计价材料费						
综合单价								118.17		
材料费明细	主要材料名称、规格、型号			单位	数量		单价/元	合价/元	暂估单价/元	暂估合价/元
	其他材料费						—	—		
	材料费小计						—	—		

表 11-13 综合单价分析表

工程名称：宿舍楼　　　　　　　　　　　　　　　　　　　　　　　第 7 页　共 7 页

项目编码	020108002001	项目名称		块料台阶面			计量单位	m²	清单工程量	40.41
综合单价分析										
定额编号	定额名称	定额单位	工程数量	单价				合价				
				人工费	材料费	机械费	管理费	利润	人工费	材料费	机械费	管理费	利润
A9-72	铺贴陶瓷块料台阶水泥砂浆	100m²	0.01	2716.01	4905.69		481.55	488.88	27.16	49.06		4.82	4.89
8001646	1:2 水泥砂浆	m³	0.015	15.3	226.94	9.71		2.75	0.23	3.38	0.14		0.04
A9-5	水泥砂浆找平层台阶高为20mm	100m²	0.01	781.37	56.15		138.54	140.65	7.81	0.56		1.39	1.41
8001651	1:2.5 水泥砂浆	m³	0.03	15.3	206.37	9.71		2.75	0.46	6.17	0.29		0.08
人工单价				小计					35.66	59.17	0.43	6.2	6.42
综合工日51元/工日				未计价材料费									
综合单价									107.88				
材料费明细	主要材料名称、规格、型号			单位	数量		单价/元	合价/元	暂估单价/元	暂估合价/元
	其他材料费						—	—		
	材料费小计						—	—		

(2) 分部分项工程报价表见表 11-14。

表 11-14 分部分项工程报价表

工程名称：宿舍楼　　　　　　　　　　　　　　　　　　　　　　　　　第 1 页 共 1 页

序号	项目编码	项目名称	项目特征	计量单位	工程数量	金额/元 综合单价	金额/元 合价
1	020102002004	块料地面（首层）	（1）垫层材料种类、厚度：素土分层夯实，每层夯实厚度不大于 200mm，C10 素混凝土 150mm 厚 （2）找平层厚度、砂浆配合比：20mm 厚，1∶2.5 水泥砂浆找平层 （3）面层材料品种、规格、品牌、颜色：3mm 厚纯水泥浆粒贴 8mm 厚 600mm×600mm 白色抛光地砖	m²	128.68	152.53	19627.56
2	020102002001	块料楼地面（首层厨厕）	（1）垫层材料种类、厚度：素土分层夯实，每层夯实厚度不大于 200mm，C10 素混凝土 150mm 厚 （2）找平层厚度、砂浆配合比：20mm 厚，1∶3 水泥砂浆找平层 （3）面层材料品种、规格、品牌、颜色：3mm 厚纯水泥浆贴 400mm×400mm 防滑无釉砖	m²	78.88	139.22	11019.26
3	020102002002	块料楼面（二层以上）	（1）找平层厚度、砂浆配合比：20mm 厚，1∶2.5 水泥砂浆找平层 （2）面层材料品种、规格、品牌、颜色：3mm 厚纯水泥浆粒贴 8mm 厚 600mm×600mm 白色抛光地砖	m²	490.452	98.73	48422.33
4	020102002005	块料楼地面（二层以上厨厕）	（1）找平层厚度、砂浆配合比：20mm 厚，1∶3 水泥砂浆找平层 （2）面层材料品种、规格、品牌、颜色：3mm 厚纯水泥浆贴 400mm×400mm 防滑无釉砖	m²	47.24	85.41	4034.77
5	020105003001	块料踢脚线	（1）踢脚线高度：100mm （2）面层材料品种、规格、品牌、颜色：600mm×100mm×10mm 釉面砖	m²	49.97	57.22	2859.28
6	020106002001	块料楼梯面层	（1）找平层厚度、砂浆配合比：20mm 厚 1∶2.5 水泥砂浆找平层 （2）面层材料品种、规格、品牌、颜色：300mm×170mm 耐磨、防滑楼梯砖	m²	81.54	118.17	9635.58
7	020108002001	块料台阶面		m²	40.41	107.89	4359.83
合计							99958.61

本 章 小 结

本章主要介绍了定额计价模式下和清单计价模式下楼地面工程量的计算方法及注意事项。

本章主要介绍了整体面层、块料面层及其他面层楼地面、台阶、楼梯、踢脚线、栏杆、扶手等装饰工程工程量的计算。要重点掌握整体面层、块料面层及其他面层的适用项目及计算方法；踢脚线的计算要注意是按设计图示长度乘以高度以面积计算；台阶及楼梯的计算是本章的难点，在理解计算规则的基础上，计算时应细致，避免出错。

清单计价模式下要计算的工程量有两个；一是清单工程量，二是计价程量。

清单工程量：严格按2008国家规范清单的计算原则来计算，每一个清单只对应一个清单工程量。

计价工程量：对应每一个清单规定的组成内容，所以一个清单的计价工程量可能是一个，也可能是多个，根据清单的组成内容来定。这些工程量的计算方法同定额工程量的计算方法，并且在量上与定额工程量相等。

本章要求学生掌握清单计价方式下楼地面清单工程量的计算规则及方法、计价工程量(或称报价工程量)的计算规则及方法、综合单价的计算及分析方法。

本 章 习 题

1. 什么是垫层，如何计算其工程量？
2. 其他面层包括哪些？整体面层与其他面层的清单及定额计算规则有什么不同？
3. 计算平台面层与台阶面层工程量时如何扣减？相同材质的台阶平台面层是否可以与地面面层合并？
4. 什么是压线条？什么是嵌条材料？
5. 某体操练功用房的地面铺木地板，其做法是：30mm×40mm木龙骨中距(双向)450mm×450mm；20mm×80mm松木毛地板45°斜铺，板间留2mm缝宽；上铺50mm×20mm企口地板，房间面积为30m×50m，门洞开口部分尺寸为1.5m×0.12m两处，计算木地板工程量。
6. 某展览厅的地面用1∶2.5水泥砂浆铺全瓷抛光地板砖，地板砖规格为1000mm×1000mm，地面实铺长度为40m，实铺宽度为30m，展览厅内有6个600mm×600mm的方柱，计算铺全瓷抛光地板砖工程量。
7. 图11.18所示为某办公楼入口处台阶平面图，采用水磨石台阶面，做法：底层为1∶2.5水泥砂浆，厚15mm，面层为1∶2.5水泥白石子浆，厚15mm，试求其工程量。
8. 某住宅采用金属复合地板，试求该复合地板的工程量，其地面平面图如图11.19所示。

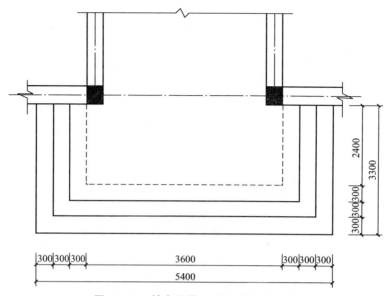

图 11.18 某办公楼入口处台阶平面图

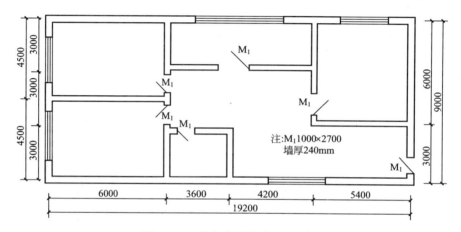

图 11.19 某住宅(楼)地面平面图

第12章

墙、柱面装修工程工程量计算

教学目标

本章主要介绍了两种计价模式下墙柱面抹灰工程、墙柱面镶贴块料工程、墙柱面木装饰工程、隔墙与隔断工程、幕墙工程的工程量计算方法：定额工程量和清单工程量。要求学生熟悉各种墙柱面装饰的种类及定额项目、清单设置，掌握定额计价方式下墙柱面装饰工程量的计算规则及方法；掌握清单计价方式下墙柱面装饰工程清单工程量的计算规则及方法、计价工程量(或称报价工程量)的计算规则及方法、综合单价的计算及分析方法。

教学要求

知识要点	能力要求	相关知识
定额计价	(1) 能够根据给定的工程图纸正确计算墙柱面装饰工程的定额工程量 (2) 能够进行墙柱面装饰各分项工程的定额换算	(1) 内外墙柱面的一般抹灰、装饰抹灰的构造做法、工程量的计算规则及方法 (2) 块料面层的构造做法、工程量的计算规则及方法 (3) 墙柱面木装饰的构造做法、工程量的计算规则及方法 (4) 各类隔墙隔断的构造做法、工程量的计算规则及方法 (5) 幕墙的构造做法、工程量的计算规则及方法
清单计价	(1) 能够根据给定的工程图纸正确计算墙柱面装饰工程的清单工程量 (2) 能够根据给定图纸结合工程施工方案正确计算墙柱面工程的计价工程量(或称报价工程量) (3) 能够正确计算墙柱面工程各项清单的综合单价并进行综合单价分析	(1) 墙柱面抹灰、镶贴块料、木装饰等清单工程量的计算规则及方法 (2) 隔墙及隔断清单工程量的计算规则及方法 (3) 幕墙清单工程量的计算规则及方法 (4) 综合单价的计算方法

引言

墙、柱面装饰装修工程分湿作业和干作业两大类。其中，湿作业类包括一般抹灰、装饰抹灰、镶贴块料面层等；而干作业类主要有饰面板（包括木装饰、金属饰面板和塑料饰面板及软包带衬板装饰板等）、隔断、幕墙等。这些装饰你都见过吗？其工程量应如何计算？

12.1 墙、柱面抹灰

墙、柱面抹灰包括一般抹灰、装饰抹灰、墙面勾缝3个项目。

1. 一般抹灰的概念及内容

一般抹灰工程指适用于石灰砂浆、水泥混合砂浆、聚合物水泥砂浆、麻刀灰、纸筋灰等材料的抹灰工程。一般抹灰由底层、中层、面层组成，如图12.1所示；按建筑物使用标准可分为普通抹灰、中级抹灰、高级抹灰3个等级。

(1) 普通抹灰是由一层底灰和一层面层组成的，也可不分层。其总厚度一般为：内墙厚度18mm、外墙厚度20mm。适用于简易住宅、大型临时设施、仓库及高标准建筑物的附属工程等。

(2) 中级抹灰是由一层底灰、一层中层和一层面层组成的。其总厚度一般为20mm。适用于一般住宅和公共建筑、工业建筑以及高标准建筑物的附属工程等。

(3) 高级抹灰是由一层底灰、数层中层和一层面层组成的。其总厚度一般为25mm。适用于大型公共建筑、纪念性建筑以及有特殊功能要求的高级建筑物。

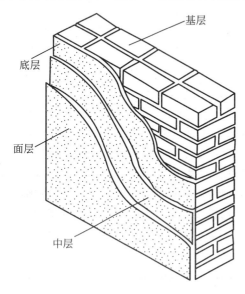

图 12.1 抹灰的构造组成

2. 装饰抹灰的概念及内容

装饰抹灰除有一般抹灰的功能外，还由于使用材料和施工方法的不同而生产各种形式的装饰效果。装饰抹灰常用的种类有以下几个。

(1) 水刷石：用普通水泥或白水泥、颜料、细石子调成1∶2的石子浆，涂抹在已抹底灰层的墙柱面上，待水泥浆半凝固时，用水洗刷掉面层水泥浆，使细石子半露，硬化后类似于天然石材。

(2) 斩假石（又称剁斧石）：将水泥石子浆涂抹在已抹底灰的墙柱面上，洒水养护2～3d后，用斧头在表面剁出深浅均匀一致、棱角整齐美观的剁纹，形成类似于粗面花岗岩的天然石材面。

(3) 水磨石：同楼地面水磨石。

12.1.1 定额计价方式下墙、柱面抹灰工程工程量计算

1. 定额工程量计算规则

（1）抹灰工程量按设计图示结构面以面积计算。

（2）墙面抹灰、墙面勾缝按设计图示尺寸以面积计算。扣除墙裙、门窗洞口及单个 $0.3m^2$ 以外的孔洞面积，不扣除踢脚线、挂镜线和墙与构件交接处的面积，门窗洞口和孔洞的侧壁及顶面不增加面积，飘窗另按墙面、地面、天棚面分别计算。附墙柱、梁、垛、烟囱侧壁并入相应的墙面面积内计算。

① 外墙抹灰按外墙垂直投影面积计算。如外墙为斜面时，按设计图示尺寸以斜面面积计算。

② 外墙裙抹灰按其长度乘以高度计算。

③ 内墙抹灰，按主墙间的净长乘以高度计算。无墙裙的，高度按室内楼地面至天棚底面计算；有墙裙的，高度按墙裙顶至天棚底面计算；无吊顶天棚的，由室内地面或楼面计至板底；有吊顶天棚的，其高度按室内地面或楼面至天棚另加100mm计算。

④ 内墙裙抹灰面按内墙净长乘以高度计算。

（3）独立柱面抹灰按设计图示尺寸以柱断面周长乘以高度以面积计算。

（4）独立梁面抹灰按设计图示尺寸以梁断面周长乘以长度以面积计算。

（5）独立柱、房上烟囱勾缝按设计图示尺寸以展开面积计算。

（6）栏板、栏杆（包括立柱）的抹灰按其抹灰垂直投影面积计算。

（7）零星项目抹灰按设计图示尺寸以面积计算。

（8）钉（挂）网按设计图示尺寸以面积计算。

（9）一般抹灰面层的分格、嵌塑料条按设计图示尺寸以延长米计算。

（10）装饰抹灰的分格、嵌缝按装饰抹灰面积计算。

2. 注意事项

（1）当定额中砂浆、水泥石子浆等的种类、配合比、材料型号规格与设计不同时，可按设计规定换算，但人工、机械台班消耗量不变。

（2）各种抹灰及块料面层定额均包括扫水泥浆。

（3）抹灰厚度按不同砂浆分别列在定额子目中，同类砂浆列总厚度，不同砂浆分别列出厚度，如定额子目中的15mm+10mm即表示两种不同砂浆的各自厚度。如设计抹灰厚度与定额不同时，除定额有注明厚度的子目可以换算外，其他不做调整。

（4）墙面垂直高度超过20m时，外墙抹灰厚度的增加条件：30m内增加厚度5mm，60m内增加10mm，90m内增加厚度15mm，90m以上增加厚度20mm，套"抹灰砂浆调整"的相应子目。

（5）墙面设计钉（挂）网者，钉（挂）网部分的墙面抹灰人工消耗量乘以系数1.30。

（6）圆柱、圆弧墙、锯齿型等不规则墙面抹灰套墙柱面抹灰相应子目，人工消耗量乘以系数1.15。

【例12-1】 宿舍工程首层内墙抹灰面积计算［见建施（J-01）］。

【解】 查阅建筑统一说明，内墙抹灰为15mm厚的1∶1∶6水泥石灰砂浆打底扫毛，5mm厚的1∶0.5∶3水泥石灰砂浆面层。

表 12-1 工程量计算书

顺序	工程项目或轴线说明	同样件数	工程量计算式 长/m	宽/m	高/m	小计	单位	数量
	墙柱面抹灰工程							
	首层各种墙面抹灰15mm厚的1∶1∶6水泥石灰砂浆打底，5mm厚的1∶0.5∶3水泥石灰砂浆批面							
1	首层大厅	1	20.0-0.18	5.0-0.18	3.8-0.12	181.350	m²	181.35
	附墙柱增加面	8	(0.3-0.18)×2×(3.8-0.2)			0.864	m²	6.91
	附墙梁KL4增加面	2	20.0-0.3×5	0.2-0.18		0.370	m²	0.74
	附墙梁KL3增加面	2	5-0.3	(0.25-0.18)/2		0.165	m²	0.33
2	首层厨房	1	12-0.36	5.0-0.18	3.8-0.12	121.150	m²	121.15
	附墙柱增加面	4	(0.3-0.18)×2×(3.8-0.2)			0.860	m²	3.44
	附墙梁KL4增加面	2	15-0.3×3-0.15	0.2-0.18		0.279	m²	0.56
	附墙梁KL3增加面	2	5-0.3	0.07+0.035		0.494	m²	0.99
3	①~②轴楼梯间		(3.5×2+1.4)×1.8+(4.82×2+2.82)×1.8=37.55					0.00
	附墙梁KL4增加面	1	3-0.3	0.2-0.18		0.054		0.05
	附墙梁KL3增加面	1	5-0.3	0.07		0.329		0.33
4	⑪~⑫轴楼梯间	1	3-0.18	5.0-0.18	3.8-0.12	12.18	m²	12.18
	附墙梁KL4增加面	1	20.0-0.3××5	0.2-0.18		0.37	m²	0.37
	附墙梁KL3增加面	1	5-0.3	0.07		0.329		0.33
5	扣门窗面积C1	14	3		2.4	-7.200		-100.80
	扣门窗面积M3	2	3		3.3	-9.900		-19.80
合计								208.13

12.1.2 清单计价方式下墙、柱面抹灰工程工程量计算

1. 清单工程量

1) 计算规则

(1) 墙面一般抹灰(020201001)、墙面装饰抹灰(020201002)、墙面勾缝(020201003)按设计图示尺寸以面积计算。扣除墙裙、门窗洞口及单个面积大于 0.3m 的孔洞面积,不扣除踢脚线、挂镜线和墙与构件交接处的面积,门窗洞口和孔洞的侧壁及顶面不增加面积。附墙柱、梁、垛、烟囱侧壁并入相应的墙面面积内。

① 外墙抹灰面积按外墙垂直投影面积计算。

② 外墙裙抹灰面积按其长度乘以高度计算。

③ 内墙抹灰面积按主墙间的净长乘以高度计算(无墙裙的,高度按室内楼地面至天棚底面计算;有墙裙的,高度按墙裙顶至天棚底面计算)。

④ 内墙裙抹灰面按内墙净长乘以高度计算。

(2) 柱面一般抹灰(020202001)、柱面装饰抹灰(020202002)、柱面勾缝(020202003)按按设计图示柱断面周长乘以高度以面积计算。

(3) 零星项目一般抹灰(020203001)、零星项目装饰抹灰(020203002)按设计图示尺寸以面积计算。

2) 注意事项

(1) 墙面抹灰不扣除与构件交接处的面积,即墙与梁的交接处所占面积不包括墙与楼板的交接处所占面积。

(2) 柱和梁的抹灰分两种情形分别处理:附墙柱、梁抹灰并入墙面抹灰面积计算;独立柱、独立梁抹灰分别以独立柱抹灰、独立梁抹灰面积计算。

(3) 外墙裙抹灰按其长度乘以高度计算,长度是指外墙裙的长度。

(4) 柱的一般抹灰和装饰抹灰及勾缝按柱断面的周长乘以高度计算,柱断面周长是指结构断面周长。

2. 计价工程量

1) 计价内容

(1) 墙柱面抹灰的计价内容。

① 基层清理。

② 砂浆制作、运输。

③ 底层抹灰。

④ 抹面层。

⑤ 抹装饰面。

⑥ 勾分格缝。

(2) 墙柱面勾缝的计价内容。

① 基层清理。

② 砂浆制作、运输。

③ 勾缝。

2) 注意事项

(1) 墙、柱面勾缝指清水砖、石墙加浆勾缝，不包括清水砖、石墙的原浆勾缝。

(2) 工程内容中的"抹面层"是指一般抹灰的普通抹灰、中级抹灰、高级抹灰的面层。

(3) 工程内容中的"抹装饰面"是指装饰抹灰(抹底灰、涂刷107胶溶液、刮或刷水泥浆液、抹中层、抹装面层)的面层。

12.2 墙、柱面镶贴块料

墙、柱面镶贴块料面层的种类主要有大理石、花岗岩、文化石、釉面砖、凹凸假麻石、瓷质锦砖、玻璃马赛克、河卵石等。

小规格块料(一般在400mm以下)采用粘贴法施工。

大规格的板材(大理石、花岗岩等)采用挂贴法(灌浆固定法)或干挂法(扣件固定法)施工。

12.2.1 定额计价方式下墙、柱面镶贴块料工程量计算

1. 工程量计算规则

(1) 块料面层工程量，除另有规定外，按设计图示尺寸以镶贴表面积计算。

(2) 墙面、墙裙镶贴块料按设计图示尺寸以镶贴表面积计算。墙面镶贴块料有吊顶天棚时，如设计图示高度为室内地面或楼面至天棚底，则镶贴高度为室内地面或楼面计至吊顶天棚另加100mm。

(3) 干挂石材钢骨架按设计图示尺寸以质量计算。

(4) 挂贴、干挂块料按设计图示尺寸以镶贴表面积计算。

(5) 柱面镶贴块料按设计图示尺寸以镶贴表面积计算。

(6) 梁面镶贴块料按设计图示尺寸以镶贴表面积计算。

(7) 零星镶贴块料按设计图示尺寸以镶贴表面积计算。

(8) 零星装饰块料镶贴按设计图示尺寸以镶贴表面积计算。

(9) 成品石材圆柱腰线、阴角线、柱帽、柱墩按外围饰面尺寸以延长米计算。

2. 工程内容

(1) 镶贴块料面层粘贴类的工作内容包括清理基层、调制砂浆、做结合层、刷粘结剂、镶贴块料、勾缝、清理表面等。

(2) 镶贴块料面层挂贴法、干挂法的工作内容包括清理基层、制作安装钢筋网或安装挂件、石料钻孔成槽、挂贴石料、灌浆或灌胶、清理表面、打蜡等。

3. 注意事项

(1) 墙柱面块料面层均未包括抹灰底层，计算时按设计要求分别套用相应的抹灰底层子目。

(2) 在墙、柱面等块料镶贴子目中，凡设计规定缝宽尺寸的，按疏缝相应子目计算；没有缝宽要求的，按密缝计算。图12.2、图12.3所示分别为墙砖疏缝排列和墙砖密缝排列示意图。

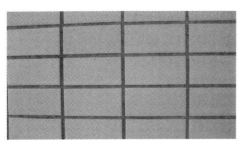

图 12.2 墙砖疏缝排列

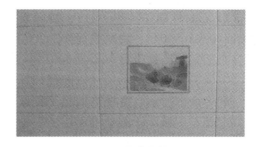

图 12.3 墙砖密缝排列

(3) 圆柱、圆弧墙、锯齿型等不规则墙面镶贴块料,套墙柱面镶贴相应子目,人工消耗量乘以系数 1.15。

(4) 定额墙身块料铺贴如设计为斜铺者,人工消耗量乘以系数 1.10,块料消耗量乘以系数 1.03。

(5) 走廊、阳台的栏板不带漏花整幅镶贴块料时,套用墙面子目。

(6) 零星抹灰和零星镶贴块料面层项目适用于挑檐、天沟、腰线、窗台线、门窗套、压顶、扶手、遮阳板、雨篷周边、碗柜、过人洞、暖气壁龛池槽、花台以及单体面积 0.5m² 以内少量分散的抹灰和块料面层。

【例 12-2】 计算宿舍工程图 J—01 中 2~3 层卫生间块料墙裙的工程量。

【解】 建施 J—00A 中卫生间墙裙面层材料为瓷片,高度至卫生间顶。根据计算规则,墙面、墙裙镶贴块料按设计图示尺寸以镶贴表面积计算。

工程量计算见表 12-2。

表 12-2 工程量计算表

工程名称:宿舍工程　　　　　　　　　　　　　　　　　　　　第　页　共　页

顺序	工程项目或轴线说明	同样件数	工程量计算式				单位	数量
			长/m	宽/m	高/m	小计		
1	2~3 层卫生间墙裙						m²	327.99
	墙裙面积	18	(1.8−0.18+1.8−0.18)×2		3.4	22.032	m²	396.58
	扣门窗面积 M6	18	0.70		3.00	−2.1	m²	−37.8
	扣门窗面积 C6	18	1.20		2.00	−2.4	m²	−43.2
	增加门侧洞面积	18	(0.7+3)2	0.05		0.37	m²	6.66
	增加窗侧洞面积	18	(1.2+2)×2	0.05		0.32	m²	5.75
备注:图纸中窗侧洞贴瓷片的宽度不详,此处取 50mm。								

12.2.2 清单计价方式下墙、柱面镶贴块料工程量计算

1. 清单工程量

1) 计算规则

(1) 石材墙面(020204001)、碎拼石材(020204002)、块料墙面(020204003)按设计图示尺寸以面积计算。

(2) 干挂石材钢骨架(020204004)按设计图示尺寸以质量计算。

(3) 石材柱面(020205001)、拼碎石材柱面(020205002)、块料柱面(020205003)、石材梁面(020205004)、块料梁面(020205005)按设计图示尺寸以镶贴表面积计算。

(4) 石材零星项目(020206001)、拼碎石材零星项目(020206002)、块料零星项目(020206003)按设计图示尺寸以面积计算。

如12.4图所示，方柱饰面层工程量＝$(a+b)\times 2\times$柱饰面高

如12.5图所示，圆柱饰面层工程量＝$\pi D\times$柱饰面高

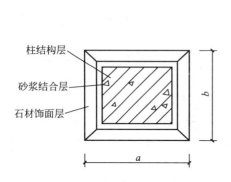

图 12.4 方柱饰面层计算示意图

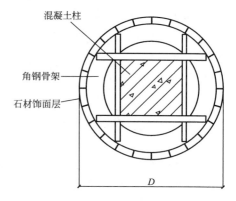

图 12.5 圆柱饰面层计算示意图

2．计价工程量

计价内容：

(1) 墙柱面镶贴块料的工程内容包括①基层清理；②砂浆制作、运输；③底层抹灰；④结合层铺贴；⑤面层铺贴；⑥面层挂贴；⑦面层干挂；⑧嵌缝；⑨刷防护材料；⑩磨光、酸洗、打蜡。

(2) 干挂石材钢骨架的工程内容包括①骨架制作、运输、安装；②骨架油漆。

12.3 木装饰工程

12.3.1 木装饰的构造

木装饰一般由龙骨、隔离层、基层和饰面层组成，如图12.6所示。

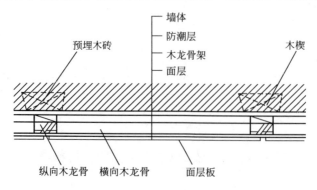

图 12.6 木饰面基本构造

1. 龙骨材料

1)木龙骨

木龙骨以方木为支承骨架,由上槛、下槛、主柱和斜撑组成,从墙壁构成上可为分单层木龙骨和双层木龙骨两种。

2)隔墙轻钢龙骨

隔墙轻钢龙骨采用镀锌铁皮、黑铁皮带钢或薄壁冷轧退火卷材带为原料,以准冷弯或冲压而成的轻隔墙骨架为支承材料。用黑铁皮制作的龙骨隔墙轻钢龙骨在出厂前均涂防锈漆层。其种类有:

(1)按截面形状分:有U形和C形龙骨。

(2)按其材料分:有镀锌钢带龙骨和薄壁冷轧退火卷带龙骨。

(3)按用途分:有沿顶龙骨、沿地龙骨、竖向龙骨、加强龙骨、通贯横撑龙骨和配件。

(4)按其尺寸规格分:有Q50(50系列)、Q75(75系列)和Q100(100系列)。

3)铝合金龙骨

铝合金龙骨具有质轻、耐蚀、耐磨、韧度大等特点。经氧化着色表面处理,可得到银白色、金色、青铜色和古铜色等颜色的龙骨,外表色泽雅致美观,经久耐用。铝合金龙骨与玻璃或其他材料组合,成为铝合金玻璃隔墙,其空间透视性好,制作简便,墙体结实牢固。隔断常用的铝合金龙骨有大方管、扁管等边槽和等边角。

2. 面层材料

面层材料有镜面玻璃、激光玻璃、玻璃砖、铝合金装饰板、镁铝曲面装饰板、彩色涂层钢板、不锈钢装饰板、铝塑装饰板、宝丽板、普通胶合板、硬质纤维板、人造革、装饰石膏板等。

12.3.2 定额计价方式下墙、柱面饰面板工程量计算

1. 工程量计算规则

(1)墙饰面工程量按设计图示墙净长乘以净高以面积计算。扣除门窗洞口及单个$0.3m^2$以上的孔洞所占面积。

(2)柱(梁)饰面工程量按设计图示饰面外围尺寸以面积计算。柱帽、柱墩并入相应柱饰面工程量内。

(3)龙骨、基层工程量按设计图示尺寸以面积计算,扣除门窗洞口及$0.3m^2$以上的孔洞所占面积。

2. 注意事项

(1)木装饰饰面层、隔墙(间壁)、隔断子目,除另有注明者外,均未包括压条、收边、装饰线(板)。

(2)装饰饰面层子目,除另有注明外,均不包含木龙骨、基层。

(3)定额木龙骨基层是按双向考虑的。设计为单向时,人工、材料消耗量乘以系数0.55。

(4)木龙骨如采用膨胀螺栓固定者,不得换算。

(5)面层、木基层均未包括刷防火涂料,如设计要求时,按"油漆涂料裱糊工程"章的相应规定计算。

12.3.3 清单计价方式下墙、柱面饰面板工程量计算

1. 清单工程量

（1）装饰板墙面（020207001）按设计图示墙净长乘以净高以面积计算。扣除门窗洞口及单个 0.3m² 以上的孔洞所占面积。

（2）柱（梁）面装饰工程量（020208001）按设计图示饰面外围尺寸以面积计算。柱帽、柱墩并入相应柱饰面工程量内。

2. 计价工程量

（1）计价内容。
① 基层清理。
② 砂浆制作、运输。
③ 底层抹灰。
④ 龙骨的制作、运输、安装。
⑤ 钉隔离层。
⑥ 基层铺钉。
⑦ 面层铺贴。
⑧ 刷防护材料、油漆。

（2）注意事项：定额中面层、木基层均未包括刷防火涂料，因此应按"油漆涂料裱糊工程"章的计算规则另行计算。

12.4 隔墙与隔断

隔墙和隔断都是用来划分空间的构件，两者的不同点是：隔墙将所划分的空间完全封闭，注重的是封闭功能；隔断限定空间而又不使被限定的空间之间完全割裂，是一种非纯功能性构件，而不是实的墙，隔断更注重的是装饰效果。

隔墙主要有木龙骨石膏板隔墙、轻钢龙骨石膏板隔墙、夹芯墙板、空心墙板、彩钢板隔墙；隔断主要有活动塑料隔断、木隔断、玻璃砖隔断、浴室厕隔断、玻璃隔断、铝扣板装饰隔断、塑钢隔断。图 12.7～图 12.10 所示分别为铝合金玻璃隔断、全玻璃隔断、厕所隔断和木隔断。

图 12.7 铝合金玻璃隔断

图 12.8 全玻璃隔断

图12.9 厕所隔断

图12.10 木隔断

12.4.1 定额计价方式下隔墙与隔断工程量计算

1. 工程量计算规则

(1) 隔断工程量,按设计图示框外围尺寸以面积计算。扣除单个0.3m²以上的孔洞所占面积;浴厕门的材质与隔断相同时,门的面积并入隔断面积内。

(2) 隔断的不锈钢边框,按边框展开面积计算。

(3) 全玻隔断如有加强肋者,肋玻璃工程量并入隔断内。

(4) 隔墙工程量,按设计图示墙净长乘以净高以面积计算,扣除门窗洞口及单个0.3m²以上的孔洞所占面积。

(5) 轻质墙板工程量,按设计图示尺寸以面积计算。

2. 注意事项

(1) 隔断、隔墙(间壁)所用的轻钢、铝合金龙骨,如设计不同时,可以调整,其他不变。

(2) 半玻璃隔断(隔墙)是指上部为玻璃隔断,下部为其他墙体,分别套用相应子目。

(3) 隔墙如有门窗者,扣除门窗面积。门窗按"门窗工程"章相应规定计算。

(4) 彩钢板隔墙,如设计金属面材厚度与定额不同时,材料可以换算,其他不变。

(5) 轻质墙板砌块墙需加钢丝网,钢丝网另行计算。

12.4.2 清单计价方式下隔断工程量计算

1. 清单工程量

1) 工程量计算规则

隔断(020209001),按设计图示框外围尺寸以面积计算。扣除单个0.3m²以上的孔洞所占面积;浴厕门的材质与隔断相同时,门的面积并入隔断面积内。

2) 注意事项

(1) 墙、柱饰面中的各类饰线应按压条、装饰线中的相应分项工程工程量清单项目编码列项。

(2) 设置在隔断上的门窗,可包括在隔墙项目报价内,也可单独编码列项,并在清单项目中进行描述。

2. 计价工程量

计价内容：
① 骨架及边框制作、运输、安装。
② 隔板制作、运输、安装。
③ 嵌缝、塞口。
④ 装钉压条。
⑤ 刷防护材料、油漆。

12.5 幕　　墙

幕墙是一种新型的外围结构及外装饰。幕墙构造是由主龙骨与建筑主体结构联结，通过联结由主体结构承受幕墙自重及风压等荷载。主龙骨间安装次龙骨，构成自身格构体系，嵌装玻璃或其他饰面材料，承受垂直及水平荷载。

幕墙按所采用材料不同可分为玻璃幕墙、铝塑板幕墙、石材板幕墙3种，而玻璃幕墙又可分为铝合金玻璃幕墙和全玻璃幕墙两种。全玻璃幕墙又分为带肋玻璃幕墙和不带肋玻璃幕墙两种。

12.5.1 定额计价方式下幕墙工程量计算

1. 工程量计算规则

（1）带骨架幕墙按设计图示框外围尺寸以面积计算。不扣除与幕墙同种材质的窗所占面积。

（2）全玻璃幕墙按设计图示尺寸以面积计算。不扣除明框、胶缝所占的面积，但应扣除吊夹以上钢结构部分的面积。带肋全玻璃幕墙按设计图示尺寸以展开面积计算，肋玻璃面积另行计算并入幕墙内。

（3）幕墙的上悬窗增加费按窗扇设计图示外围尺寸以面积计算。

（4）干挂石材钢骨架、点支式全玻璃幕墙钢结构桁架按设计图示尺寸以质量计算。

（5）幕墙防火隔断按其设计图示尺寸以镀锌板的展开面积计算。

2. 注意事项

（1）除有规定之外，本章的定额子目所用材料，如设计要求与定额不同，则材料可换算，其他不变。

（2）幕墙开启窗部分为滑撑联动上悬窗，上悬窗的玻璃及结构胶、耐候胶已含在幕墙内。

（3）本章未包括施工验收规范中要求的检测、试验所发生的费用。

（4）幕墙项目均不包括预埋铁件、后置埋件、植筋等，如发生时则另行计算。

（5）点支式支撑全玻璃幕墙、点支式光棚不包括承载受力结构。

（6）一套不锈钢玻璃爪包括驳接头、驳接爪、钢底座。定额不分爪数，设计不同时材料可以换算。

(7) 幕墙中的防雷装置的连接及与防雷装置的焊接定额已综合考虑,如设计要求独立防雷装置时则另行计算。

(8) 本章所用金属型材按理论的质量计算。

(9) 弧形幕墙套用相应幕墙子目,人工消耗量乘以系数 1.10。

(10) 通风器按成品考虑,通风器安装子目不包括包饰和修口,发生时另行计算。

12.5.2 清单计价方式下幕墙工程量计算

1. 工程量计算规则

(1) 带骨架幕墙(020210001)按设计图示框外围尺寸以面积计算。不扣除与幕墙同种材质的窗所占面积。

(2) 全玻幕墙(020210002),按设计图示尺寸以面积计算,带肋全玻幕墙按展开面积计算。

2. 计价内容

(1) 带骨架幕墙(020210001)的计价内容。
① 骨架制作、运输、安装。
② 面层安装。
③ 嵌缝、塞口。
④ 清洗。

(2) 全玻幕墙(020210002)的计价内容。
① 幕墙安装。
② 嵌缝、塞口。
③ 清洗。

12.6 综 合 案 例

【例 12-3】 某大门柱高 8m,柱面进行石材装饰(18mm 厚大理石),施工方法采用湿挂法,如图 12.11 所示,计算石材柱面的清单工程量并报价。

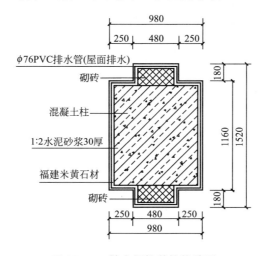

图 12.11 某大门柱装饰构造图

【解】 分析：该工程项目是编码为 020205001001 的石材柱面，清单工程量按设计图示尺寸以面积计算。

1. 计算清单工程量

$$(0.98+1.52)\times 2\times 8.0=40(m^2)$$

2. 编制工程量清单(表 12-3)

表 12-3　分部分项工程量清单与计价表

工程名称：　　　　　　　　　　　　　　　　　　　　　　　　　　第 1 页　共 1 页

序号	项目编码	项目名称	项目特征描述	计量单位	工程量	金额/元	
						综合单价	合价
1	020205001001	石材柱面	(1) 柱截面类型、尺寸：异形柱 (2) 底层厚度、砂浆配合比：15mm 1:2 水泥砂浆 (3) 挂贴方式：粘贴 (4) 面层材料品种、规格、品牌、颜色：福建米黄石材	m^2	40		

3. 计价工程量

(1) 石材面层工程量同清单量。

(2) 1:2 水泥砂浆 15mm 厚，以柱结构断面尺寸计算。

$$[(0.98-0.018-0.030)+(1.52-0.018-0.030)]\times 2\times 8.0=38.464(m^2)$$

4. 综合单价分析表(表 12-4)

表 12-4　综合单价分析表

工程名称：　　　　　　　　　　　　　　　　　　　　　　　　　　第 1 页　共 1 页

项目编码	020205001001	项目名称	石材柱面				计量单位	m^2	清单工程量	40
综合单价分析										
定额编号	定额名称	定额单位	工程数量	单价				合价			
				人工费	材料费	机械费	管理费	利润	人工费	材料费	机械费	管理费	利润
8001646	水泥砂浆 1:2	m^3	0.008	15.3	226.94	9.71		2.75	0.11	1.7	0.07		0.02
A10-108	镶贴大理石(水泥砂浆镶贴)独立梁柱面、零星项目	$100m^2$	0.01	2044.59	22328.5		362.51	368.03	20.45	223.28		3.63	3.68

(续)

项目编码	020205001001	项目名称		石材柱面				计量单位	m²	清单工程量		40	
综合单价分析													
定额编号	定额名称	定额单位	工程数量	单价					合价				
				人工费	材料费	机械费	管理费	利润	人工费	材料费	机械费	管理费	利润
A10-2换	底层抹灰柱梁面厚15mm实际厚度为30mm	100m²	0.01	1017.96	50.81		180.43	183.23	9.79	0.49		1.74	1.76
8001646	1:2水泥砂浆	m³	0.034	15.3	226.94	9.71		2.75	0.52	7.75	0.33		0.09
人工单价				小计					30.87	233.22	0.4	5.36	5.56
综合工日51元/工日				未计价材料费								
综合单价									275.41				

材料费明细	主要材料名称、规格、型号	单位	数量	单价/元	合价/元	暂估单价/元	暂估合价/元
	材料费调整	元	0.0003	1			
	水	m³	0.0152	2.8	0.04		
	复合普通硅酸盐水泥 P.C 32.5	t	0.0006	317.07	0.19		
	白色硅酸盐水泥32.5	t	0.0002	592.37	0.12		
	大理石板	m²	1.06	200	212		
	灯用煤油	kg	0.0444	2.34	0.1		
	清油	kg	0.0059	12	0.07		
	松节油	kg	0.0067	7	0.05		
	草酸	kg	0.0111	4.71	0.05		
	白棉纱	kg	0.0111	12.29	0.14		
	石蜡	kg	0.0294	3.1	0.09		
	抹灰水泥砂浆(配合比)中砂1:2	m³	0.0416	226.94	9.44		
	粘合剂	kg	0.4662	22.77	10.62		
	含量:水泥石灰砂浆1:1:6(制作)	m³	0.0341				
	含量:水泥砂浆1:2(制作)	m³	0.0075				
	其他材料费			—	0.33	—	
	材料费小计			—	233.24	—	

5. 编制清单报价表(表12-5)

表12-5 分部分项工程报价表

工程名称：   第1页 共1页

序号	项目编码	项目名称	项目特征	计量单位	工程数量	金额/元	
						综合单价	合价
1	020205001001	石材柱面	(1) 柱截面类型、尺寸：异形柱 (2) 底层厚度、砂浆配合比：30mm 1∶2水泥砂浆 (3) 挂贴方式：粘贴 (4) 面层材料品种、规格、品牌、颜色：福建米黄石材	m²	40	275.41	11016.4

本 章 小 结

本章涉及墙柱面抹灰工程、墙柱面镶贴块料工程、墙柱面木装饰工程、隔墙与隔断工程、幕墙工程的工程量计算，应在掌握前修课程的"装饰材料"和"装饰构造"等相关知识的基础上，了解施工图纸中的墙柱面装饰工程的构造做法和所用材料，再根据清单计价规范和定额中的计算规则进行工程量计算。

在清单计价模式下，注意子目的计价内容应与设计要求一致并结合施工方法，注意定额中子目的工作内容包含了什么，以避免漏报或重复报价。

本 章 习 题

一、单项选择题

1. 墙柱面工程的外墙面装饰长度以(　　)确定。
   A. 外墙中心线   B. 外墙外边线
   C. 内墙净长线   D. 延长米

2. 内墙抹灰工程量应扣除(　　)所占面积。
   A. 踢脚线   B. 门窗洞口及空圈
   C. 挂镜线   D. 墙与构件交界处

3. 附墙梁面镶贴块料套用(　　)定额。
   A. 梁面镶贴定额   B. 柱面镶贴定额
   C. 零星镶贴定额   D. 墙面镶贴定额

4. 柱面镶贴块料工程量按(　　)计算。
   A. 实贴面积   B. 结构断面周长乘高度
   C. 展开面积   D. 设计图示尺寸以实铺面积计算

5. 带骨架幕墙，设计有与幕墙同种材质的窗，计算幕墙工程量时(　　)。

A. 扣除窗面积 B. 扣除窗洞所占的玻璃面积，窗另计
C. 幕墙面积不扣，窗面积不加 D. 窗另列项目计算

6. 计算外墙抹灰面积时，不应包括( )。
   A. 墙垛侧面抹灰面积 B. 梁侧面抹灰面积
   C. 柱侧面抹灰面积 D. 洞口侧壁面积

7. 某房间层高3.6m，吊顶高3.0m，楼板厚0.15m，则其内墙抹灰高度按( )计算。
   A. 3.1m B. 3.0m
   C. 3.6m D. 3.45m

8. 下列选项中，( )不属于零星抹灰项目。
   A. 门窗套 B. 栏杆
   C. 扶手 D. 挑檐

9. 墙抹灰有吊顶而不抹到顶者，高度算至吊顶底面加( )。
   A. 10cm B. 15cm
   C. 20cm D. 25cm

10. 计算定额墙柱面抹灰工程量时，应加( )。
    A. 附墙的柱、梁的侧壁面积 B. 门窗孔洞侧壁及顶面
    C. 女儿墙压顶 D. 门窗套

二、多项选择题

1. 墙柱面零星装饰适用于( )。
   A. 腰线 B. 雨篷周边
   C. 门窗套 D. 栏板内侧抹灰
   E. 每个面积在 $0.5m^2$ 以内的零星项目

2. 墙面抹灰面积按设计图示尺寸计算，应扣除( )所占面积，门窗洞口和孔洞的侧壁及顶面不增加。附墙柱、梁、垛、烟道等侧壁并入相应的墙面面积内计算。
   A. 门窗洞口 B. $0.3m^2$ 以上的孔洞
   C. 踢脚线、挂镜线 D. 墙与构件交接处
   E. 墙与墙交接处

3. 零星抹灰适用于( )。
   A. 腰线 B. 门窗套
   C. 隔断 D. 雨篷周边
   E. 压顶

三、判断题

1. 在《广东省建筑与装饰工程综合定额》(2010)中，内外附墙柱、梁面的抹灰和块料镶贴，不论柱、梁面与墙相平或凸出，均按墙面计算。( )

2. 外墙抹灰不扣除圈梁所占面积。( )

3. 在《广东省建筑与装饰工程综合定额》(2010)中，内墙抹灰有吊顶而不抹到顶者，高度算至吊顶底面加15cm。( )

4. 某全玻幕墙设计为点支式(驳接式)构造，应套定额为A13-8。( )

5. 在《广东省建筑与装饰工程综合定额》(2010)中，石材线条宽度不论宽度，均按"装饰线、压条"子目计算。( )

6. 在《广东省建筑与装饰工程综合定额》(2010)中，墙柱面中木龙骨基层是按照双向考虑的，设计为单向时，材料及人工均乘系数0.55。( )

7. 计算外墙面抹灰面积时应按外墙墙体净面积计算。( )

8. 墙面、墙裙镶贴块料按设计图示结构面以面积计算。( )

四、简答、计算题

1. 编制装饰板墙面清单项目时，项目特征需描述哪些内容？

2. 某铝合金玻璃隔断配有同材质的门，该隔断工程量应如何计算？

3. 计算以下清单项目（表12-6）的综合单价。报价方案：假设当时当地人工市场价为80元/工日，花岗岩板市场价为220元/m^2，灰浆搅拌机市场价为50元/台班，其他单价同定额取定价格；利润按人工费的20%计，企业风险费暂定为零。

表12-6　分部分项工程量清单

工程名称：某工程　　　　　　　　　　　　　　　　　　　　　　　　　第1页　共1页

序号	项目编码	项目名称	项目特征	计量单位	工程数量
1	020204001001	石材墙面	混凝土墙面，30mm厚1∶3水泥砂浆湿挂花岗岩板	m^2	200

第13章 天棚工程工程量计算

教学内容及目标

本章主要介绍了两种计价模式下天棚工程量的计算方法：定额工程量和清单工程量。要求学生熟悉天棚装饰装修工程的施工工艺和流程，掌握定额计价方式下天棚定额工程量的计算规则及方法；掌握清单计价方式下天棚清单工程量的计算规则及方法、计价工程量（或称报价工程量）的计算规则及方法、综合单价的计算及分析方法。

教学要求

知识要点	能力要求	相关知识
定额计价	能够根据给定的工程图纸正确计算天棚的定额工程量	（1）抹灰面层、平面、跌级天棚、艺术造型天棚等天棚工程量的计算规则 （2）灯带、送（回）风口工程量的计算规则
清单计价	（1）能够根据给定的工程图纸正确计算天棚的清单工程量 （2）能够正确计算天棚各项清单的综合单价并进行综合单价分析	（1）抹灰面层、平面、跌级天棚、艺术造型天棚等天棚工程量的计算规则 （2）灯带、送（回）风口工程量的计算规则 （3）综合单价的计算方法

引言

天棚是安装在建筑物(如门、窗)顶部用以遮挡阳光、雨、雪的覆盖物。天棚随处可见,只要是建筑物就一定有天棚,但是天棚的材料及天棚的造型却千差万别。本章将对天棚的分类、天棚基层及面层构造、天棚与灯带和送(回)风口工程量关系如何扣减等加以介绍。

13.1 天棚抹灰

(1) 天棚抹灰的概念:天棚抹灰是指屋顶或者楼层顶使用水泥砂浆、腻子粉等材料进行的装修做法之一,起到与基层粘结、找平、美观的效果。

(2) 工程内容:清理基层、底层抹灰、抹面层、抹装饰线条。

1. 定额计价方式下天棚抹灰工程量的计算

(1) 计算规则:除注明外,天棚抹灰按设计图示尺寸以水平投影面积计算。不扣除间壁墙、垛、柱、附墙烟囱、检查口和管道的面积。带梁天棚、梁两侧抹灰面积并入天棚面积内;板式楼梯底面抹灰按斜面积计算;梁式楼梯底面抹灰按展开面积计算。

(2) 阳台底面抹灰按设计图示尺寸以水平投影面积计算,并入相应的天棚抹灰面积内。阳台带悬臂梁者,其工程量乘以系数1.15。

(3) 雨篷底层抹灰按设计图示尺寸以水平投影面积计算,并入相应的天棚抹灰面积内。

(4) 天棚抹灰如带有装饰线时,装饰线按设计图示尺寸以长度计算,计算天棚抹灰工程量时不扣除装饰线所占面积。

(5) 天棚中平面、跌级和艺术造型天棚抹灰均按设计图示尺寸以展开面积计算。

(6) 注意事项。

① 抹灰厚度按不同砂浆分别列在定额子目中,同类砂浆列总厚度,不同砂浆分别列出厚度,如定额子目中的10mm+5mm即表示两种不同砂浆的各自厚度。如涉及抹灰厚度与定额不同时,除定额有注明厚度的子目可以换算砂浆消耗量外,其他不做调整。

② 天棚抹灰工程量按设计图示尺寸以水平投影面积计算指的是按图示室内净面积计算,也就是不包含实心砖墙在内的水平投影面积。

【例13-1】 如图13.1所示,广州市某工程为现浇井字梁顶棚,1∶1∶6水泥石灰砂浆底层厚10mm,1∶2.5纸筋灰面面层厚3mm,计算其抹灰工程量并确定定额项目,完成定额分部分项工程费汇总表(表13-1)。

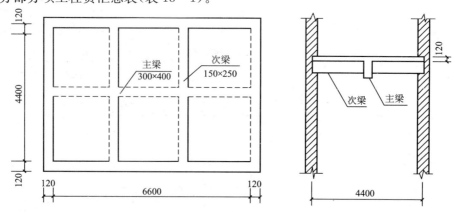

图13.1 天棚平面图、剖面图

表 13-1 定额分部分项工程费汇总表（预、结算）

工程名称：某工程为现浇井字梁天棚装饰工程　　　　　　　　第　页　共　页

序号	定额编号	名称及说明	单位	数量	单位基价/元	合计/元
1	A11-3	水泥石灰砂浆底、纸筋灰面10mm+3mm	100m²	0.32	843.33	269.87

【解】　天棚抹灰工程量=(6.6-0.24)×(4.4-0.24)+(0.4-0.12)×(6.6-0.24)×2
　　　　　　　　　　+(0.25-0.12)×(4.4-0.24-0.3)×4=32.10(m²)

【例13-2】　计算首层大厅天棚抹灰的工程量[见首层平面图(J-01、JG-07)]。

【解】　(20-0.18)×(5-0.18×2)+(0.5-0.12)×10=95.76(m²)

【例13-3】　计算首层阳台底面抹灰的工程量[见首层平面图(J-01、JG-07)]。

【解】　36×1.8×1.15=74.52(m²)

【例13-4】　计算二层①~②轴楼梯底面抹灰的工程量[见首层平面图(J-01、JG-07)]。

【解】　休息平台=(5-0.18-3)×(3-0.18)=5.13(m²)

楼梯底面=3.47×(3-0.18)/2×2=9.79(m²)

Ⓑ轴 TL1 侧面=(0.4-0.1)×(3-0.3×2)=0.72(m²)

Ⓐ~Ⓑ轴 TL1 侧面=[(0.4-0.1)+(0.4-0.159-0.1)]×(3-0.2×2)=1.15(m²)

合计楼梯天棚抹灰=5.13+9.79+0.72+1.15=16.79(m²)

2. 清单计价方式下天棚抹灰工程量的计算

(1) 天棚抹灰工程量计算规则见表13-2。

表 13-2 天棚抹灰清单工程量计算表

项目编码	项目名称	项目特征	计量单位	工程量计算规则	工程内容
020301001	天棚抹灰	(1) 基层类型 (2) 抹灰厚度、材料种类 (3) 装饰线条道数 (4) 砂浆配合比	m²	按设计图示尺寸以水平投影面积计算。不扣除间壁墙、垛、柱、附墙烟囱、检查口和管道所占的面积，带梁天棚、梁两侧抹灰面积并入天棚面积内，板式楼梯底面抹灰按斜面积计算，锯齿形楼梯底板抹灰按展开面积计算	(1) 基层清理 (2) 底层抹灰 (3) 抹面层 (4) 抹装饰线条

(2) 注意事项：楼梯底板抹灰工程量要并入天棚抹灰工程量中。

【例13-5】　编制二层天棚抹灰(不含楼梯)的工程量清单[见首层平面图(J-01、JG-07)]。

【解】

1. 思路分析

(1) 二层天棚抹灰属于带梁天棚，要求将梁的侧面积增加进去。

(2) 二层阳台部分是带悬臂梁的，计算时注意乘以相应系数。

2. 清单工程量计算

①~⑫轴×Ⓐ~Ⓑ轴天棚水平投影面积=42×(5+1.5)-(3-0.18)×(5-0.18)×2
=245.82(m²)

卫生间天棚水平投影面积＝1.8×1.8×9＝29.16(m²)

阳台天棚抹灰面积＝2.2×1.8×9×1.15＝40.99(m²)

梁侧面抹灰：KL1＝(0.5－0.12)×(5＋1.5－0.4×2－0.2)×2＝0.38×5.5×2＝4.18(m²)

KL2＝(0.5－0.12)×(5＋1.5－0.4×2－0.2)×4＝0.38×5.5×4＝8.36(m²)

KL3＝(0.5－0.12)×(5＋1.5＋1.8－0.4×2－0.2×2)×16＝0.38×7.1×16＝43.17(m²)

KL4＝(0.4－0.12)×(42－0.3×12)×2＝0.28×38.4×2＝21.50(m²)

L1＝(0.3－0.12)×(1.8－0.2)×9＝0.18×1.6×9＝2.59(m²)

L2＝(0.5－0.12)×(42－0.25×12)＝0.38×39＝14.82(m²)

L3＝(0.5－0.12)×(1.8－0.1－0.125)×9＝0.38×1.575×9＝5.39(m²)

二层天棚抹灰(不含楼梯)清单工程量合计：

＝245.82＋29.16＋40.99＋4.18＋8.36＋43.17＋21.50＋2.59＋14.82＋5.39

＝415.98(m²)

3. 填写工程量清单表

分部分项工程量清单与计价表见表13-3。

表13-3 分部分项工程量清单与计价表

工程名称： 标段： 第 页 共 页

序号	项目编码	项目名称	项目特征描述	计量单位	工程量	金额/元		
						综合单价	合价	其中：暂估价
1	020301001001	天棚抹灰	混凝土天棚，基层刷水泥砂浆一道加107胶，10mm厚1:1:6水泥石灰砂浆打底扫毛，3mm厚木质纤维素灰罩面	m²	415.98	11.60	4825.37	

工程量清单综合单价分析表见表13-4。

表13-4 工程量清单综合单价分析表

工程名称： 标段： 第 页 共 页

项目编码	020301001001		项目名称		天棚抹灰			计量单位	m²	清单工程量		415.98
清单综合单价组成明细												
定额编号	定额子目名称	定额单位	数量	单价/元					合价/元			
				人工费	材料费	机械费	管理费	利润	人工费	材料费	机械费	管理费	利润
A11-3	水泥石灰砂浆底、纸筋灰面 10mm+3mm	100m²	4.16	647.80	91.38	5.67	98.89	116.60	2694.85	380.14	23.59	411.38	485.07
8003191	1:1:6水泥石灰砂浆	m³	4.7008	16.83	146.88	9.71		3.03	79.11	690.45	45.64		14.24
人工单价			小计						6.67	2.57	0.17	0.99	1.20
51元/工日			未计价材料费										

(续)

项目编码	020301001001	项目名称		天棚抹灰	计量单位	m²	清单工程量	415.98		
清单项目综合单价								11.60		
材料费明细	主要材料名称、规格、型号				单位	数量	单价/元	合计/元	暂估单价/元	暂估合价/元
	复合普通硅酸盐水泥P.C.32.5				t	0.2496	317.07	79.14		
	水				m³	3.3696	2.80	9.43		
	纸筋石灰浆				m³	1.3728	177.16	243.21		
	水泥石灰砂浆1:1:6（制作）				m³	4.7008	146.88	690.4535		
	其他材料费						—	48.3392		
	材料费小计						—	1070.57		

13.2 天棚吊顶

（1）天棚吊顶的分类：格栅吊顶、吊筒吊顶、藤条造型悬挂吊顶、织物软雕吊顶、网架吊顶。

（2）工程内容：基层清理、龙骨安装、基层板铺贴、面层铺贴、嵌缝、刷防护材料、油漆。

1. 关于天棚吊顶工程的几点说明

1）平面天棚与跌级天棚

天棚面层在同一标高者为平面天棚，如图13.2所示。

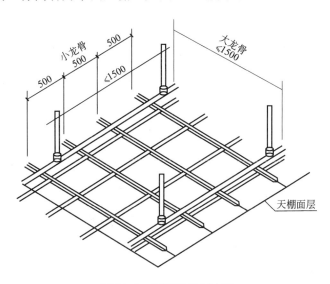

图 13.2 平面天棚示意图

天棚面层不在同一标高者为跌级天棚，如图13.3所示。

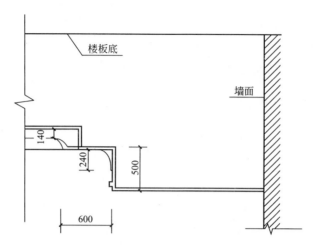

图 13.3　跌级天棚示意图

2) 普通天棚与艺术造型天棚

普通面层是指一般的平面天棚和跌级天棚，它是直线形天棚。艺术造型天棚是按用户的要求设计，通过各弧线、拱形的艺术造型来表现一定视觉效果的装饰天棚，分为锯齿形、阶梯形、吊挂式、藻井式 4 种，如图 13.5 所示。其中，天棚面层不在同一标高而且超过两级（包括两级）者为阶梯形天棚。艺术造型天棚通常还包括灯光槽的制作安装，如图 13.4 所示。

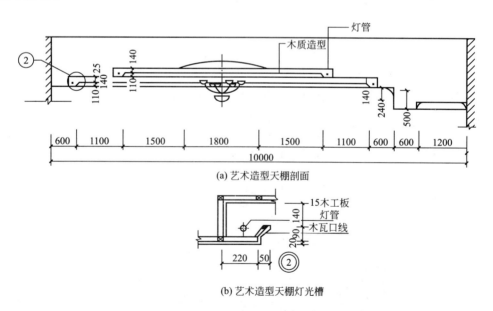

(a) 艺术造型天棚剖面

(b) 艺术造型天棚灯光槽

图 13.4　艺术造型天棚示意图

3) 常用天棚龙骨的种类

① 天棚方木龙骨如图 13.6 所示。

② U 形轻钢龙骨如图 13.7 所示。

③ L 形、T 形装配式铝合金天棚龙骨如图 13.8 所示。

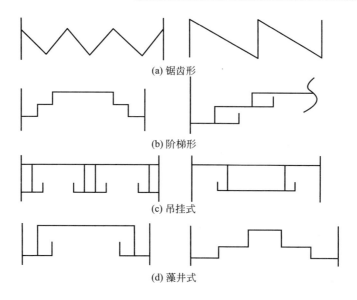

(a) 锯齿形

(b) 阶梯形

(c) 吊挂式

(d) 藻井式

图 13.5 艺术造型天棚断面示意图

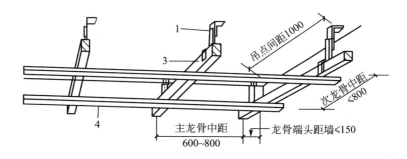

(a) 双层方木龙骨构造

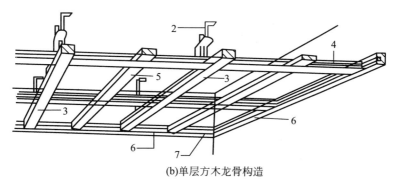

(b) 单层方木龙骨构造

图 13.6 天棚方木龙骨构造示意图
1—开孔铁带吊件 2—弹簧可伸缩吊件 3—主龙骨 4—次龙骨
5—间距龙骨 6—边龙骨 7—角接榫板

④ 上人天棚吊点连接如图 13.9 所示。
⑤ 不上人天棚吊点连接如图 13.10 所示。

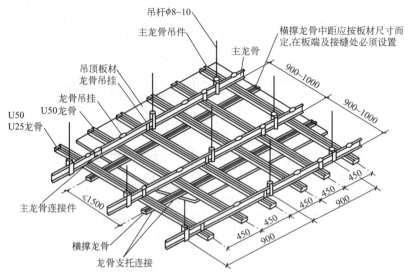

图 13.7 U 形上人轻钢龙骨安装示意图

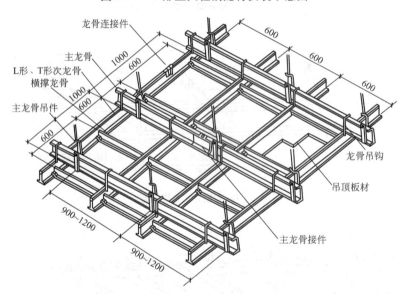

图 13.8 L 形、T 形装配式铝合金天棚龙骨吊顶安装示意图

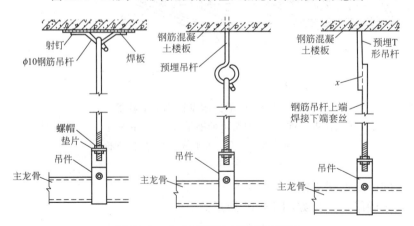

图 13.9 上人天棚吊点连接示意图

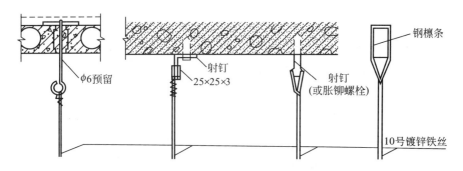

图 13.10 不上人天棚吊点连接示意图

4) 天棚基层

天棚基层是介于天棚龙骨与天棚面层之间的中间层。天棚基层的常用材料有胶合板、石膏板等，如图 13.11 所示。

2. 定额计价方式下天棚吊顶工程工程量的计算

1) 平面、跌级、艺术造型天棚工程量的计算规则

（1）天棚龙骨工程量按设计图示尺寸以水平投影面积计算。不扣除间壁墙、垛、柱、附墙烟囱、柱垛和管道的面积，但应扣除单个 0.3m² 以外的孔洞、独立柱及与天棚相连的窗帘盒所占面积。

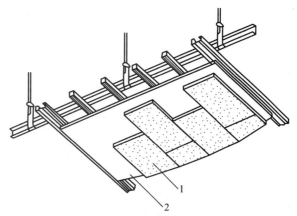

图 13.11 纸面石膏板天棚基层示意图
1—矿棉吸音板面层 2—纸面石膏板天棚基层

（2）天棚基层、面层工程量除注明外均按设计图示尺寸以展开面积计算。不扣除间壁墙、垛、柱、附墙烟囱、柱垛和管道的面积，但应扣除单个 0.3m² 以外的孔洞、独立柱及与天棚相连的窗帘盒所占面积。灯光槽基层、面层工程量按设计图示尺寸以展开面积计算。

（3）若饰面材料没满贴（挂、吊、铺等）天棚面层，按设计图示尺寸以其实际面积或数量计算。

（4）板式楼梯底面装饰工程量（除抹灰外）按设计图示尺寸以水平投影面积乘以系数 1.15 计算，梁式楼梯底面按设计图示尺寸以展开面积计算。

（5）其他天棚（含龙骨和面层）工程量按设计图示尺寸以水平投影面积计算。

2) 注意事项

天棚吊顶工程量需自上而下分层计算，而且龙骨工程量的计算规则与基层、面层工程量的计算规则是不同的。

【例 13-6】 根据图 13.12 计算龙骨与天棚面层的工程量。

【解】（1）天棚龙骨以水平投影面积 = 6.96×7.16 = 49.83（m²）

（2）天棚面层以展开面积 = 49.83 + (4.16 + 3.96)×2×0.2 = 53.08（m²）

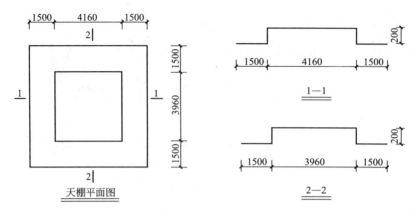

图 13.12 天棚平面图

3. 清单计价方式下天棚吊顶工程量的计算

(1) 天棚吊顶工程量计算规则见表 13-5。

表 13-5 天棚吊顶分部分项工程量清单计算规则表

项目编码	项目名称	项目特征	计量单位	工程量计算规则	工程内容
020302001	天棚吊顶	(1) 吊顶形式 (2) 龙骨类型、材料种类、规格、中距 (3) 基层材料种类、规格 (4) 面层材料品种、规格、品牌、颜色 (5) 压条材料种类、规格 (6) 嵌缝材料种类 (7) 防护材料种类 (8) 油漆品种、刷漆遍数		按设计图示尺寸以水平投影面积计算。天棚面中的灯槽及跌级、锯齿形、吊挂式、藻井式天棚面积不展开计算。不扣除间壁墙、检查口、附墙烟囱、柱垛和管道所占面积，扣除单个 0.3m² 以外的孔洞、独立柱及与天棚相连的窗帘盒所占的面积	(1) 基层清理 (2) 龙骨安装 (3) 基层板铺贴 (4) 面层铺贴 (5) 嵌缝 (6) 刷防护材料、油漆

(2) 注意事项：天棚面中的灯槽及跌级、锯齿形、吊挂式、藻井式天棚面积不展开计算。

【例 13-7】 根据图 13.12 计算天棚吊顶的清单工程量，并填写清单分析表。

【解】

(1) 思路分析：该天棚为跌级天棚，其工程量计算不需按展开面积。

(2) 计算：天棚吊顶的工程量 = 6.96 × 7.16 = 49.83(m²)

(3) 填写清单表(表 13-6)。

表 13-6 分部分项工程量清单与计价表

工程名称：　　　　　　　　　　标段：　　　　　　　　　　第　页 共　页

序号	项目编码	项目名称	项目特征描述	计量单位	工程量	金额/元		
						综合单价	合价	其中：暂估价
1	020302001001	天棚吊顶	轻钢龙骨的规格为300mm×300mm，胶合板基层，石膏板面层	m²	49.83	—	—	

13.3 灯带、送风口、回风口

1. 定额计价方式下灯带、送风口、回风口工程量的计算

工程量计算规则：

(1) 灯带工程量按设计图示尺寸以框外围面积计算。

(2) 送风口、回风口工程量按设计图示数量计算。

2. 清单计价方式下灯带、送风口、回风口工程量的计算

(1) 灯带工程量的计算规则见表 13-7。

表 13-7 灯带分部分项工程量清单计算规则表

项目编码	项目名称	项目特征	计量单位	工程量计算规则	工程内容
020303001	灯带	(1) 灯带形式、尺寸 (2) 格栅片材料品种、规格、品牌、颜色 (3) 安装固定方式	m²	按设计图示尺寸以框外围面积计算	安装、固定

【例 13-8】 某酒店为庆祝一宴会，安装铝合金灯带，如图 13.13 所示，试求灯带的

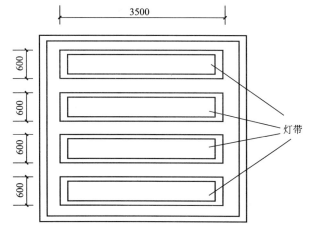

图 13.13 灯带示意图

清单工程量,并填写清单分析表。

【解】
(1) 计算:灯带清单工程量=0.6×3.5×4=8.40(m²)
(2) 填写清单表(表13-8)。

表13-8 分部分项工程量清单与计价表

工程名称:　　　　　　　　　　标段:　　　　　　　　　　第 页 共 页

序号	项目编码	项目名称	项目特征描述	计量单位	工程量	金额/元		
						综合单价	合价	其中:暂估价
1	020303001001	灯带	酒店安装铝合金灯带	m²	8.40	—	—	

(2) 送风口、回风口工程量的计算规则见表13-9。

表13-9 送风口、回风口分部分项工程量清单计算规则表

项目编码	项目名称	项目特征	计量单位	工程量计算规则	工程内容
020303002	送风口、回风口	(1) 风口材料品种、规格、品牌、颜色 (2) 安装固定方式 (3) 防护材料种类	个	按设计图示数量计算	(1) 安装、固定 (2) 刷防护材料

13.4 天棚综合案例

【例13-9】 图13.14所示为某天棚的平面图。其中,墙体厚度为240mm,轴线均与墙体中心对齐,窗帘盒宽度为200mm。本工程所在地在广州,人、材、机全部按《广东省建筑与装饰工程综合定额》(2010)所给定的价格取定。问题:
(1) 计算书房和主卧室天棚吊顶的清单工程量,并填写工程量清单表。
(2) 计算综合单价并进行综合单价分析。

【解】
(1) 思路分析:书房天棚为跌级天棚,主卧室天棚为平面天棚,应该扣除与天棚相连的窗帘盒所占面积。

问题1:
① 计算书房及主卧室天棚吊顶的清单工程量。

2×(4.5−0.24)×(3.5−0.24)−(3.5−0.24+4.5−0.24)×0.2【窗帘盒面积】
=27.78−1.504【窗帘盒面积】=26.28(m²)

② 填写工程量清单表(表13-10)。

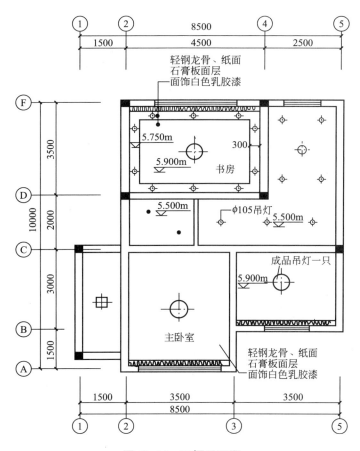

图 13.14 天棚平面图

表 13-10 分部分项工程量清单与计价表

工程名称：　　　　　　　　　标段：　　　　　　　　　第　页 共　页

序号	项目编码	项目名称	项目特征描述	计量单位	工程量	金额/元		
						综合单价	合价	其中：暂估价
1	020302001001	天棚吊顶	书房天棚，装配式U型轻钢龙骨（不上人）的规格为300mm×300mm，纸面石膏板面层，面饰为白色乳胶漆	m²	26.28			

问题 2：

① 计算书房及主卧室天棚吊顶的计价工程量。

天棚龙骨：2×(4.5−0.24)×(3.5−0.24)−(3.5−0.24+4.5−0.24)×0.2【窗帘盒面积】

　　　　　=27.78−1.504=26.28(m²)

纸面石膏板面层：2×(4.5−0.24)×(3.5−0.24)+[(4.5−0.24−0.3×2)+(3.5−0.24−0.2−0.3×2)]×2×(5.9−5.75)−(3.5−0.24+4.5−0.24)×0.2

$=28.112(m^2)$

(2)综合单价分析见表13-11。

表13-11 工程量清单综合单价分析表

项目编码	020302001001	项目名称		天棚吊顶			计量单位	m²	清单工程量		26.28

清单综合单价组成明细

定额编号	定额子目名称	定额单位	数量	单价					合价				
				人工费	材料费	机械费	管理费	利润	人工费	材料费	机械费	管理费	利润
A11-33	装配式U形轻钢龙骨(不上人)的规格为300mm×300mm 跌级	100m²	0.263	991.44	3780.90	8.26	150.65	178.46	260.75	994.38	2.17	39.62	46.93
A11-108	石膏板面层	100m²	0.281	495.72	2174.15		74.71	89.23	139.30	610.94		20.99	25.07
人工单价				小计					15.22	61.08	0.08	2.31	2.74
51元/工日				未计价材料费									
清单项目综合单价									81.44				

材料费明细	主要材料名称、规格、型号	单位	数量	单价/元	合价/元	暂估单价/元	暂估合价/元
	其他材料费			—		—	
	材料费小计			—		—	

(3)报价表见表13-12。

表13-12 分部分项工程量清单与计价表

工程名称: 标段: 第 页 共 页

序号	项目编码	项目名称	项目特征描述	计量单位	工程量	金额/元		
						综合单价	合价	其中:暂估价
1	020302001001	天棚吊顶	书房天棚,装配式U形轻钢龙骨(不上人)的规格为300mm×300mm,纸面石膏板面层,面饰为白色乳胶漆	m²	26.28	81.44	2140.24	

本 章 小 结

本章主要介绍了定额计价模式下和清单计价模式下天棚工程量的计算方法及注意事项。

从天棚造型上来看，分别有平面天棚、跌级天棚、艺术造型天棚和其他天棚；从天棚的装饰效果来看，分别有天棚抹灰和天棚吊顶。

天棚抹灰定额工程量与清单工程量相同，除注明外，均按设计图示尺寸以水平投影面积计算。不扣除间壁墙、垛、柱、附墙烟囱、检查口和管道的面积。带梁天棚、梁两侧抹灰面积并入天棚面积内；板式楼梯底面抹灰按斜面积计算；梁式楼梯底面抹灰按展开面积计算。

天棚吊顶定额工程量：天棚龙骨按设计图示尺寸以水平投影面积计算。不扣除间壁墙、垛、柱、附墙烟囱、柱垛和管道的面积，但应扣除单个 $0.3m^2$ 以外的孔洞、独立柱及与天棚相连的窗帘盒所占面积。

天棚基层、面层除注明外均按设计图示尺寸以展开面积计算。不扣除间壁墙、垛、柱、附墙烟囱、柱垛和管道的面积，但应扣除单个 $0.3m^2$ 以外的孔洞、独立柱及与天棚相连的窗帘盒所占面积。

天棚吊顶清单工程量：按设计图示尺寸以水平投影面积计算。天棚面中的灯槽及跌级、锯齿形、吊挂式、藻井式天棚面积不展开计算。不扣除间壁墙、柱垛、附墙烟囱、检查口和管道的面积，应扣除单个 $0.3m^2$ 以外的孔洞、独立柱及与天棚相连的窗帘盒所占面积。

灯带工程量按设计图示尺寸以框外围面积计算。送风口、回风口工程量按设计图示数量计算。

本 章 习 题

1. 天棚吊顶清单工程量按设计图示尺寸以水平投影面计算，不扣除（　　）所占面积。
   A. 间壁墙　　　　　　　　　　　B. 检查口
   C. 独立柱　　　　　　　　　　　D. 附墙烟囱
   E. 与天棚相连的窗帘盒
2. 带梁天棚定额工程量中梁的（　　）侧面抹灰面积并入天棚面积内。
   A. 两　　　　　　　　　　　　　B. 三
   C. 四　　　　　　　　　　　　　D. 不需计算
3. 天棚抹灰工程量中，板式楼梯底面抹灰按（　　）计算。
   A. 水平投影面积　　　　　　　　B. 展开面积
   C. 斜面积　　　　　　　　　　　D. 不需计算
4. 天棚抹灰工程量中，梁式楼梯底面抹灰按（　　）计算。
   A. 水平投影面积　　　　　　　　B. 展开面积
   C. 斜面积　　　　　　　　　　　D. 不需计算
5. 阳台带悬臂梁者，其工程量乘以系数（　　）。

A. 1.0　　　　　　　　　　　　B. 1.05
C. 1.1　　　　　　　　　　　　D. 1.15

6. 天棚抹灰带装饰线时，装饰线按设计图示尺寸以（　　）计算。
   A. 长度　　　　　　　　　　　B. 展开面积
   C. 水平投影面积　　　　　　　D. 不需计算

7. 天棚龙骨定额工程量按设计图示尺寸以（　　）计算。
   A. 长度　　　　　　　　　　　B. 质量
   C. 水平投影面积　　　　　　　D. 不需计算

8. 天棚吊顶中有3个规格为400mm×400mm的送风口，其送风口的工程量为（　　）。
   A. 3个　　　　　　　　　　　B. 0.48m^2
   C. 1.44m　　　　　　　　　　D. 零

9. 艺术造型天棚分为锯齿形、（　　）、吊挂式、藻井式4种类型。
   A. 平面式　　　　　　　　　　B. 跌级式
   C. 阶梯形

10. 天棚面层不在同一标高而且超过两级(包括两级)者为（　　）天棚。
    A. 吊挂式　　　　　　　　　　B. 跌级式
    C. 藻井式　　　　　　　　　　D. 阶梯式

第14章

门窗工程工程量计算

教学目标

本章主要介绍了两种计价模式下门窗工程工程量的计算方法：定额工程量和清单工程量。要求学生熟悉门窗工程的种类，掌握定额计价方式下门窗定额工程量的计算规则及方法；掌握清单计价方式下门窗清单工程量的计算规则及方法、计价工程量的计算规则及方法、综合单价的计算及分析方法。

教学要求

知识要点	能力要求	相关知识
定额计价	(1) 能够根据给定的工程图纸正确计算门窗工程的定额工程量 (2) 能够进行门窗工程的定额换算	(1) 门窗的种类及门窗装饰的内容 (2) 木门窗、金属门窗、厂库房大门、特种门、卷帘门等的定额工程量计算规则
清单计价	(1) 能够根据给定的工程图纸正确计算门窗工程的清单工程量 (2) 能够根据给定工程图纸结合工程施工方案正确计算门窗工程的计价工程量 (3) 能够正确计算门窗工程各项清单的综合单价并进行综合单价分析	(1) 木门窗、金属门窗、厂库房大门、特种门、卷帘门等的清单工程量的计算规则 (2) 木门窗、金属门窗、厂库房大门、特种门、卷帘门等的报价工程量的计算规则 (3) 综合单价的计算方法

引言

参观完各种建筑,你可能对建筑物上的各式门窗还有印象。那精雕细琢的古代木门窗、透光良好的落地窗(包括铝合金、铝塑和钢塑窗材料等)、结实简洁的钢门窗等,在不同地区都有不同的地方特色,也正是这些门窗增加了建筑物的美观和使用功能,让建筑物更漂亮更能满足人们生活的需要。本章主要介绍的就是门窗的相关知识及工程计算。

14.1 门窗的分类

1. 常用木材的木种分类

常用木材的木种分类如下。

一类:红松、水桐木、樟子松。

二类:白松(方杉、冷杉)、杉木、杨木、柳木、椴木。

三类:青松、黄花松、秋子木、马尾松、东北榆木、柏木、苦楝木、梓木、黄菠萝、椿木、楠木、柚木、樟木。

四类:栎木(柞木)、檀木、色木、槐木、荔木、麻栗木(麻栎、青刚)、桦木、荷木、水曲柳、华北榆木。

2. 板材和枋材的分类

板、枋材规格分类见表14-1。

表14-1 板、枋材规格分类

项目	按宽厚尺寸比例分类	按板厚度、枋材宽、厚乘积			
		名称	薄板	中板	厚板	特厚板
板材	宽≥3×厚	厚度/mm	<18	19~35	36~65	≥66
枋材	宽<3×厚	名称	小枋	中枋	大枋	特大枋
		宽×厚/cm²	<54	55~100	101~225	≥225

3. 门窗简介

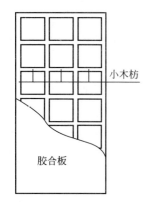

图 14.1 镶板门

1) 门

按照制作的材料不同,门可分为木门、钢门、不锈钢门、铝合金门、塑料门等品种;按其开关方式不同可分为平开门、推拉门、弹簧门、转门等。各种门又分带亮和不带亮两种。

(1) 木门。木门的门框均用木料制作,按其门芯板材料不同一般可分为镶板门(门芯板用数块木板拼合而成)、胶合板门(门芯板用整块三合板)、半截玻璃门、全玻门以及拼板门等。各种木门如图14.1~图14.4所示。

(2) 钢门。钢门的门框用实腹式或空腹式型钢制作,门芯板可以为全钢板或半截钢板半截玻璃。全钢板门常用作工业建筑用门,半截钢板半截玻璃门常用作住宅用门,如户门、阳台门等。

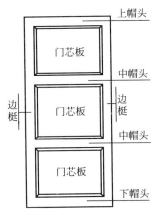

图 14.2 胶合板门

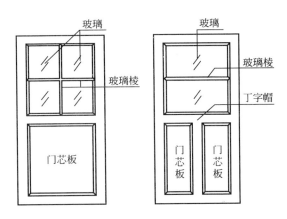

图 14.3 半截玻璃门

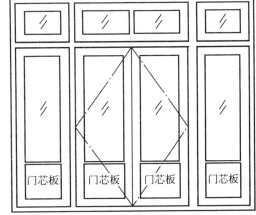

图 14.4 全玻门和半玻门

（3）铝合金门。铝合金门的框、扇骨架均用铝合金材料制作，门扇中间镶嵌 5～6mm 厚的玻璃，具有耐久、耐腐蚀、强度高、不变形等许多特点，常用作户门、门厅的大门、会议厅门等。

（4）塑料门。塑料门以 PVC 树脂为胶结材料，加入稳定剂、润滑剂、填料、颜料等外掺材料，经混料、捏合、挤出冷却定型成异形材后，再经焊接、拼装、修整而成。按其结构形成又可分为镶板门（门框由多孔异型材拼成，门扇由多孔硬质 PVC 异形材组装而成）、框板门（门扇框断面较大，中空壁较厚，门芯板为薄壁中空多孔异型材，或一部分面积装玻璃）、折叠门（由硬 PVC 型材拼装而成）。塑料门可用作多雨潮湿地区建筑物的内外门以及有腐蚀性气体的工业用门。

（5）塑钢门。塑钢门是以 PVC 与氯化聚乙烯共混树脂为主体，加上一定比例的添加剂，经挤压加工成型材，在型材内腔中填入增加拉弯作用的钢衬，通过切割、钻孔、熔接等方法制成门框，装上五金配件组成。

（6）全玻璃门。全玻璃门由固定玻璃和活动门扇两部分组成。固定玻璃与活动玻璃门扇的连接方法有两种：一是直接用玻璃门夹进行连接，其造型简洁，构造简单；另一种是通过横框或小门框连接。全玻璃门按开启功能不同，可分为手动门和自动门两种。

2) 窗

按照制作材料不同，窗可分为木窗、钢窗、铝合金窗、塑料窗等；按窗的开关方式不同，可分为平开窗、推拉窗、中悬窗、固定窗、撑窗等。

（1）木窗。木窗框扇骨架由含水率≤18%、不易变形的木材制作而成，广东地区多以杉木制作。木窗的构造、组成和名称如图14.5所示。

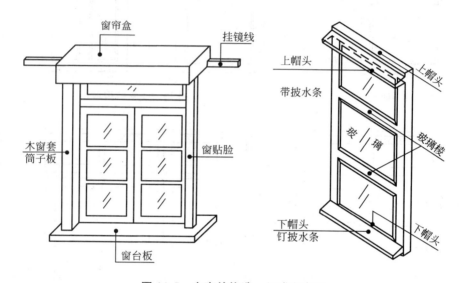

图 14.5　木窗的构造、组成和名称

（2）钢窗。钢窗的框扇骨架系用轻型型钢制作。按照窗框的断面形式不同，又可分为实腹窗框和空腹窗框两种。钢窗坚固、耐久、变形小、防火性能好、挡光少，多用于公共建筑、工业厂房。

（3）铝合金窗。铝合金窗的框扇骨架系由铝合金制作而成。铝合金窗具有耐久、耐腐蚀、强度高、不变形等优点，广泛用于住宅和公共建筑中。

（4）塑料窗。塑料窗的窗框扇由不同的异型材拼装而成。目前国内生产的硬PVC窗主要是推拉窗和具有水平滑动的平开窗等。

（5）塑钢窗。塑钢窗框的材质与塑钢门相同。

14.2　木　门　窗

14.2.1　定额计价下木门窗工程量计算

1. 工程量计算规则

（1）各类木门、窗的制作、安装，除有注明外，不论单层还是双层均按设计图示尺寸以门、窗的框外围面积计算。如设计只标洞口尺寸的，按洞口尺寸每边减去15mm计算。折线形窗按展开面积计算。

（2）古式木门窗扇按设计图示门窗扇的外围以面积计算。

(3) 古式木门窗槛、框按设计图示尺寸以体积计算。

(4) 单独木门窗框的制作安装外框安装按框外边长、中横框长按门洞宽以长度计算。

(5) 单独木门窗扇的制作安装按设计图示尺寸以扇面积计算。

(6) 木格成品安装按木格面积计算。

2. 工作内容

(1) 木门制作(包框扇)、木门安装(包框扇)的工作内容为：制作门框、门扇及亮子等；刷防腐油，安装门框、扇及亮子，装配亮子玻璃及小五金配件、塞口等；安装纱门窗、纱亮子、钉铁纱。本节根据门的形式，按是否带亮、单扇或双扇等设置相应子目。

(2) 木门框、扇的制作、安装的工作内容为：截料、刨光、开榫、打眼、裁口、成型、将半成品运放集中地点；清理基层、弹线、定位、刷防腐油，安装、调校、固定、填缝、清理碎屑；安装门锁、装配小五金配件等。本节根据门框、扇的种类、单双裁口、是否带亮、是否带百叶、单双扇以及造型等设置相应子目。

(3) 木窗制作、安装(包框扇)的工作内容为：制作窗框、窗扇及亮子；刷防腐油，安装窗框、扇，装配玻璃、铁纱及小五金配件、塞口等。本节根据木窗的种类、是否带亮、单扇或双扇等设置相应子目。

(4) 木窗框、扇的制作、安装的工作内容为：截料、刨光、开榫、打眼、裁口、成型、将半成品运放集中地点；清理基层、弹线、定位、刷防腐油，安装、调校、固定、填缝、清理碎屑；安装窗扇、装配玻璃及小五金等。本节根据窗的种类、形式、单双裁口等设置相应子目。

3. 注意事项

(1) 在定额中，木材木种均以一、二类木种为准(定额子目有说明的除外)。如采用三、四类木种时，木门窗制作按相应子目将人工和机械台班消耗量乘以系数1.30；木门窗安装按相应子目将人工和机械台班消耗量乘以系数1.16；其他项目按相应子目将人工和机械台班消耗量乘以系数1.35。

(2) 木门窗框、扇截面取定的尺寸以定额说明中为准，如设计不同时，按比例换算。框截面以边框为准；扇料以主梃截面为准。换算公式为：

$$(设计截面 \div 定额截面) \times 定额材积$$

(3) 木门窗(框、扇)制作是以现场制作考虑的。如购买成品门窗的，不应执行门窗制作子目，成品门窗参照按定额附表1(门、窗、配件价格表)价格另行计算。附表1除注明制安外，均未包括安装费用。

14.2.2 清单计价方式下木门窗工程量计算

1. 清单工程量计算规则

木门(020401)、木窗(020405)按设计图示数量或设计图示洞口尺寸以面积计算。

2. 计价工程量

1) 工程内容

(1) 门窗制作、运输、安装。

(2) 五金、玻璃安装。

(3) 刷防护材料、油漆。

2) 注意事项

(1) 玻璃、百叶面积占其门扇面积一半以内者应为半玻门或半百叶门,超过一半时应为全玻门或全百叶门。

(2) 木门五金应包括折页、插销、风钩、弓背拉手、搭扣、木螺钉、弹簧折页(自动门)、管子拉手(自由门、地弹门)、地弹簧(地弹门)、角铁、门轧头(地弹门、自由门)等。木窗五金应包括折页、插销、风钩、木螺钉、滑轮滑轨(推拉窗)等。套用定额时,定额木门窗、厂库房大门、特种门安装已含小五金安装的工作内容和材料价格。门窗小五金价格表(附表3)列出了各种小五金的含量,供价格换算时使用。

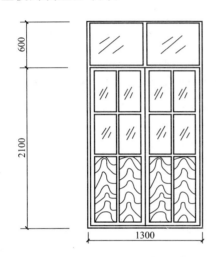

图 14.6 某工程带纱门扇半截玻璃镶板门

【例 14-1】 某工程的木门如图 14.6 所示。根据招标人提供的资料:带纱门扇半截玻璃镶板门、双扇带亮(上主亮无纱扇)6 樘,木材为红松,一类薄板,要求现场制作,刷防护底油。编制木门工程量清单和清单报价。

【解】 (1) 计算木门清单工程量:6 樘,或 $1.3 \times 2.7 \times 6 = 21.06 (m^2)$。

(2) 编制工程量清单(表 14-2)。

表 14-2 分部分项工程量清单与计价表

工程名称: 　　　　　　　　标段: 　　　　　　　　第 页 共 页

序号	项目编码	项目名称	项目特征描述	计量单位	工程量	金额/元	
						综合单价	合价
1	020401001001	镶板木门	(1) 门类型:带纱门扇半截玻璃镶板木门 (2) 木材种类:红松,一类薄板 (3) 现场制作 (4) 刷防护底油	樘/m²	6/(21.06)	—	

(3) 计算计价工程量。

① 木门框、扇制作工程量:$(1.3-0.015 \times 2) \times (2.7-0.015) \times 6 = 20.46 (m^2)$。

② 木门框、扇安装工程量:$(1.3-0.015 \times 2) \times (2.7-0.015) \times 6 = 20.46 (m^2)$。

③ 门锁:6 套。

注意:根据《广东省建筑与装饰工程综合定额》(2010),定额木门窗、厂库房大门、特种门安装已含小五金安装工作内容和材料价格,木门窗安装已包含刷防护底油,因此不能重复计价。

(4)综合单价分析见表14-3。

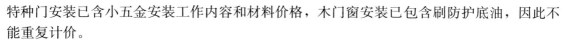

表14-3 综合单价分析表

工程名称: 第 页 共 页

项目编码	020401001001	项目名称			镶板木门			计量单位		樘	清单工程量		6
综合单价分析													
定额编号	定额名称	定额单位	工程数量	单价					合价				
				人工费	材料费	机械费	管理费	利润	人工费	材料费	机械费	管理费	利润
A12-22	杉木带纱半截玻璃门制作 带亮 双扇	100m²	0.035	1648.73	9466.47	399.5	300.27	296.77	57.87	332.27	14.02	10.54	10.42
A12-46	带纱镶板门安装 带亮 双扇	100m²	0.035	1592.73	3426.52	1	233.64	286.69	55.91	120.27	0.04	8.2	10.06
人工单价		小计							113.78	452.55	14.06	18.74	20.48
综合工日51元/工日		未计价材料费											
综合单价									619.61				
材料费明细	主要材料名称、规格、型号			单位		数量		单价/元		合价/元		暂估单价/元	暂估合价/元
	松杂板枋材			m³		0.0108		1313.52		14.19			
	圆钉50~75			kg		0.0204		4.36		0.09			
	乳液			kg		0.3493		5.8		2.03			
	杉木门窗套料			m³		0.2116		1551.49		328.3			
	平板玻璃3			m²		0.616		15.2		9.36			
	油灰			kg		0.6992		4.5		3.15			
	防腐油			kg		0.6831		35		23.91			
	麻刀石灰浆(配合比)			m³		0.007		207.21		1.45			
	镶板、胶合板、半截、全玻璃带纱木门(包框扇) 小五金带亮(双扇)			100m²		0.0351		1552.64		54.5			
	铁窗纱16×16×914			m²		2.795		5		13.98			
	圆钉30~45			kg		0.2692		5.63		1.52			
	其他材料费							—		0.06		—	
	材料费小计							—		452.51			

(5)编制清单报价表(表14-4)。

表 14-4 分部分项工程量报价表

工程名称：　　　　　　　　　　　　　标段：　　　　　　　　　　　　第　页　共　页

序号	项目编码	项目名称	项目特征描述	计量单位	工程量	金额/元	
						综合单价	合价
1	020401001001	镶板木门	(1) 门类型：带纱门扇半截玻璃镶板木门 (2) 木材种类：红松，一类薄板 (3) 现场制作 (4) 刷防护底油	樘	6	619.61	3717.66

14.3 门窗装饰

1. 定额计价下的门窗装饰工程量的计算

1) 门窗装饰工程量的计算规则

(1) 门饰面按设计图示尺寸以面积计算。

(2) 半玻门的饰面如采用接驳的施工方法，门饰面的工程量应扣除玻璃洞口的面积。

(3) 门窗套、门窗套贴饰面板按设计图示尺寸以展开面积计算。

(4) 门窗贴脸、盖口条、披水条按设计图示尺寸以长度计算。

(5) 窗台板、筒子板按设计图示尺寸以展开面积计算。

(6) 窗帘盒、窗帘轨(杆)按设计图示尺寸以长度计算。成品窗帘安装按窗帘轨长乘以实际高度以面积计算；装饰造型帘头、水波幔帘按设计图示尺寸以长度计算。

2) 工作内容

(1) 门饰面的工作内容为：清理基层、选料、弹线、开料、涂胶、粘贴固定、修边、擦净表面等。本节根据门面所贴材料种类、是否拼花等设置相应子目。

(2) 门窗套、门窗贴脸、窗台板、披水条、盖口板。

工作内容：按不同材质设置相应子目。

(3) 窗帘盒、窗帘。

工作内容：制作、安装、铁件制作、固定盖板，安装窗轨，组装塑料窗帘盒等。

2. 工程量清单计价下门窗装饰工程量的计算

1) 清单工程量

(1) 门窗套(020407)按设计图示尺寸以展开面积计算。

(2) 窗帘盒、窗帘轨(020408)按设计图示尺寸以长度计算。

(3) 窗台板(020409)按设计图示尺寸以长度计算。

2) 计价工程量

(1) 门窗套的计价内容。

① 清理基层。

② 底层抹灰。

③ 立筋制作、安装。

④ 基层板安装。
⑤ 面层铺贴。
⑥ 刷防护材料、油漆。
（2）窗帘盒、窗帘轨的计价内容。
① 制作、运输、安装。
② 刷防护材料、油漆。
（3）窗台板的计价内容。
① 基层清理。
② 抹找平层。
③ 窗台板制作、安装。
④ 刷防护材料、油漆。

3）注意事项

门窗套、贴脸板、筒子板和窗台板项目包括底层抹灰，如底层抹灰已包括在墙、柱面底层抹灰内，应在工程量清单中进行描述。

14.4 厂库房大门、特种门

1. 定额计价下厂库房大门、特种门工程量的计算

工程量计算规则：

（1）厂库房大门、特种门、钢管镀锫铁丝门的制作、安装工程量按设计门框外围面积计算。如设计只标洞口尺寸的，按洞口尺寸每边减去 15mm 计算。无框的厂库房大门以扇的外围面积计算。

（2）型钢大门的制作安装工程量按图示尺寸以质量计算，不扣除孔眼、切肢、切边、切角的质量，厂房钢木门、冷藏库门、冷藏间冻结门、木折叠门按图示尺寸计算钢骨架制作质量。

2. 工程量清单计价下厂库房大门、特种门工程量的计算

1）清单工程量

（1）工程量计算规则：厂库房大门、特种门按清单项目设置木板大门、钢木大门、全钢板大门、特种门、围墙铁丝门，工程量按设计图示数量计算或设计图示洞口尺寸以面积计算。

（2）注意事项：冷藏门、冷冻间门、保温门、变电室门、隔音门、防射线门、人防门、金库门等，应按 A.5.1 中特种门项目编码列项。

2）计价工程量

计价内容：①门（骨架）制作、运输。②门、五金配件安装。③刷防护材料、油漆。

3）注意事项

（1）在定额中，厂库房木板门、厂库房钢木门子目中不包括固定铁件的混凝土垫块及门楹或梁柱内的预埋铁件；子目中也不带框，带框者另计；厂库房钢大门的制作已包括刷第一次防锈漆；如设计的钢板厚度与子目中不同则可换算，其他不变。厂库房钢木门子目 A12-203、A12-204 未包括大门钢骨架制作，应注意报价。

（2）在定额中，普通铁门制作子目中的五金配件包括门铰、插销、门闩等，但不包括门锁；该子目也未包括大门钢骨架制作，应注意报价。

(3) 在定额中，冷藏门、冷藏间冻结门项目的五金按普通小五金考虑，不包括碰锁、内推把、外拉手，如发生则按实计算；如使用管子拉手等高级五金时，则按实结算；该项目也未包括大门钢骨架制作，应注意报价。

(4) 在定额中，木保温隔音门中不包括门锁，如增加应按实计算；保温门的填充料与定额不同时，可以换算，其他工料不变。

14.5 金属门窗

金属门窗分为金属平开门窗、金属推拉门窗、金属固定窗、金属百叶窗、金属组合窗、金属地弹门（图 14.7）、彩钢板门窗、塑钢门窗、防盗门窗、金属格栅窗、钢质防火门等。

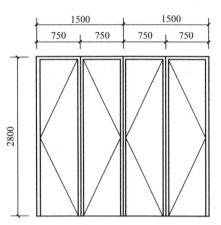

图 14.7　金属地弹门

1. 定额计价下金属门窗工程量的计算

1) 工程量计算规则

（1）钢门窗、塑料、塑钢、彩钢板、不锈钢、铝合金门窗安装按设计图示尺寸以框外围面积计算。但折形、弧形等的铝合金门窗，则按设计图示尺寸以展开面积计算，其制作工程量按相应门窗安装子目的定额含量计算。

（2）特殊五金安装工程量除另有注明外按设计图示数量以套或台计算。吊轨、下轨安装按设计图示尺寸以长度计算。

2) 工作内容

钢门窗安装的工作内容包括解捆、画线定位、调直、凿洞、校正、埋铁件、塞缝以及安装窗扇、玻璃及小五金等全部操作过程。

塑料门安装的工作内容包括校正框扇、安装门窗、裁安玻璃、装配五金配件、周边塞缝等。

塑钢、彩钢板门窗安装的工作内容包括校正框扇、安装门窗、裁安玻璃、装配五金配件、焊接连接件、周边塞缝等。

铝合金门窗安装的工作内容包括定位、凿孔、固定、安装玻璃、校正、调试、打胶、清洁。

3) 注意事项

（1）钢门窗安装不包拼装构件的工料费，如发生拼装，则每 100m² 增加电焊条 2.5kg、交流电焊机 0.25 台班、人工 20.5 工日，拼管（铁）按延长米计算，套钢管拼管 ϕ32 价格。

（2）定额铝合金、塑料、塑钢、彩钢、不锈钢门窗安装是按成品门窗考虑的，其成品门窗参照附表 1 中的价格另行计算。

（3）门窗安装后的缝隙填补工作已包括在相应定额安装子目内。

【例 14-2】 某工程采用 90 系列铝合金

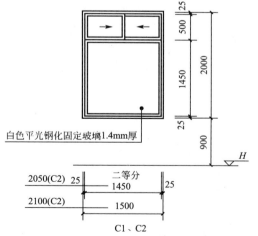

图 14.8　某工程 C1、C2 铝合金组合窗

组合窗(图 14.8),窗料厚度为 1.4mm,配灰色吸热透明玻璃 6mm 厚,C1 为 28 樘,C2 为 11 樘。试计算其定额工程量。

【解】 铝合金门窗安装定额工程量按框外围面积计算,本窗为组合窗,应将上部推拉窗和下部固定窗分开计算。

C1 推拉窗部分:$1.5 \times 0.525 \times 28 = 22.05(m^2)$

套定额 A12-259 铝合金不带亮推拉窗安装,并将 5mm 平板玻璃换为 6mm 热反射钢化镀膜玻璃。

C1 固定窗部分:$1.5 \times 1.475 \times 28 = 61.95(m^2)$

套定额 A12-261 矩形固定窗安装,并将 5mm 平板玻璃换为 6mm 热反射钢化镀膜玻璃。

C2 推拉窗部分:$2.1 \times 0.525 \times 11 = 12.13(m^2)$

套定额 A12-259 铝合金不带亮推拉窗安装,并将 5mm 平板玻璃换为 6mm 热反射钢化镀膜玻璃。

C2 固定窗部分:$2.1 \times 1.475 \times 11 = 34.07(m^2)$

套定额 A12-261 矩形固定窗安装,并将 5mm 平板玻璃换为 6mm 热反射钢化镀膜玻璃。

2. 清单计价方式下金属门窗工程量的计算

1) 清单工程量

(1) 工程量计算规则:按设计图示数量或设计图示洞口尺寸以面积计算。

(2) 注意事项。

① 项目特征中的门窗类型是指带亮子或不带亮子、带纱或不带纱、单扇、双扇或三扇、半百叶或全百叶、半玻或全玻、全玻自由门或半玻自由门、带门框或不带门框、单独门框和开启方式等。编制时应进行描述。

② 凡面层材料有品种、规格、品牌、颜色要求的,应在工程量清单中进行描述。

③ 特殊五金名称是指拉手、门锁、窗锁等,用途是指具体使用的门或窗,应在工程量清单中进行描述。

④ 铝合金窗五金应包括卡锁、滑轮、铰拉、执手、拉把、拉手、风撑、角码、牛角制等。

⑤ 铝合金门五金应包括地弹簧、门锁、拉手、门插、门铰、螺钉等。

2) 计价工程量

计价内容:

① 窗制作、运输、安装。

② 五金、玻璃安装。

③ 刷防护材料、油漆。

3) 注意事项

(1) 定额中的一般门窗制作已经包含了门窗小五金,特殊五金如拉手、门窗锁、门猫眼、防盗链、闭门器等,应按相应定额规定进行工程量计算并组合在报价中。

(2) 门窗的油漆套用有关章节相应子目组合在报价中。

【例 14-3】 对【例 14-2】中的铝合金组合窗工程用清单计价方式进行清单编制并报价。

【解析】 (1) 清单工程量:C1 为 28 樘,C2 为 11 樘。

(2) 编制工程量清单见表 14-5。

表 14-5 分部分项工程量清单与计价表

工程名称：   第 1 页 共 1 页

序号	项目编码	项目名称	项目特征描述	计量单位	工程量	金额/元	
						综合单价	合价
1	020406005001	金属组合窗 C1	（1）窗类型：铝合金组合窗 （2）外围尺寸：铝合金，1.5m×2.0m （3）成品铝合金窗，90系列 （4）玻璃品种、厚度、五金材料、品种、规格：吸热钢化玻璃6mm厚，含小五金配件	樘	28		
2	020406005002	金属组合窗 C2	（1）窗类型：铝合金组合窗 （2）外围尺寸：铝合金，2.1m×2.0m （3）成品铝合金窗，90系列 （4）玻璃品种、厚度、五金材料、品种、规格：吸热钢化玻璃6mm厚，含小五金配件	樘	11		

（3）计价工程量见【例 14-2】。

（4）编制报价表（表 14-6）。

表 14-6 分部分项工程报价表

工程名称：   第 1 页 共 1 页

序号	项目编码	项目名称	项目特征描述	计量单位	工程量	金额/元	
						综合单价	合价
1	020406005001	金属组合窗 C1	（1）窗类型：铝合金组合窗 （2）外围尺寸：铝合金，1.5m×2.0m （3）成品铝合金窗，90系列 （4）玻璃品种、厚度、五金材料、品种、规格：吸热钢化玻璃6mm厚，含小五金配件	樘	28	559.2	15657.6

(续)

序号	项目编码	项目名称	项目特征描述	计量单位	工程量	金额/元 综合单价	合价
2	020406005002	金属组合窗C2	(1) 窗类型：铝合金组合窗 (2) 外围尺寸：铝合金，2.1m×2.0m (3) 成品铝合金窗，90系列 (4) 玻璃品种、厚度、五金材料、品种、规格：吸热钢化玻璃6mm厚，含小五金配件	樘	11	783.11	8614.21

其中，铝合金窗C1的综合单价分析见表14-7。

表14-7 综合单价分析表

工程名称：　　　　　　　　　　　　　　　　　　　　　　　第　页　共　页

项目编码	020406005001	项目名称		金属组合窗C1		计量单位		樘	
清单综合单价组成明细									
定额编号	定额名称	定额单位	数量	单价				合价	
				人工费	材料费	机械费	管理费和利润	人工费	材料费	机械费	管理费和利润

定额编号	定额名称	定额单位	数量	人工费	材料费	机械费	管理费和利润	人工费	材料费	机械费	管理费和利润
A12-259换	推拉窗安装不带亮	100m²	0.0079	1084.62	15655.78		354.24	8.53	123.12		2.79
A12-261换	固定窗安装矩形	100m²	0.0221	819.32	18110.89		267.59	18.13	400.7		5.92
人工单价				小计				26.66	523.82		8.71
综合工日51元/工日				未计价材料费							
清单项目综合单价								559.2			

材料费明细	主要材料名称、规格、型号	单位	数量	单价/元	合价/元
	墙边胶	L	0.7996	54.5	43.58
	镀锌铁码	支	58.5055	0.4	23.4
	密封毛条	m	4.7644	0.11	0.52
	玻璃胶335g/支	支	1.9953	28	55.87
	软填料	kg	0.9662	2.97	2.87
	木螺钉M5×50	10个	12.2577	0.3	3.68
	不锈钢螺钉M5×12	10个	6.128	2.6	15.93
	6mm钢化镀膜玻璃	m²	2.9989	126	377.87
	其他材料费				0.11
	材料费小计				523.82

14.6 金属卷帘门、其他门

1. 定额计价下金属卷帘门、其他门工程量的计算

1) 工程量计算规则

(1) 卷闸门窗安装按设计图示尺寸以面积计算。如设计无规定时,安装于门窗洞槽中、洞外或洞内的,按洞口实际宽度两边共加100mm计算;安装于门、窗洞口中则不增加,高度按洞口尺寸加500mm计算(图14.9)。电动装置安装以套计算,小门安装以个计算。

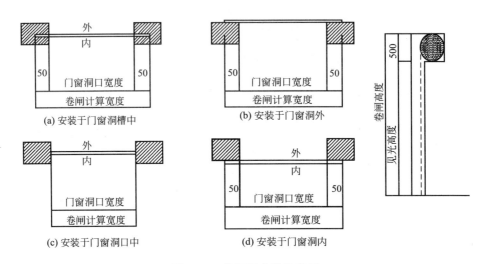

图14.9 卷闸门安装示意图

(2) 电子感应自动门、全玻转门、不锈钢电动伸缩门以樘计算。

2) 注意事项

电子感应自动门、转门、伸缩门、防火门、卷闸门等门窗的安装是按成品门窗考虑的,其成品门窗参照附表1中的价格另行计算。

2. 清单计价方式下卷帘门、其他门工程量的计算

1) 清单工程量

按设计图示数量或设计图示洞口尺寸以面积计算。

2) 计价工程量

(1) 计价内容。

① 制作、运输、安装。

② 启动装置、五金安装。

③ 刷防护材料、油漆。

(2) 注意事项:其他门(指电子感应门、转门、电子对讲门、电动伸缩门、全玻门、全玻自由门、半玻门、镜面不锈钢饰面门)五金应包括L形执手插锁(双舌)、球形执手锁(单舌)、门轧头、地锁、防盗门扣、门眼(猫眼)、门碰珠、电子销(磁卡销)、闭门器、装饰拉手等。

本 章 小 结

本章主要介绍了定额计价模式下和清单计价模式下门窗工程量的计算方法及注意事项。

要求学生熟悉门窗工程的种类，掌握定额计价方式下和清单计价下门窗工程量的计算规则及方法。

(1) 掌握木门框制作、安装，门扇制作、安装工程量的计算方法。
(2) 掌握门窗装饰工程量的计算方法。
(3) 掌握厂库房大门及特种门的工程量的计算方法。
(4) 掌握金属门窗的工程量的计算方法。
(5) 掌握卷帘门及其他门窗的工程量计算方法。
(6) 掌握清单计价下综合单价的计算方法，注意门窗五金配件、门窗油漆及饰面等应组合在报价中。

本 章 习 题

一、单项选择题

1. 《广东建筑与装饰工程综合定额》(2010)规定，卷闸门按(   )计算。
   A. 滚筒中心线高度+600mm　　　B. 滚筒中心线高度+300mm
   C. 门洞口高度+500mm　　　　　D. 门洞口高度+300mm

2. 定额中各类木门窗制作、安装的工程量均按(   )计算。
   A. 框外围面积　　　　　　　　　B. 洞口面积
   C. 扇外围面积　　　　　　　　　D. 洞口面积除以1.03

3. 普通钢门窗安装，按(   )计算工程量。
   A. 门窗框外围尺寸　　　　　　　B. 门窗框中心线尺寸
   C. 设计门窗洞口面积　　　　　　D. 门窗框净尺寸

4. 无框玻璃门工程量按(   )面积计算。
   A. 洞口　　　　　　　　　　　　B. 框外围
   C. 扇外围　　　　　　　　　　　D. 实际

5. 下列木材中，(   )属于一、二类木种。
   A. 榉木　　　　　　　　　　　　B. 枫木
   C. 樱桃木　　　　　　　　　　　D. 椴木

6. 以下关于门窗工程的说法，正确的是(   )。
   A. 木门窗制作定额按三类木种编制
   B. 普通木门窗、金属门窗工程量按设计门窗洞口面积计算
   C. 金属卷闸门定额包括活动小门
   D. 无框玻璃门按洞口面积计算工程量

二、多项选择题

1. 下列选项中，按设计门窗框外围面积计算工程量的有(   )。
   A. 普通木门窗　　　　　　　　　B. 铝合金门窗
   C. 无框玻璃门　　　　　　　　　D. 钢门窗

E. 铝合金卷闸门

2. 铝合金门窗定额中允许调整换算的条件有（　　）。
　　A. 玻璃品种不同
　　B. 铝合金型材的生产厂家不同
　　C. 铝合金型材的规格不同
　　D. 五金配件不同
　　E. 人工、机械含量不同

3. 木门的小五金包括（　　）。
　　A. 普通折页　　　　　　　　B. 风钩
　　C. 木螺钉　　　　　　　　　D. 弓形拉手
　　E. 铁插销

三、简答题

1. 本章木材木种均以一、二类木种为准，如采用三、四类木种，根据《广东省建筑与装饰工程综合定额》（2010）的规定，木门窗的制作和安装应如何进行换算？
2. 定额中木门窗工程是如何划分子目的？
3. 卷闸门的定额工程量应如何计算？
4. 在定额中，玻璃的品种、厚度与实际不同时能否进行调整？

四、计算题

1. 某单扇有亮胶合板门，规格为 900mm×2500mm，50 樘，试计算其制安费用。
2. 某工程有 900mm×2100mm 无框钢化玻璃（12mm 厚）单开门 1 樘和 1500mm×2200mm 无框钢化玻璃（12mm 厚）双开门一樘。每扇门均配置 φ50 不锈钢门拉手 1 副、地弹簧 1 副、门夹两只、地锁 1 把，试编制该工程无框玻璃门的清单并报价。
3. 如图 14.10 所示，某工程中的 M1 和 M5 为胶合板门，木材面油漆漆两遍，且 M1 和 M5 各 5 樘；M2 和 M3 为 90 系列铝合金门，各 5 樘，所有门均配普通球形锁，试计算其清单工程量并报价。

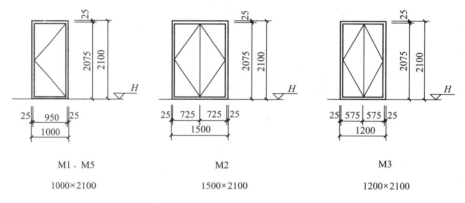

图 14.10　某工程门的详图

第15章

油漆、涂料、裱糊工程工程量计算

教学目标

本章主要介绍了两种计价模式下油漆、涂料、裱糊工程量的计算方法：定额工程量和清单工程量。要求学生熟悉油漆、涂料、裱糊工程的施工工艺和流程，掌握定额计价方式下油漆、涂料、裱糊定额工程量的计算规则及方法；掌握清单计价方式下油漆、涂料、裱糊清单工程量的计算规则及方法、计价工程量(或称报价工程量)的计算规则及方法。

教学要求

知识要点	能力要求	相关知识
定额计价	能够根据给定的工程图纸正确计算油漆、涂料、裱糊的定额工程量	(1) 木材面油漆工程量的计算规则 (2) 金属面油漆工程量的计算规则 (3) 抹灰面油漆工程量的计算规则 (4) 喷刷涂料工程量的计算规则 (5) 裱糊工程量的计算规则
清单计价	能够根据给定的工程图纸正确计算油漆、涂料、裱糊工程的清单工程量	(1) 木材面油漆工程量的计算规则 (2) 金属面油漆工程量的计算规则 (3) 抹灰面油漆工程量的计算规则 (4) 喷刷涂料工程量的计算规则 (5) 裱糊工程量的计算规则

引言

油漆、涂料、裱糊工在建筑物装饰工程很常见,那么它们各自包括哪些内容,其工程量应如何计算呢?

15.1 门窗油漆

门窗包括的项目:木门、金属门、木窗、金属窗等。

门窗油漆的工程内容:①基层清理;②刮腻子;③刷防护材料、油漆。

1. 定额计价方式下门窗油漆工程工程量的计算

(1) 门窗油漆工程量的计算规则:均按设计图示尺寸以框外围面积计算。

(2) 注意事项:木门窗油漆工程量已包括贴脸油漆。

2. 清单计价方式下门窗油漆工程工程量的计算

(1) 门窗油漆工程量的计算规则见表 15-1 和表 15-2。

表 15-1 门油漆清单工程量计算规则表

项目编码	项目名称	项目特征	计量单位	工程量计算规则	工程内容
020501001	门油漆	(1) 门类型 (2) 腻子种类 (3) 刮腻子要求 (4) 防护材料种类 (5) 油漆品种、刷漆遍数	樘/m²	按设计图示数量或设计图示单面洞口面积计算	(1) 基层清理 (2) 刮腻子 (3) 刷防护材料、油漆

表 15-2 窗油漆清单工程量计算规则表

项目编码	项目名称	项目特征	计量单位	工程量计算规则	工程内容
020502001	窗油漆	(1) 窗类型 (2) 腻子种类 (3) 刮腻子要求 (4) 防护材料种类 (5) 油漆品种,刷漆遍数	樘/m²	按设计图示数量或设计图示单面洞口面积计算	(1) 基层清理 (2) 刮腻子 (3) 刷防护材料、油漆

(2) 注意事项:门窗尺寸不一致时或门窗做法品种不一致时,需分别列项。

(3) 门油漆工程量系数见表 15-3。

表 15-3 门油漆工程量系数表

项目名称	系数	工程量计算规则
单层木门	1.00	按设计图示尺寸以框外围面积计算
双层(一玻一纱)木门	1.36	
双层(单裁口)木门	2.00	

(续)

项目名称	系数	工程量计算规则
单层全玻门	0.83	按设计图示尺寸以框外围面积计算
木百叶门	1.25	
厂库木大门	1.10	
单层带玻璃钢门	1.35	
双层(一玻一纱)钢门	2.00	
满钢板或包铁皮门	2.20	
钢管镀锌钢丝网大门	1.10	
厂库房平开、推拉门	2.30	
厂库房钢大门	50.00	按设计图示尺寸以质量(t)计算
普通铁门	73.00	
折叠钢门	87.00	
百叶钢门	108.00	

(4) 窗油漆工程量系数见表15-4。

表15-4 窗油漆工程量系数表

项目名称	系数	工程量计算规则
单层玻璃窗、满洲窗、屏风花檐、挂落	1.00	按设计图示尺寸以框外围面积计算
双层(一玻一纱)木窗	1.36	
双层(单裁口)木窗	2.00	
三层(二玻一纱)窗	2.60	
单层组合木窗	0.83	
双层组合木窗	1.13	
木百叶窗	1.50	
单层带玻璃钢窗、单双玻璃天窗、组合钢窗	1.35	
双层(一玻一纱)钢窗	2.00	
钢窗波纹窗花	0.38	

【例15-1】 如图15.1所示,求该木百叶门刷防腐油漆的工程量。

【解】 (1) 思路分析:①门油漆清单工程计量单位可用樘或m²,但一般多用樘。
②该门为木百叶门,定额工程量计算时需考虑乘以系数1.25。
(2) 清单工程量=1樘,工程量清单见表15-5。

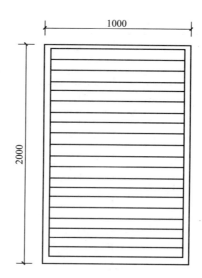

图 15.1 木百叶门示意图

表 15-5 分部分项工程量清单与计价表

工程名称：　　　　　　　　　　标段：　　　　　　　　　　　第　页　共　页

序号	项目编码	项目名称	项目特征描述	计量单位	工程量	金额/元		
						综合单价	合价	其中：暂估价
1	020501001001	门油漆	木百叶门刷防腐油漆	樘	1	—	—	

(3) 定额工程量＝2×1×1.25＝2.50(m²)

【例 15-2】 图 15.2 所示的单层玻璃窗共 25 樘，求其工程量。

图 15.2 单层玻璃窗示意图

【解】 (1) 清单工程量＝1 樘，工程量清单见表 15-6。

表 15-6 分部分项工程量清单与计价表

工程名称：　　　　　　　　　　标段：　　　　　　　　　　　第　页　共　页

序号	项目编码	项目名称	项目特征描述	计量单位	工程量	金额/元		
						综合单价	合价	其中：暂估价
1	020502001001	窗油漆	单层玻璃窗油漆	樘	25	—	—	

(2) 定额工程量＝1.2×1.8×1.00×45＝97.2(m²)

注：单层玻璃窗的折算系数为1.00，窗的类型不同其折算系数也不同。例如，单层组合窗的折算系数为0.83，而木百叶窗的折算系数则为1.50。

15.2 木扶手及其他板条线条油漆

木扶手及其他板条线条包括的项目：木扶手、窗帘盒、封檐板、顺水板、博风板、挂衣板、黑板框、生活园地框、挂镜线、窗帘棍等。

木扶手及其他板条线条油漆的工程内容：①清理基层；②刮腻子；③涂防护材料、油漆等。

1. 定额计价方式下木扶手及其他板条线条油漆工程量的计算

（1）木扶手及其他板条线条油漆工程量的计算规则：均按设计图示尺寸以长度计算。

（2）注意事项：木扶手油漆不带托板考虑。

2. 清单计价方式下木扶手及其他板条线条油漆工程量的计算

（1）木扶手及其他板条线条油漆工程量的计算规则见表15-7。

表15-7 木扶手及其他板条线条油漆清单工程量计算规则表

项目编码	项目名称	项目特征	计量单位	工程量计算规则	工程内容
020503001	木扶手油漆	（1）腻子种类 （2）刮腻子要求 （3）油漆体单位展开面积 （4）油漆体长度 （5）防护材料种类 （6）油漆品种、刷漆遍数	m	按设计图示尺寸以长度计算	（1）基层清理 （2）刮腻子 （3）刷防护材料、油漆
020503002	窗帘盒油漆	^	^	^	^
020503003	封檐板、顺水板油漆	^	^	^	^
020503004	挂衣板、黑板框油漆	^	^	^	^
020503005	挂镜线、窗帘棍、单独木线油漆	^	^	^	^

（2）木扶手及其他板条线条油漆工程量系数见表15-8。

表15-8 木扶手及其他板条线条油漆工程量系数表

项目名称	系数	工程量计算规则
木扶手（不带托板）	1.00	按设计图示尺寸以长度计算
木扶手（带托板）	2.60	
窗帘盒	2.04	
封檐板、顺水板、博风板	1.74	
挂衣板、黑板框	0.52	
生活园地框、挂镜线、窗帘棍	0.35	

15.3 木材面油漆

木材面包括的项目：木板、纤维板、胶合板、木护墙、木墙裙、窗台板、筒子板、盖板、门窗套、踢脚线、清水半条天棚、檐口、木方格吊顶天棚、吸音板墙面、天棚面、暖气罩、鱼鳞板墙、屋面板、木间壁、木隔断、玻璃间壁露明墙筋、木栅栏、木栏杆、木地板等。

木材面油漆的工程内容：基层油漆、面油漆、其他。

1. 定额计价方式下木材面油漆工程工程量的计算

（1）木板、纤维板、胶合板、木护墙、木墙裙、窗台板、筒子板、盖板、门窗套、踢脚线、清水半条天棚、檐口、木方格吊顶天棚、吸音板墙面、天棚面、暖气罩、鱼鳞板墙、屋面板油漆工程量的计算规则：均按设计图示尺寸以面积计算。

木间壁、木隔断、玻璃间壁露明墙筋、木栅栏、木栏杆工程量的计算规则：均按设计图示尺寸以单面外围面积计算。

壁柜、梁柱饰面、零星木装饰油漆均按设计图示尺寸以油漆部分展开面积计算。

木地板油漆按设计图示尺寸以面积计算。空洞、空圈、暖气包槽、壁龛的开口部分并入相应的工程量内。

木楼梯油漆按设计图示尺寸以水平投影面积计算，不扣除宽度小于300mm的楼梯井，不计算伸入墙内部分。

（2）注意事项：木材面防火涂料工程量应另行计算。

2. 清单计价方式下木材面油漆工程工程量的计算

（1）木材面油漆工程量的计算规则见表15-9。

表15-9 木材面油漆清单工程量计算规则表

项目编码	项目名称	项目特征	计量单位	工程量计算规则	工程内容
020504001	木板、纤维板、胶合板油漆	（1）腻子种类 （2）刮腻子要求 （3）防护材料种类 （4）油漆品种、刷漆遍数	m²	按设计图示尺寸以单面外围面积计算	（1）基层清理 （2）刮腻子 （3）刷防护材料、油漆
020504002	木护墙、木墙裙油漆				
020504003	窗台板、筒子板、盖板、门窗套、踢脚线油漆				
020504004	清水板条天棚、檐口油漆				
020504005	木方格吊顶天棚油漆				
020504006	吸音板墙面、天棚面油漆				
020504007	暖气罩油漆				

(续)

项目编码	项目名称	项目特征	计量单位	工程量计算规则	工程内容
020504008	木间壁、木隔断油漆	(1) 腻子种类 (2) 刮腻子要求 (3) 防护材料种类 (4) 油漆品种、刷漆遍数	m²	按设计图示尺寸以单面外围面积计算	(1) 基层清理 (2) 刮腻子 (3) 刷防护材料、油漆
020404009	玻璃间壁露明墙筋油漆				
020504010	木栅栏、木栏杆(带扶手)油漆				
020504011	衣柜、壁柜油漆			按设计图示尺寸以油漆部分展开面积计算	
020504012	梁柱饰面油漆				
020504013	零星木装修油漆				
020504014	木地板油漆			按设计图示尺寸以面积计算。空洞、空圈、暖气包槽、壁龛的开口部分并入相应的工程量内	
020504015	木地板烫硬蜡面	(1) 硬蜡品种 (2) 面层处理要求			(1) 基层清理 (2) 烫蜡

(2) 其他木材面油漆工程量系数见表 15-10。

表 15-10 其他木材面油漆工程量系数表

项目名称	系数	工程量计算规则
木板、纤维板、胶合板(单面)	1.00	按设计图示尺寸以面积计算
木护墙、木墙裙	0.91	
窗台板、筒子板、盖板、门窗套、踢板线	0.82	
清水板条天棚、檐口	1.07	
木方格吊顶天棚	1.20	
吸音板墙面、天棚面	0.87	
鱼鳞板墙	2.46	
暖气罩	1.28	
屋面板(带椽条)	1.11	
木间壁、木隔断	1.90	按设计图示尺寸以单面外围面积计算
玻璃间壁露明墙筋	1.65	
木栅栏、木栏杆(带扶手)	1.82	
零星木装修	1.10	按设计图示尺寸以油漆部分展开面积计算
木饰线	1.00	按设计图示尺寸以面积计算
木屋架	1.79	按二分之一设计图示跨度乘以设计图示高度以面积计算

(3) 木地板、木楼梯油漆工程量系数见表 15-11。

表 15-11 木地板、木楼梯油漆工程量系数表

项目名称	系数	工程量计算规则
木地板	1.00	按设计图示尺寸以面积计算，空洞、空圈、暖气包槽、壁龛的开口部分并入相应的工程量内
木楼梯面层(带踢脚板)	2.30	按设计图示尺寸以水平投影面积计算，不扣除宽度小于 300mm 的楼梯井，不计算伸入墙内部分
木楼梯底层(带踢脚板，底封板)	1.30	
木楼梯底层(带踢脚板，底不封板)	2.30	
木楼梯面层(不带踢脚板)	1.20	
木楼梯底层(不带踢脚板)	1.20	

【例 15-3】 如图 15.3 所示，计算衣柜刷咖啡色着色漆的工程量。

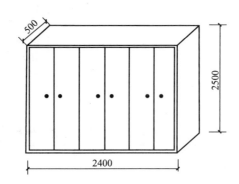

图 15.3 衣柜示意图

【解】 (1) 清单工程量 $=(2.4\times2.5+0.5\times2.5)\times2+0.5\times2.4=15.70(m^2)$

分部分项工程量清单与计价见表 15-12。

表 15-12 分部分项工程量清单与计价表

工程名称：　　　　　　　　　　标段：　　　　　　　　　　第　页 共　页

序号	项目编码	项目名称	项目特征描述	计量单位	工程量	金额/元		
						综合单价	合价	其中：暂估价
1	020504011001	衣柜、壁柜油漆	衣柜刷咖啡色着色漆	m²	15.70	—	—	

(2) 定额工程量同清单工程量，为 15.70m²。

注：计算定额工程量时，按实刷展开面积计算，折算系数为 1.00。

【例 15-4】 图 15.4 为某居室平面图，假设室内全部铺成木地板，现给木地板刷一层防腐油漆，试求其工程量。

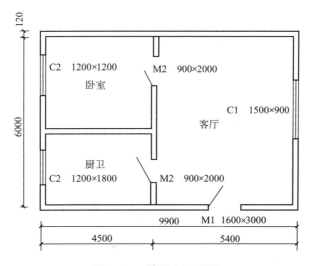

图 15.4 某居室平面图

【解】（1）清单工程量。

客厅工程量 $=(5.4-0.12\times 2)\times(6-0.12\times 2)=29.72(m^2)$

厨卫＋卧室工程量 $=(4.5-0.12\times 2)\times(6-0.12\times 4)=23.52(m^2)$

总工程量 $=29.72+23.52=53.24(m^2)$

分部分项工程量清单与计价见表 15-13。

表 15-13 分部分项工程量清单与计价表

工程名称：　　　　　　　　　标段：　　　　　　　　　第 页 共 页

序号	项目编码	项目名称	项目特征描述	计量单位	工程量	金额/元		
						综合单价	合价	其中：暂估价
1	020504014001	木地板油漆	木地板刷一层防腐油漆	m²	53.24	—	—	—

（2）定额工程量同清单工程量，为 53.24m²。

15.4 金属面油漆

金属面油漆包括的项目：钢结构、金属结构构件除锈、油漆。

金属面油漆的工程内容：清扫、除锈除尘、刷防护材料、刷漆等。

1. 定额计价方式下金属面油漆工程工程量的计算

工程量计算规则：

（1）钢结构构件除锈、油漆按设计图示尺寸以展开面积计算。

（2）金属结构构件除锈、油漆按设计图示尺寸以质量和附表折算面积计算。

2. 清单计价方式下金属面油漆工程工程量的计算

（1）工程量计算规则见表 15-14。

表 15-14 金属面油漆清单工程量计算规则表

项目编码	项目名称	项目特征	计量单位	工程量计算规则	工程内容
020505001	金属面油漆	(1) 腻子种类 (2) 刮腻子要求 (3) 防护材料种类 (4) 油漆品种、刷漆遍数	t	按设计图示尺寸以质量计算	(1) 基层清理 (2) 刮腻子 (3) 刷防护材料、油漆

(2) 金属面油漆工程量系数见表 15-15。

表 15-15 金属面油漆工程量系数表

项目名称	系数	工程量计算规则
钢爬梯、钢支架、柜台钢支架	45.0	按设计图示尺寸以质量(t)计算
踏步式钢梯	40.0	
钢栏杆	65.0	
桁架梁、型钢梁(吧头、门头)	40.0	
零星构件、零星小晶(构件)	66.0	

15.5 抹灰面油漆

抹灰面油漆包括的项目：天棚面、墙、柱、梁等抹灰面油漆和空花格、栏杆油漆等。
抹灰面油漆的工程内容：清扫、除尘、刷防护材料、刷漆等。

1. 定额计价方式下抹灰面油漆工程工程量的计算
(1) 工程量计算规则：天棚面、墙、柱、梁等抹灰面油漆按设计图示尺寸以面积计算。
(2) 注意事项：楼地面、天棚、墙、柱梁面按设计图示尺寸以油漆部分展开面积计算。

2. 清单计价方式下抹灰面油漆工程工程量的计算
(1) 工程量计算规则见表 15-16。

表 15-16 抹灰面油漆清单工程量计算规则表

项目编码	项目名称	项目特征	计量单位	工程量计算规则	工程内容
020506001	抹灰面油漆	(1) 基层类型 (2) 线条宽度、道数 (3) 腻子种类 (4) 刮腻子要求 (5) 防护材料种类 (6) 油漆品种、刷漆遍数	m²	按设计图示尺寸以面积计算	(1) 基层清理 (2) 刮腻子 (3) 刷防护材料、油漆
020506002	抹灰线条油漆		m	按设计图示尺寸以长度计算	

(2) 抹灰面油漆工程量系数见表 15-17。

表 15-17 抹灰面油漆工程量系数表

项目名称	系数	工程量计算规则
混凝土梯底（板式）	1.30	按设计图示尺寸以水平投影面积计算
混凝土梯底（梁式）	1.00	按设计图示尺寸以油漆部分展开面积计算
混凝土花格窗、栏杆花饰	1.82	按设计图示尺寸以单面外围面积计算
亭顶棚	1.00	按设计图示尺寸以斜面积计算
楼地面、天棚、墙、柱梁面	1.00	按设计图示尺寸以油漆部分展开面积计算

【例 15-5】 根据 J-01 首层平面图，计算首层大厅墙柱面抹灰面油漆工程量并完成工程量计算表、分部分项工程量清单与计价表以及综合单价分析表的填写。

【解】（1）思路分析：计算大厅的墙柱面抹灰面油漆时，要注意部分柱子突出墙体的部分，此外还要注意扣除门窗洞口的面积。

（2）工程量计算见表 15-18。

表 15-18 工程量分析表

单位工程名称：　　　　　　　　　　　　　　　　　　　第 1 页 共 页

工程项目	说明	位置		件数	列式			数量	单位	复数量	单位	备注
		轴线	起讫		长/m	宽/m	高/m					
大厅墙柱面抹灰面油漆	大厅墙面	③～⑧Ⓐ～Ⓑ		1	48.92		3.68	180.03	m²	180.03	m²	
	柱子	④～⑦Ⓐ～Ⓑ		16	0.22		3.68	0.81	m²	12.95	m²	柱子突出墙面部分
	扣 C1			9	3		2.5	7.50	m²	67.50	m²	
	扣 M3			1	3		3.4	10.20	m²	10.20	m²	
合计										115.28	m²	

（3）分部分项工程量清单与计价见表 15-19。

表 15-19 分部分项工程量清单与计价表

工程名称：　　　　　　　　段：　　　　　　　　第 页 共 页

序号	项目编码	项目名称	项目特征描述	计量单位	工程量	金额/元		
						综合单价	合价	其中：暂估价
1	020506001001	抹灰面油漆	乳胶腻子刮面，扫象牙白色高级乳胶漆两遍	m²	115.28	8.56	986.80	
本页小计							986.80	
合　　计								
其中人工费								

（4）综合单价分析见表 15-20。

263

表15-20 工程量清单综合单价分析表

工程名称： 标段： 第 页 共 页

项目编码	020506001001	项目名称		抹灰面油漆			计量单位	m²	清单工程量	
清单综合单价组成明细										
定额编号	定额子目名称	定额单位	数量	单价				合价		
				人工费	材料费	机械费	管理费	利润	人工费	材料费	机械费	管理费	利润

定额编号	定额子目名称	定额单位	数量	人工费	材料费	机械费	管理费	利润	人工费	材料费	机械费	管理费	利润
A16-181	刮腻子一遍	100m²	1.153	286.88	35.85		43.23	51.64	330.77	41.34		49.84	59.54
A16-187	抹灰面乳胶漆墙柱面二遍	100m²	1.153	241.84	116.44		36.45	43.53	278.84	134.26		42.03	50.19
人工单价			小 计						5.29	1.52		0.80	0.95
51元/工日			未计价材料费								8.56		
清单项目综合单价													

材料费明细	主要材料名称、规格、型号	单位	数量	单价/元	合价/元	暂估单价/元	暂估合价/元
						—	—
						—	—
	其他材料费			—		—	
	材料费小计			—		—	

15.6 刷喷涂料

刷喷涂料包括的项目：天棚面、墙、柱、梁等喷塑和天棚面、墙、柱、梁等面喷（刷）涂料、地坪防火涂料。

刷喷涂料的工程内容：清扫、除尘、刷防护材料、刷漆等。

1. 定额计价方式下刷喷涂料工程工程量的计算

工程量计算规则：

(1) 天棚面、墙、柱、梁等喷塑按设计图示尺寸以面积计算。
(2) 天棚面、墙、柱、梁等面喷（刷）涂料、地坪防火涂料按设计图示尺寸以面积计算。

2. 清单计价方式下刷喷涂料工程工程量的计算

工程量计算规则见表 15-21。

表 15-21 刷喷涂料清单工程量计算规则表

项目编码	项目名称	项目特征	计量单位	工程量计算规则	工程内容
020507001	刷喷涂料	(1) 基层类型 (2) 腻子种类 (3) 刮腻子要求 (4) 涂料品种、刷喷遍数	m²	按设计图示尺寸以面积计算	(1) 基层清理 (2) 刮腻子 (3) 刷、喷涂料

15.7 花饰、线条刷涂料

花饰、线条刷涂料包括的项目：空花格、栏杆刷涂料、线条刷涂料。

花饰、线条刷涂料的工程内容：清扫、除尘、刷防护材料、刷漆等。

1. 定额计价方式下花饰、线条刷涂料工程工程量的计算

工程量计算规则：空花格、栏杆刷涂料按设计图示尺寸以单面外围面积计算。

2. 清单计价方式下花饰、线条刷涂料工程工程量的计算

工程量计算规则见表 15-22。

表 15-22 花饰、线条刷涂料清单工程量计算规则表

项目编码	项目名称	项目特征	计量单位	工程量计算规则	工程内容
020508001	空花格、栏杆刷涂料	(1) 腻子种类 (2) 线条宽度 (3) 刮腻子要求 (4) 涂料品种、刷喷遍数	m²	按设计图示尺寸以单面外围面积计算	(1) 基层清理 (2) 刮腻子 (3) 刷、喷涂料
020508002	线条刷涂料		m	按设计图示尺寸以长度计算	

【例15-6】 如图15.5所示的空花格窗，试求其花格窗刷白水泥浆二遍的工程量。

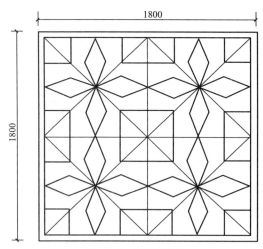

图15.5 空花格窗

【解】（1）清单工程量=1.8×1.8=3.24(m²)
分部分项工程量清单与计价见表15-23。

表15-23 分部分项工程量清单与计价表

工程名称：　　　　　　　　　标段：　　　　　　　　　第 页 共 页

序号	项目编码	项目名称	项目特征描述	计量单位	工程量	金额/元		
						综合单价	合价	其中：暂估价
1	020508001001	空花格、栏杆刷涂料	空花格窗刷涂料	m²	3.24	—	—	

（2）定额工程量=1.8×1.8×1.82=5.90(m²)
注：定额工程量为单面外围面积乘以花格窗系数1.82。

【例15-7】 如图15.6所示的教学楼立面图，试求其正立面外墙线条刷多彩花纹涂料的清单工程量。

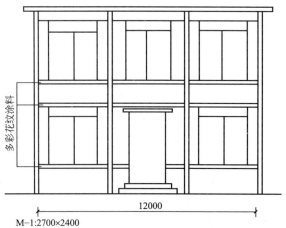

图15.6 教学楼立面图

【解】 清单工程量＝(12－2.7)+12×2＝33.3(m)

分部分项工程量清单与计价见表 15-24。

表 15-24 分部分项工程量清单与计价表

工程名称：　　　　　　　　　标段：　　　　　　　　　第　页　共　页

序号	项目编码	项目名称	项目特征描述	计量单位	工程量	金额/元		
						综合单价	合价	其中：暂估价
1	020508002001	线条刷涂料	教学楼外墙线条刷多彩花纹涂料	m	33.30	—	—	

15.8 墙纸裱糊、织锦缎裱糊

墙纸裱糊、织锦缎裱糊包括的项目：墙纸裱糊、织锦缎裱糊。

墙纸裱糊、织锦缎裱糊的工程内容：基层清理、刮腻子、面层铺粘、刷防护材料。

1. 定额计价方式下墙纸裱糊、织锦缎裱糊工程工程量的计算

工程量计算规则：墙纸裱糊、织锦缎裱糊按设计图示尺寸以面积的计算。

2. 清单计价方式下墙纸裱糊、织锦缎裱糊工程工程量的计算

工程量计算规则见表 15-25。

表 15-25 墙纸裱糊、织锦缎裱糊清单工程量计算规则表

项目编码	项目名称	项目特征	计量单位	工程量计算规则	工程内容
020509001	墙纸裱糊	(1) 基层类型 (2) 裱糊构件部位 (3) 腻子种类 (4) 刮腻子要求 (5) 粘结材料种类 (6) 防护材料种类 (7) 面层材料品种、规格、品牌、颜色	m²	按设计图示尺寸以面积计算	(1) 基层清理 (2) 刮腻子 (3) 面层铺粘 (4) 刷防护材料
020509002	织锦缎裱糊				

本 章 小 结

门窗油漆：
定额工程量均按设计图示尺寸以框外围面积计算。
清单工程量则可按设计图示以数量(樘)计算，或以设计图示单面洞口以面积计算。
木扶手及其他板条线条油漆：
定额工程量与清单工程量相同，均按设计图示尺寸以长度计算。

木材面油漆：

定额工程量与清单工程量相同。

木板、纤维板、胶合板、木护墙、木墙裙、窗台板、筒子板、盖板、门窗套、踢脚线、清水半条天棚、檐口、木方格吊顶天棚、吸音板墙面、天棚面、暖气罩、鱼鳞板墙、屋面板油漆工程量的计算规则：均按设计图示尺寸以面积计算。

木间壁、木隔断、玻璃间壁露明墙筋、木栅栏、木栏杆工程量的计算规则：均按设计图示尺寸以单面外围面积计算。

壁柜，梁柱饰面，零星木装饰油漆均按设计图示尺寸以油漆部分展开面积计算。

木地板油漆，按设计图示尺寸以面积计算。空洞、空圈、暖气包槽、壁龛的开口部分并入相应的工程量内。

金属面油漆：

定额工程量：钢结构构件除锈、油漆按设计图示尺寸以展开面积计算；金属结构构件除锈、油漆按设计图示尺寸以质量和附表折算面积计算。

清单工程量：均以设计图示尺寸以质量(t)计算。

抹灰面油漆：

定额工程量：天棚面、墙、柱、梁等抹灰面油漆按设计图示尺寸以面积计算。

清单工程量：抹灰面油漆均按设计图示尺寸以面积计算；抹灰线条油漆按图示尺寸以长度计算。

刷喷涂料：

定额工程与清单工程量相同，均按设计图示尺寸以面积计算。

花饰、线条刷涂料：

定额工程量：空花格、栏杆刷油漆，按设计图示尺寸以单面外围面积计算。

清单工程量：空花格、栏杆刷油漆按设计图示尺寸以单面外围面积计算；线条刷涂料按设计图示尺寸以长度计算。

墙纸裱糊、织锦缎裱糊：

定额工程与清单工程量相同，均按设计图示尺寸以面积计算。

本章习题

1. 门窗油漆的清单工程量按设计图示尺寸以（　　）计算。
   A. 框外围面积
   B. 垂直投影面积
   C. 长度
   D. 数量(樘)计算，或按设计图示单面洞口以面积
2. 木栅栏、木栏杆油漆的清单工程量按设计图示尺寸以（　　）计算。
   A. 延长米　　　　　　　　　　B. 垂直投影面积
   C. 面积　　　　　　　　　　　D. 单面外围面积
3. 木地板油漆按设计图示尺寸以面积计算。（　　）的开口部分并入相应的工程量内。
   A. 空洞、空圈　　　　　　　　B. 暖气包槽
   C. 壁龛　　　　　　　　　　　D. 空洞、空圈、暖气包槽、壁龛

第16章

其他工程工程量计算

教学目标

本章主要介绍装饰工程中其他工程工程量的计算方法。其他工程包括柜台类、货架、试衣间,浴厕配件,压条、装饰线,雨篷、旗杆,广告牌、灯箱、美术字,开(钻)孔、封洞、石材磨边及开槽、拆除工程等。要求学生熟悉其他工程的施工工艺和流程,并能正确计算其工程量。

教学要求

知识要点	能力要求	相关知识
装饰物件制作、安装及其他	(1) 能够根据给定的工程图纸正确计算柜台类、货架、试衣间的定额工程量及清单工程量并能正确计价 (2) 能够根据给定的工程图纸正确计算压条、装饰线的定额工程量及清单工程量并能正确计价 (3) 能够根据给定的工程图纸正确计算雨篷、旗杆的定额工程量及清单工程量并能正确计价 (4) 能够根据给定的工程图纸正确计算广告牌、灯箱、美术字的定额工程量及清单工程量并能正确计价 (5) 能够根据给定的工程图纸正确计算开(钻)孔、封洞、石材磨边及开槽、拆除工程的定额工程量及清单工程量并能正确会计价	(1) 柜台类、货架、试衣间定额工程量和清单工程量的计算规则 (2) 压条、装饰线定额工程量和清单工程量的计算规则 (3) 雨篷、旗杆定额工程量和清单工程量的计算规则 (4) 广告牌、灯箱、美术字定额工程量和清单工程量的计算规则 (5) 开(钻)孔、封洞、石材磨边及开槽、拆除工程定额工程量和清单工程量的计算规则

引言

本章主要介绍建筑物中一些零散的构件，比如柜台类、货架、试衣间，浴厕配件、压条、装饰线、雨篷、旗杆、广告牌、灯箱、美术字等相关知识，同时也介绍一些琐碎工作如开（钻）孔、封洞、石材磨边及开槽、拆除工程等工程量计算，这是造价知识的扩充，也是造价员所必须掌握的内容。

16.1 柜台类、货架、试衣间

1. 柜台类、货架、试衣间的基础知识

柜类包括衣柜、书柜、酒柜、厨房壁柜及吊柜、货架、吧台背柜、鞋柜、电视柜、床头柜、行李柜、存包柜及资料柜等。其中，厨房壁柜和厨房吊柜以嵌入墙内为壁柜，以支架固定在墙上的为吊柜。

2. 家具的分类

（1）按高度分：

高柜：高度在 1600mm 以外，通常包括衣柜、书柜和厨房壁柜、酒柜、存包柜。

中柜：高度在 1600mm 以内，通常包括货架、吧台背柜、鞋柜。

低柜：高度在 900mm 以内，通常指厨房吊柜、资料柜、电视柜、床头柜、行李柜、电视柜、床头柜。

（2）按用途和类型分：分为柜类、台类和试衣间。

① 柜类包括衣柜、书柜、酒柜、厨房壁柜及吊柜、货架、吧台背柜、鞋柜、电视柜、床头柜、行李柜、存包柜及资料柜等。

② 台类：主要包括梳妆台、服务台、收银台、柜台。

③ 试衣间。

各种柜类、台类及衣帽间的效果如图 16.1 所示。

(a) 厨房壁柜及吊柜

(b) 餐边柜

(c) 地柜

(d) 电视柜

图 16.1 各种柜类、台类及衣帽间效果图

(e) 酒柜

(f) 衣柜

(g) 衣帽间

(h) 梳妆台

图 16.1　各种柜类、台类及衣帽间效果图(续)

3. 家具材质

家具材质以胶合板为主，即柜子的开间主板、水平隔层板、上下封板、抽屉主板、底板、柜门内结构骨架、柜背板、柜门的结构面板都是胶合板。家具内外饰面板一般为宝丽板、榉木胶合板或防火板。

4. 定额工程量计算规则

(1) 柜类：包括高、中、低柜，均按设计图示尺寸以柜正面投影面积计算。
(2) 台类：按设计图示尺寸以台面中心线长度计算。
(3) 试衣间：按设计图示数量以个计算。

5. 清单工程量计算规则

(1) 清单工程量：所有柜类、台类、试衣间均按设计图示数量以个计。
(2) 计价工程量：包括柜台制作、运输、安装(安放)、刷防护材料、油漆。
(3) 特征描述内容：柜台规格，材料种类(石材、金属、实木等)及规格，五金种类及规格，防护材料种类，油漆品种及刷油漆遍数。

16.2　浴厕配件

浴厕配件包括洗漱台和其他浴厕配件、镜面玻璃等，而其他浴厕配件是指毛巾环、卫生盒、肥皂盒、金属杆、毛巾杆等，如图 16.2 所示。

1. 定额工程量计算规则

(1) 洗漱台(又称洗手台)制安工程量按设计图示尺寸以台面外接矩形面积计算，不扣除孔洞、挖弯、削角所占面积，挡板、吊沿板面积并入台面面积内。钢化玻璃洗漱台按设计图示数量以套计算。

(a) 浴缸及洗漱台

(b) 镜面玻璃

(c) 真空吸盘式纸巾架

(d) 真空吸盘式双杆式毛巾架

(e) 真空吸盘式单边毛巾架

图 16.2　洗漱台、镜面玻璃及其他浴厕配件图

（2）其他浴厕配件工程量：按设计图示数量以只或副计算。

（3）镜面玻璃：按设计图示尺寸以边框外围面积计算。

（4）镜箱：按设计图示数量以个计算。

（5）注意事项。

① 挡板是指镜面玻璃下边沿至洗漱台面和侧墙与台面接触的部位的竖挡板（一般挡板与台面使用同品种材料，使用不同品种材料时应另行计算）。

② 吊沿是指台面外边沿下方的竖挡板。

2. 清单工程量计算规则

1) 清单工程量

（1）洗漱台制安工程量按设计图示尺寸以台面外接矩形面积计算，不扣除孔洞、挖弯、削角所占面积，挡板、吊沿板面积并入台面面积内。

（2）其他浴厕配件工程量：按设计图示数量以个、副、根、套计算。

（3）镜面玻璃：按设计图示尺寸以边框外围面积计算。

（4）镜箱：按设计图示数量以个计算。

2) 计价工程量

① 洗漱台：首先算洗漱台制安工程量，再算油漆工程量。

② 其他浴厕配件工程量：制安和油漆。

③ 镜面玻璃：镜面玻璃基层、玻璃及框制安、运输、油漆。

④ 镜箱：基层安装、箱体制安、油漆。

3) 特征描述

① 洗漱台和其他浴厕配件：应描述材料品种、规格、品牌、颜色，支架、配件品种、规格、品牌，油漆品种、刷油漆遍数等。

② 镜面玻璃：应描述镜面玻璃品种、规格、框材质、断面尺寸，基层材料种类（玻璃背后的衬垫材料，如胶合板、油毡等），刷防护材料种类、油漆品种、刷油漆遍数。

③ 镜箱：描述箱材质、规格、玻璃品种、规格，基层材料种类，刷防护材料种类、油漆品种、刷油漆遍数。

16.3 压条、装饰线

1. 装饰线分类

（1）按形状分：装饰线有直线和弧线两种类型。

（2）按材料分：有金属装饰线、木质装饰线、石材装饰线、石膏装饰线、铝塑、塑料装饰线等。

① 金属装饰线：主要有铝合金线条和铜线条装饰线和不锈钢装饰线，如图16.3所示。

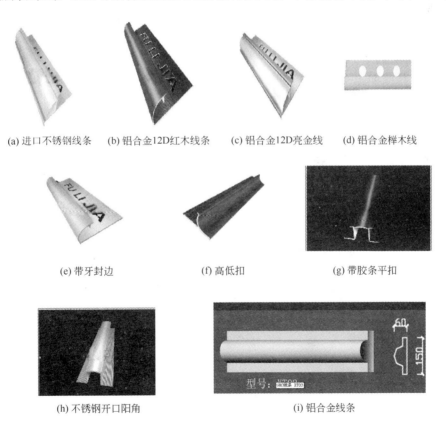

(a) 进口不锈钢线条　　(b) 铝合金12D红木线条　　(c) 铝合金12D亮金线　　(d) 铝合金榉木线

(e) 带牙封边　　(f) 高低扣　　(g) 带胶条平扣

(h) 不锈钢开口阳角　　(i) 铝合金线条

图16.3　各种金属线条及装饰线图

铝合金装饰线条是用铝合金材料经挤压成型加工而成的型材。

铜线条是用合金铜即"黄铜"制成，经加工后表面有黄金色光泽。其主要用作地面大理石、花岗岩、水磨石块间的间隔线，楼梯踏步防滑条，楼梯踏步地毯的压角线，高级装饰的墙面分格线、家具装饰线。

不锈钢线条主要是以不锈钢为主要材料,其用量日益增多,主要用作室内外各种装饰、壁板包边、收口、压边,广告牌、灯箱或镜面等的边框以及墙面或顶棚面上一些设备的封口线。常用不锈钢线条的主要有角线形和槽形线两大类。

② 木线条：主要用作天花线、天花角线、墙面线等,如图16.4所示。

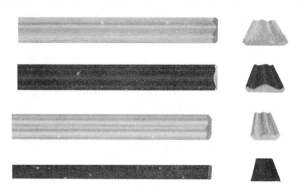

图16.4 各种优质装饰木质线条图

天花线：指天花上不同层次面的交接处的封边、天花上各中不同材料面的对接处封口、天花平面上的造型线、天花上设置的封边线。

天花角线：指天花与墙面、天花与柱面的交接处封边。

墙面线：指墙面上不同层次面的交接处封边、墙面上不同材料面对接处封口、墙裙压边、踢脚板压边、设备的封边装饰边、墙面饰面材料压线、墙面装饰造型线等。

图16.5所示为各种木线条、贴皮木线、实木木线图。

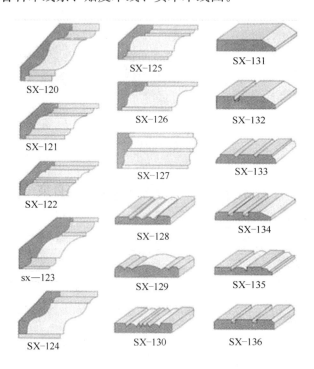

图16.5 各种木线条、贴皮木线、实木木线图

③ 石材装饰线：主要有大理石、花岗岩、青石、人造石等。石材装饰条的施工部位常为地面、墙面、柱面、梯级及花座表面。图16.6、图16.7所示分别为拼花石线图和各种石材装饰线图。

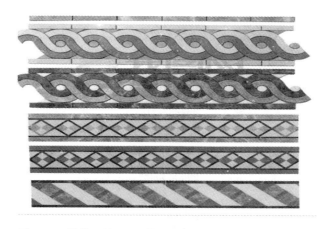

图16.6 拼花石线图(可做腰线、边框、花边，其他饰线)

图16.7 各种石材装饰线图

④ 石膏装饰线是以半水石膏为主要原料，掺和少量增强纤维、胶结剂，经成型加工而成，具有质量轻、强度高、价格低、浮雕装饰性强的特点。各种石膏装饰线如图16.8所示。

2. 定额工程量计算规则

按设计图示尺寸以长度计算。

3. 清单工程量计算规则

(1) 清单工程量：按设计图示尺寸以长度计算。
(2) 计价工程量。
① 装饰条制安：同定额工程量。
② 装饰条油漆：按相应规则计算。
(3) 特征描述：应描述基层类型，线条材料品种、规格、品牌、颜色，防护材料种类、油漆品种、刷油漆遍数等。

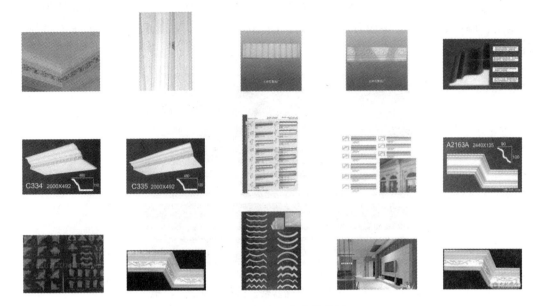

图 16.8 各种石膏装饰线图

16.4 雨篷、旗杆

1. 定额工程量计算规则

(1) 雨篷吊挂饰面：按设计图示尺寸以水平投影面积计算。
(2) 金属旗杆：按设计图示数量以"根"计算。

2. 清单工程量计算规则

(1) 清单工程量：同定额工程量。
(2) 计价工程量。
① 雨篷吊挂饰面：要算雨篷底层抹灰、龙骨安装、面层安装、油漆等工程量。
② 金属旗杆：要算土(石)方挖填工程量，基础混凝土、旗杆制安工程量，旗杆台座制作、饰面工程量。
(3) 特征描述：按清单规范描述特征，并视具体工程而定。

16.5 广告牌、灯箱、美术字

1. 基础知识

(1) 广告牌分平面广告牌和箱式(竖式)广告牌两种。其中，平面广告牌是指安装在门前墙面的广告牌，它又分一般和复杂两个子目，一般是指正立面平整无凹凸面，复杂是指正立面有凹凸面造型。箱式广告牌是指具有多面体(一般为长方形的六面体)的广告牌，如图 16.9～图 16.12 所示。

图 16.9 平面和箱式广告牌图

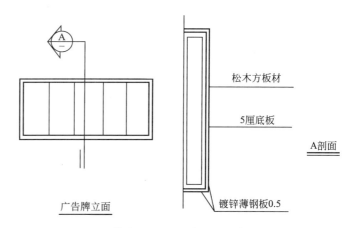

图 16.10 箱式(竖向长方体)广告牌安装示意图

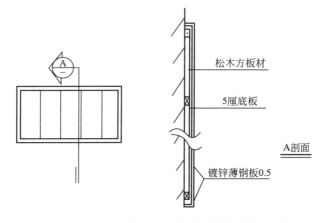

图 16.11 箱式(横向长方体)广告牌安装示意图

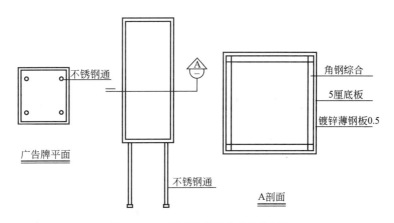

图 16.12 竖式标箱(箱式广告牌)

竖式标箱是竖向的长方形六面体广告牌,如图 16.12 所示。其形状有正规的长方体,也有带弧线造型的或有起面的,即异竖式标箱。

(2)灯箱是悬挂在墙上和其他支承物上的装有灯具的广告牌,如图 16.13 所示。它有更强的装饰效果,无论白天还是黑夜都能起到箱式广告作用。

277

图 16.13 灯箱

(3) 美术字：一般按成品考虑。

2. 定额工程量计算规则

1) 基层

(1) 柱面、墙面灯箱基层按设计图示尺寸以展开面积计算。

(2) 一般平面广告牌基层按设计图示尺寸以正立面边框外围面积计算。复杂平面广告牌基层按设计图示尺寸以展开面积计算。

(3) 箱式广告牌基层按设计图示尺寸以结构外围体积计算。突出箱外的灯饰、店徽及其他艺术装潢等均另行计算。

2) 面层

广告牌面层按设计图示尺寸以展开面积计算。喷绘、突出面主层的灯饰、店徽及其他艺术装潢等均另行计算。

3) 美术字

美术字按设计图示数量以个计算。按美术字字体外围矩形面积套用相应定额。

3. 清单工程量计算规则

1) 清单工程量

(1) 平面、箱式广告牌按设计图示尺寸以正立面边框外围面积计算。复杂型的造型凹凸部分不增加面积。

(2) 箱式广告牌、灯箱：按设计图示数量以个计算。

(3) 美术字：按设计图示数量以个计算。

2) 计价工程量

计价工程量同定额工程量，要算基层与面层。

3) 特征描述

描述基层安装、箱体及支架制作、运输、面层制安、刷防护材料、油漆。

4. 注意事项

(1) 本章所涉及的广告牌不包括所需喷绘、灯饰、灯光及配套机械。

(2) 未包括安装所需脚手架。

(3) 沿雨篷、檐口或阳台走向的立式招牌基层执行平面招牌复杂型项目，按展开面积以平方米计算。

16.6 开(钻)孔、封洞、石材磨边及开槽、拆除工程

1. 基础知识

(1) 砖墙砌体封洞适用于单个孔洞面积 $0.3m^2$ 以内。孔洞大于 $0.3m^2$ 时按砌筑工程零星砌体项目计算。

(2) 石材磨边按磨边抛光考虑，只磨边不抛光时按有关子目乘以系数 0.5。

(3) 拆除工程按手工操作考虑。

2. 定额工程量计算规则

(1) 开孔、钻孔：按设计图示数量以个计算。

(2) 封洞。

① 砖墙砌体封洞：按设计图示尺寸以洞口体积计算。

② 胶合板封洞：按设计图示尺寸以洞口面积计算。

(3) 石材磨边、开槽：按设计图示尺寸以长度计算。

(4) 拆除。

① 墙体开窗洞口中、间壁墙拆除工程量：按设计图示尺寸以面积计算。

② 墙体拆除工程量：按设计图示尺寸以体积计算。

③ 木楼梯拆除工程量：按水平投影面积计算。窗台板、门窗套、窗帘盒拆除工程量按设计图示尺寸以长度计算。

④ 钢筋混凝土拆除工程量：按设计图示尺寸以体积计算。

⑤ 混凝土垫层拆除工程量：按按设计图示尺寸以体积计算。灶基、水围基拆除工程量按设计图示尺寸以长度计算；防盗网拆除工程量按设计图示尺寸以面积计算。

⑥ 旧木地板上机械磨光工程量：按设计图示尺寸以面积计算。

⑦ 拆除废料外运工程量：按不同运距以实际体积计算。

3. 清单工程量计算规则

(1) 开孔、钻孔：按设计图示数量以个计算。

(2) 封洞。

① 砖墙砌体封洞：按设计图示尺寸以洞口体积计算。

② 胶合板封洞：按设计图示尺寸以洞口面积计算。

(3) 石材磨边、开槽：按设计图示尺寸以长度计算。

(4) 拆除。

① 墙体开门窗洞口(020612001)、天棚铲除(020612002)、墙面铲除(020612003)、楼地面铲除(020612004)、油漆铲除(020612005)、间壁墙拆除(020612007)、门窗拆除(020612008)工程量：按设计图示尺寸以面积计算。

② 墙体拆除工程量(020612006)：按施工组织或设计图示尺寸以体积计算。

③ 其他拆除(020612009)：按设计图示尺寸以长度、面积计算。

a. 木楼梯拆除工程量：按水平投影面积计算。窗台板、门窗套、窗帘盒拆除工程量按设计图示尺寸以长度计算。

b. 钢筋混凝土拆除工程量：按设计图示尺寸以体积计算。

c. 混凝土垫层拆除工程量：按按设计图示尺寸以体积计算。灶基、水围基拆除工程量按设计图示尺寸以长度计算；防盗网拆除工程量按设计图示尺寸以面积计算。

d. 旧木地板上机械磨光工程量：按设计图示尺寸以面积计算。

e. 拆除废料外运工程量：按不同运距以实际体积计算。

【综合案例】

如建筑图(J-01)第2~3层平面图所示，如果每个卫生间安装钢化玻璃洗漱台1套(其外接矩形面积为0.64m^2)、卫生纸盒1个、不锈钢毛巾杆1副，试求清单工程量和综合单价。

【解】 参见《广东省建筑、装饰工程工程量清单计价指引》一书可知，本题有3个清单：洗漱台(020603001001)、不锈钢卫生纸盒(020603007001)、毛巾杆(020603005001)。

1. 洗漱台(020603001001)

(1) 洗漱台工程量计算。

清单工程量：0.64×9＝5.76(m²)

计价工程量：9套

(2) 洗漱台工程量清单见表16-1。

表16-1 洗漱台工程量清单表

工程名称：　　　　　　　标段：　　　　　　　第 页 共 页

序号	项目编码	项目名称	项目特征描述	计量单位	工程量	金额/元	
						综合单价	合价
1	020603001001	洗漱台	钢化玻璃，乳白色	m²	5.76		

(3) 洗漱台综合单价分析见表16-2。

表16-2 洗漱台工程量清单综合单价分析表

工程名称：　　　　　　　标段：　　　　　　　第 页 共 页

项目编码	020603001001		项目名称		洗漱台			计量单位		m²	清单工程量		5.76
清单综合单价组成明细													
定额编号	定额子目名称		定额单位	数量	单价				合价			
					人工费	材料费	机械费	管理费	利润	人工费	材料费	机械费	管理费	利润
A20-2	钢化玻璃洗漱台		100套	0.09	50888.05	0.00	443.67	567.60	283.80	4579.92	0.00	39.93	51.08
(综合)人工单价			小　　计						49.27	795.13	0.00	6.93	8.87
51元/工日			未计价材料费										
清单项目综合单价										860.20			
材料费明细	主要材料名称、规格、型号				单位	数量		单价/元		合价/元		暂估单价/元		暂估合价/元
	玻璃胶				L	1.575		36.46		57.42		—		—
	钢化玻璃洗漱台				套	9.045		500		4522.50		—		—
	其他材料费								—		—		—
	材料费小计								—				

(4) 洗漱台综合单价报价见表16-3。

表16-3 洗漱台工程量清单综合单价报价表

工程名称：　　　　　　　标段：　　　　　　　第 页 共 页

序号	项目编码	项目名称	项目特征描述	计量单位	工程量	金额/元	
						综合单价	合价
1	020603001001	洗漱台	钢化玻璃，乳白色	m²	5.76	860.20	4954.75

2. 卫生纸盒

(1) 卫生纸盒工程量计算。

清单工程量：9个

计价工程量：9只

(2) 卫生纸盒工程量清单见表16-4。

表16-4 卫生纸盒工程量清单表

工程名称：　　　　　　　　　　标段：　　　　　　　　　　第 页 共 页

序号	项目编码	项目名称	项目特征描述	计量单位	工程量	金额/元		
						综合单价	合价	其中：暂估价
1	020603007001	卫生纸盒	不锈钢卫生纸盒	个	9			

(3) 卫生纸盒综合单价分析见表16-5。

表16-5 卫生纸盒工程量清单综合单价分析表

工程名称：　　　　　　　　　　标段：　　　　　　　　　　第 页 共 页

项目编码	020603007001	不锈钢卫生纸盒				计量单位	个	清单工程量	9		
清单综合单价组成明细											
定额编号	定额子目名称	定额单位	数量	单价				合价			
				人工费	材料费	机械费	管理费	利润	人工费	材料费	机械费	管理费	利润
A20-4	不锈钢卫生纸盒	100只	0.09	142.29	6632.54	0.00	20.02	25.61	12.81	596.93	0.00	1.80	2.31
(综合)人工单价		小计							1.42	66.33	0.00	0.20	0.26
51元/工日		未计价材料费											
清单项目综合单价									68.20				
材料费明细	主要材料名称、规格、型号					单位	数量	单价/元	合价/元		暂估单价/元	暂估合价/元
	不锈钢卫生纸盒					个	9.09	65.60	5273.77			
	木螺钉 M3.5×22~25					10个	3.672	0.17	5273.78			
	其他材料费							—	—			
	材料费小计							—	—			

(4) 卫生纸盒综合单价报价见表16-6。

表16-6 卫生纸盒工程量清单综合单价报价表

工程名称：　　　　　　　　　　标段：　　　　　　　　　　第 页 共 页

序号	项目编码	项目名称	项目特征描述	计量单位	工程量	金额/元		
						综合单价	合价	其中：暂估价
1	020603007001	卫生纸盒	不锈钢卫生纸盒	个	9	574.74	5172.66	

3. 毛巾杆（020603005001）

（1）毛巾杆工程量计算

清单工程量：9 根

计价工程量：9 副

（2）毛巾杆工程量清单表：做法同洗漱台，略。

（3）毛巾杆综合单价分析表：做法同洗漱台，略。

（4）毛巾杆综合单价报价表：做法同洗漱台，略。

本 章 小 结

本章主要讲了装饰工程中的家具工程、广告牌工程、浴厕配件和一些零碎的物件制安及拆除的工程量计算规则，要求学生熟悉这些工程的施工工艺和流程，并能正确计算其工程量。其内容包括柜台类、货架、试衣间、浴厕配件、压条、装饰线、雨篷、旗杆、广告牌、灯箱、美术字、开（钻）孔、封洞、石材磨边及开槽、拆除工程等。由于内容多，学生必须牢记其计算规则和计算内容。

本 章 习 题

1. 木楼梯和钢筋混凝土楼梯拆除工程量应怎样计算？
2. 墙体拆除和墙面铲除工程量应怎样计算？
3. 美术字清单和定额工程量应怎样计算？
4. 洗手台工程量和厕所镜面玻璃定额工程量和清单工程量应怎样计算？
5. 墙体上的一般木质胶合板平面广告牌定额工程量和清单工程量、计价工程量应算哪些内容？

第17章

模板工程工程量计算

教学目标

本章主要介绍了模板定额工程量的计算方法。要求学生熟悉现浇混凝土柱、梁、板、墙、基础、楼梯等建筑物和水池等构筑物的模板工程量的计算规则及方法;掌握清单计价方式下措施项目费的模板工程的综合单价计算及分析方法。

教学要求

知识要点	能力要求	相关知识
现浇建筑物模板	(1) 能够根据给定的工程图纸正确计算现浇建筑物模板工程的定额工程量 (2) 能够准确进行现浇建筑物模板工程的定额套用	(1) 现浇混凝土不同构件模板的构造及配制 (2) 现浇混凝土柱、梁、板、墙模板工程量的计算规则 (3) 现浇混凝土楼梯模板工程量的计算规则 (4) 现浇混凝土基础工程量的计算规则 (5) 台阶、压顶、扶手、小型池槽和后浇带模板工程量的计算规则 (6) 现浇混凝土柱、梁、板、墙模板的支模高度及套用定额方法
现浇构筑物模板	(1) 能够根据给定的工程图纸正确计算现浇构筑物模板工程的定额工程量 (2) 能够准确进行现浇构筑物模板工程的定额套用	(1) 液压滑升钢模板工程量的计算规则及方法 (2) 倒锥壳水塔的水箱提升工程量的计算规则及方法 (3) 贮水(油)池的模板工程量的计算规则及方法 (4) 现浇构筑物模板工程的定额套用方法
预制混凝土模板	(1) 能够根据给定的工程图纸正确计算预制混凝土模板工程的定额工程量 (2) 能够准确进行预制混凝土模板工程的定额套用	(1) 预制混凝土的模板工程量的计算规则及方法 (2) 预制混凝土漏花、刀花的模板工程量的计算规则及方法 (4) 预制混凝土模板工程的定额套用方法

引言

模板是如何分类的？模板工程量应如何计算，计算内容包括哪些？在套定额时应注意什么？

17.1 现浇混凝土模板

现行的现浇混凝土模板均按不同构件，分别以胶合板模板、木模板、钢支撑、木支撑配制。

现浇混凝土构件除了底面有垫层、构件（侧面有构件）及上表面不需支撑模板外，其余各个方向的面均需支模板。

现浇混凝土建筑物模板工程量，除另有规定外，均按混凝土与模板的接触面积以面积计算，不扣除后浇带面积。

1. 混凝土柱模板工程量的计算

1) 计算规则

现浇混凝土柱模板工程量按混凝土与模板的接触面积计算。

$$柱模板工程量＝柱截面周长×柱高$$

其中，首层柱高是从柱基上表面计算至板底，二层及以上楼层的柱高是从下层板面计至上层板底的。

构造柱如与砌体相连的，按混凝土柱宽度每面加20cm再乘以柱高计算，与墙接触的面不计算模板面积；如不与砌体相连的，按混凝土与模板的接触面积计算。

2) 注意事项

(1) 构造柱模板子目已综合考虑了各种形式的构造柱和实际支模大于混凝土外露面积等因素，适用于先砌砌体、后支模、再浇筑混凝土的夹墙柱的情况。

(2) 异形柱与剪力墙按图17.1所示单向划分。

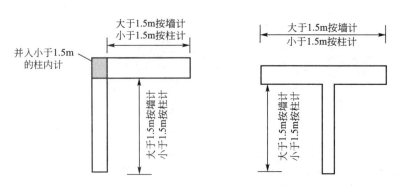

图17.1 异形柱与剪力墙的划分

(3) 柱模板工程量分支模高度在10m内、20m内、30m内、30m外分别计算。支模高度在10m内的柱模板按柱截面形状分矩形柱模板、异形柱模板和圆形柱模板。

(4) 柱的支模高度在3.6m内时，套用支模高度在3.6m内的相应子目。支模高度超过3.6m时，超过部分按相应的每增加1m以内子目计算。支模高度达到10m时，套用支模高度在10m内的相应子目；支模高度超过10m时，超过部分按相应的每增加1m以内子目计算。支模高度达到 20m 时，套用支模高度在 20m 内的相应子目；支模高度超过 20m 时，超过部分按相应的每增加 1m 以内子目计算。支模高度超过 30m 时，按施工方案另行确定。

【例 17-1】 某单层建筑物的平面图如图 17.2 所示，内、外墙均厚 240mm，试计算图示 4.5m 高的构造柱模板工程量。

【解】 构造柱模板工程量：[(0.24+0.2)×2×4+(0.24+0.2)×2]×4.5 = 19.8(m²)

【例 17-2】 计算所附工程柱模板工程量［见柱表(JG-05)］。

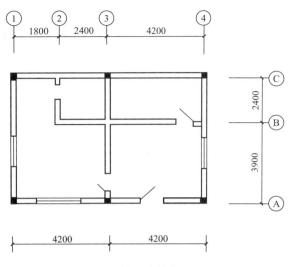

图 17.2 单层建筑物平面图

【解】 本工程柱均为矩形柱，有 Z1、Z2、Z3 三种型号，其中，Z1：3 层以下柱高 3.5×2+3.8+0.8=11.6(m)，截面尺寸为 300mm×400mm，4 层柱高 2.6m，截面尺寸为 200mm×400mm；Z2：柱高 3.5×2+3.8+0.8=11.6(m)，截面尺寸为 300mm×400mm；Z3：柱高 3.5×2+3.8+0.8=11.6(m)，截面尺寸为 300mm×400mm。

柱模板工程量：

Z1：(1) 截面周长 1.8m 内，高度为 11.6m：[(0.3+0.4)×2×11.6]×8=129.92(m²)

(2) 截面周长 1.2m 内，高度 2.6m：[(0.2+0.4)×2×2.6]×8=24.96(m²)

Z2：[(0.3+0.4)×2×11.6]×8=129.92(m²)

Z3：[(0.3+0.4)×2×11.6]×8=129.92(m²)

小计：柱截面周长 1.8m 内柱模板为 129.92+129.92+129.92=389.76(m²)；柱截面周长 1.2m 内柱模板为 24.96m²。

2. 混凝土梁模板工程量的计算

1) 计算规则

现浇混凝土梁模板工程量按混凝土与模板的接触面积计算。

$$梁模板 = (梁宽 + 梁高 \times 2) \times 梁长$$

其中，不带板的梁其梁高为全高，从梁底面计算到梁顶面，带板的梁其高从梁底面计算至板底。

梁长按下列情形分别确定。

(1) 梁与柱连接时，梁长算至柱内侧面。

(2) 主梁与次梁连接时，次梁长算至主梁内侧面。

(3) 挑檐、天沟与梁连接时，以梁外边线为分界线。

2) 注意事项

(1) 现浇混凝土梁包括框架梁、非框架梁、基础梁、圈梁、过梁等。

(2) 梁与梁、梁与墙、梁与柱交接时，均按净空长度计算，不扣减接合处的模板面积。

285

(3) 梁模板工程量分支模高度在10m内、10~20m、20~30m、30m外分别计算。支模高度在10m内单梁、连续梁模板按梁宽在25cm以内和25cm以外分别计算。

(4) 梁的支模高度在3.6m内时，套用支模高度为3.6m的相应子目。支模高度超过3.6m时，超过部分按相应的每增加1m以内子目计算。支模高度达到10m时，套用支模高度10m相应子目；支模高度超过10m时，超过部分按相应的每增加1m以内子目计算。支模高度达到20m时，套用支模高度为20m的相应子目；支模高度超过20m时，超过部分按相应的每增加1m以内子目计算。支模高度超过30m时，按施工方案另行确定。

3. 混凝土板模板工程量的计算

混凝土板包括有梁板、无梁板、悬挑板、地下室楼板模板、亭面板等。

1) 计算规则

混凝土板模板工程量按混凝土与模板的接触面积计算。应扣除混凝土柱、梁、墙所占的面积。亭面板按模板斜面积计算，所带脊梁及连系亭面板的圈梁的模板工程量并入亭面板模板计算。

悬挑板、挑板(挑檐、雨篷、阳台)模板按外挑部分的水平投影面积计算，伸出墙外的牛腿、挑梁及板边的模板不另计算。

2) 注意事项

(1) 板模板工程量分支模高度在10m内、10~20m、20~30m、30m外分别计算。支模高度在10m内分有梁板、无梁板、拱形板模板、亭面板、地下室楼板模板等分别计算。

(2) 板的支模高度在3.6m内时，套用支模高度为3.6m的相应子目。支模高度超过3.6m时，超过部分按相应的每增加1m以内子目计算。支模高度达到10m时，套用支模高度为10m的相应子目；支模高度超过10m时，超过部分按相应的每增加1m以内子目计算。支模高度达到20m时，套用支模高度为20m的相应子目；支模高度超过20m时，超过部分按相应的每增加1m以内子目计算。支模高度超过30m时，按施工方案另行确定。

(3) 支模高度指楼层高度。亭面板超高以檐口线标高计算，直檐亭超高以最上层檐口线标高计算。

【例17-3】 计算所附图纸工程二层楼板模板工程量［见基础平面图(JG-07)］。

【解】 混凝土板模板工程量按混凝土与模板的接触面积计算，应扣除混凝土柱、梁、墙所占的面积。

二层楼板模板工程量的计算结果见表17-1。

表17-1 工程量计算表

序号	工程项目或轴线说明	工程量计算式				单位	数量	备注
		同样件数	长/m	宽/m	高/m	小计		
1	楼板模板							
1.1	①~②轴，⑪~⑫轴	2	1.5	3		4.5	m²	9
1.2	②~⑪轴	9	8.3	4		33.2	m²	298.8
1.3	扣柱	22	0.3	0.4		0.12	m²	2.64
1.4	扣梁						m²	55.44

(续)

序号	工程项目或轴线说明	工程量计算式					单位	数量	备注
		同样件数	长/m	宽/m	高/m	小计			
	KL1	2	1.5	0.25		0.375	m²	0.75	
	KL2+KL3	10	7.5	0.25		1.875	m²	18.75	
	KL4	2	38.4	0.2		7.68	m²	15.36	
	L1	9	1.6	0.2		0.32	m²	2.88	
	L2	1	39	0.2		7.8	m²	7.8	
	L3	1	39	0.2		7.8	m²	7.8	
	小计	(1.1+1.2-1.3-1.4)					m²	251.34	

4. 混凝土墙模板工程量的计算

墙模板包括直形墙、弧形墙和电梯坑、井墙。

1) 计算规则

混凝土墙模板工程量按混凝土与模板的接触面积计算。

不扣除墙板上单孔面积在 1m² 以内的孔洞，洞侧壁模板亦不增加；单孔面积在 1m² 以外的应予扣除，洞侧壁模板面积并入墙模板计算。

附墙柱及混凝土中的暗柱、暗梁及墙突出部分的模板并入墙模板计算。

2) 注意事项

(1) 墙模板工程量分支模高度在 10m 内、20m 内、30m 内、30m 外分别计算。支模高度在 10m 内的墙模板分直形墙模板、弧形墙模板和电梯坑、井墙模板等列项，其中直形墙模板和弧形墙模板分墙厚计算其工程量。

(2) 柱的支模高度在 3.6m 内时，套用支模高度在 3.6m 内的相应子目。支模高度超过 3.6m 时，超过部分按相应的每增加 1m 以内子目计算。支模高度达到 10m 时，套用支模高度在 10m 内的相应子目；支模高度超过 10m 时，超过部分按相应的每增加 1m 以内子目计算。支模高度达到 20m 时，套用支模高度在 20m 内的相应子目；支模高度超过 20m 时，超过部分按相应的每增加 1m 以内子目计算。支模高度超过 30m 时，按施工方案另行确定。

5. 楼梯模板工程量的计算

1) 计算规则

楼梯模板按水平投影面积计算，整体楼梯（包括直形楼梯、弧形楼梯）的水平投影面积包括休息平台、平台梁、斜梁和楼梯的连接梁的面积。当整体楼梯与现浇楼板无梯梁连接时，以楼梯的最后一个踏步边缘加 300mm 为界。不扣除宽度小于 500mm 的楼梯井所占面积，楼梯的踏步板、平台梁等的侧面模板不另计算。

2) 注意事项

楼梯模板分直形楼梯模板和圆弧形楼梯模板列项。

【例 17-4】 计算所附工程图纸 2、3 层楼梯模板工程量［见 2～3 层平面图和楼梯 T1 剖面图(J-02)］。

【解】 现浇钢筋混凝土楼梯(包括休息平台、平台梁、斜梁和楼梯的连接梁)的模板工程量按水平投影面积计算,不扣除宽度小于500mm的楼梯井所占面积,楼梯的踏步板、平台梁等侧面模板不另计算。

(1) 楼梯工程量:$(3-0.18)\times(3.3+1.5+0.2-0.18)=13.59(m^2)$

(2) 套用定额:A21-62(直形楼梯)

6. 现浇混凝土基础模板工程量的计算

现浇混凝土基础模板包括带形基础模板、独立基础模板、杯形基础模板、满堂基础模板、设计基础模板、基础垫层模板、桩承台模板等。

1) 计算规则

现浇混凝土基础模板工程量按混凝土与模板的接触面积计算。

2) 注意事项

地下室底板的模板套用满堂基础模板子目计算。

【例17-5】 计算所附工程图纸桩承台模板工程量和措施项目费[见基础平面图(JG-04)]。

【解】 本例中的桩承台全是二桩台,桩承台模板工程量=桩承台平面矩形周长×桩承台高

桩承台模板工程量:$(1.8+0.9)\times 2\times 1.2\times 48=311.04(m^2)$

套用定额:A21-13

7. 其他模板工程量的计算

1) 计算规则

(1) 台阶模板按水平投影面积计算,台阶两侧不另计算模板面积。

(2) 压顶、扶手模板按其长度以米计算。

(3) 小型池槽模板按构件外围体积计算,池槽内、外侧及底部的模板不另计算。

(4) 后浇带模板工程量按后浇带混凝土与模板的接触面积乘以系数1.5以面积计算。

2) 注意事项

(1) 柱、梁、墙所成的弧线或二级以上的直角线以及体积在$0.05m^3$以内的构件,其模板按小型构件模板计算。

(2) 天沟底板模板套挑檐模板子目,侧板模板套反檐模板子目。

17.2 现浇构筑物混凝土模板

各种现浇构筑物(包括水池等)混凝土模板工程量的计算规则及注意事项如下。

1. 计算规则

(1) 现浇构筑物模板工程量,除另有规定外,均按混凝土与模板的接触面积以面积计算。

(2) 用液压滑升钢模板施工的烟囱、筒仓、倒锥壳水塔均按混凝土体积计算。

(3) 倒锥壳水塔的水箱提升按不同容量和不同提升高度以座计算。

(4) 贮水(油)池的模板工程量按混凝土与模板的接触面积计算。

2. 注意事项

(1) 房上水池按梁、板、柱、墙的相应子目计算。

(2) 用钢滑升模板施工的烟囱、水塔及贮仓按内井架施工考虑，并综合了操作平台的，不再另计算脚手架及竖井架。

(3) 倒锥壳水塔筒身钢滑升模板子目也适用于一般水塔塔身的滑升模板工程。

(4) 烟囱钢滑升模板子目已包括烟囱筒身、牛腿、烟道口；倒锥壳水塔钢滑升模板子目已包括直筒、门窗洞口侧壁等模板用量。

17.3 预制混凝土模板

计算规则

(1) 预制混凝土的模板工程量除另有规定外均按构件设计图示尺寸以体积计算。

(2) 预制混凝土漏花、刀花的模板工程量按构件外围垂直投影面积计算。

17.4 混凝土模板工程综合案例

【例17-6】 图17.3所示为现浇钢筋混凝土单层厂房屋盖，屋面板顶面标高为5.0m；柱基础顶面标高为－0.5m；柱截面尺寸为：Z3＝300mm×400mm，Z4＝400mm×500mm，Z5＝300mm×400mm。求现浇混凝土工程模板工程的工程量及措施项目费（不计基础部分）（注：角柱中心线与轴线重合，其余柱外边线与梁外边线平齐）。

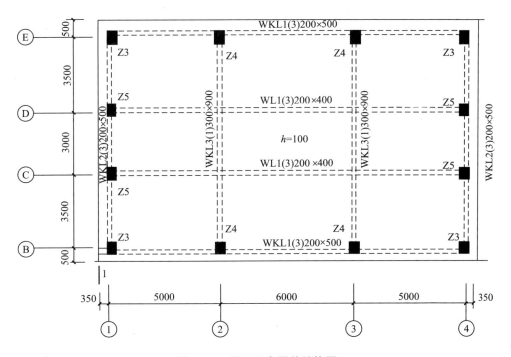

图17.3 单层厂房屋盖结构图

【解】 本例模板工程包括混凝土柱模板、屋面梁模板、板模板和挑檐模板等。

1. 编制措施项目清单

1）措施项目清单设置

模板工程清单根据《建设工程工程量清单计价规范》(GB 50500—2008)第3.2.8条拟定。

(1) 混凝土柱模板：项目编码为AB001，支模高度为5.5m。

(2) 混凝土屋面梁模板：项目编码为AB002，梁宽在25cm以内。

(3) 混凝土屋面梁模板：项目编码为AB003，梁宽在25cm以外。

(4) 混凝土板模板：项目编码为AB004。

(5) 混凝土挑檐模板：项目编码为AB005。

2）措施项目清单工程量计算

(1) 混凝土柱模板工程量。

Z3：$(0.3+0.4)×2×(5+0.5-0.1)×4=30.24(m^2)$

Z4：$(0.4+0.5)×2×(5+0.5-0.1)×4=38.88(m^2)$

Z5：$(0.3+0.4)×2×(5+0.5-0.1)×4=30.24(m^2)$

小计：$99.36m^2$

(2) 混凝土屋面梁模板工程量(梁宽在25cm内)。

WKL1：$(16-0.15×2-0.4×2)×(0.2+0.4×2)×2=29.80(m^2)$

WL1：$(16-0.15×2-0.3×2)×(0.2+0.3×2)×2=24.16(m^2)$

WKL2：$(10-0.2×2-0.4×2)×(0.2+0.4×2)×2=17.60(m^2)$

小计：$71.56m^2$

(3) 混凝土屋面梁模板工程量(梁宽在25cm外)。

WKL3：$(10-0.3×2)×(0.3+0.8×2)×2=35.72(m^2)$

(4) 混凝土板模板工程量板面积-梁柱面积。

$(10+0.2×2)×(16+0.15×2)-0.3×0.4×8-0.4×0.45×4-(14.9×0.2×2)-(15.1×0.2×2)-8.8×0.2×2-9.5×0.3×2=146.62(m^2)$

(5) 混凝土挑檐模板工程量。

$[0.3×(16+0.35×2)]+[0.2×(11-0.3×2)]×2=14.18(m^2)$

3）填写措施项目清单表(表17-2)。

表17-2 措施项目清单与计价表

工程名称： 标段： 第 页 共 页

序号	项目编码	项目名称	项目特征描述	计量单位	工程量	金额/元	
						综合单价	合价
1	AB001	混凝土柱模板	支模高度为5.5m，柱截面周长在1.8m内	m²	99.36		
2	AB002	混凝土屋面梁模板	梁宽在25cm以内，支模高度为5.5m	m²	71.56		
3	AB003	混凝土屋面梁模板	梁宽在25cm以外，支模高度为5.5m	m²	36.10		

(续)

序号	项目编码	项目名称	项目特征描述	计量单位	工程量	金额/元	
						综合单价	合价
4	AB004	混凝土板模板	支模高度为5.5m	m²	146.62		
5	AB005	混凝土挑檐模板	支模高度为5.5m	m²	7.09		
本页小计							
合　计							

注：本表适用于以综合单价形式计价的措施项目。

2. 计算措施项目费

1) 定额套用

（1）混凝土柱模板：支模高度为5.5m，套用支模高度在3.6m内的子目A21-15，超过高度为(5.5-3.6)=1.9m，套用增加1m子目A21-19。

（2）混凝土屋面梁模板：支模高度为5.5m，套用支模高度在3.6m内、梁宽在25cm以内的子目A21-25，超过高度为5.5-3.6=1.9(m)，套用增加1m子目A21-32。

（3）混凝土板模板：支模高度为5.5m，套用支模高度在3.6m内的有梁板模板子目A21-49，超过高度为(5.5-3.6)=1.9(m)，套用增加1m子目A21-57。

（4）混凝土挑檐模板：套用子目A21-70。

2) 措施项目单价分析

利润按人工费的18%计算，管理费按一类地区考虑。措施项目单价分析见表17-3～表17-7。

表17-3 综合单价分析表

项目编码	AB001		项目名称		柱模板		计量单位		m²
综合单价分析									
定额编号	子目名称	定额单位	工程数量	单价/元				合价/元	
				人工费	材料费	机械费	管理费和利润	人工费	材料费	机械费	管理费和利润
A21-15换	矩形柱模板（周长在1.8m内）支模高度在3.6m内(实际值为5.5m)	100m²	0.010	1760.01	1119.89	129.26	814.62	17.60	11.20	1.29	8.15
人工单价			小计					17.60	11.20	1.29	8.15
综合工日51元/工日			未计价材料费								
综合单价/元								38.24			

(续)

材料费明细	主要材料名称、规格、型号	单位	数量	单价/元	合价/元
	圆钉(50~75)	kg	0.031	4.36	0.13
	松杂板枋材	m³	0.003	1313.52	4.20
	防水胶合板(模板用18)	m²	0.088	37.03	3.24
	隔离剂	kg	0.100	6.74	0.67
	钢支撑	kg	0.632	4.57	2.89
	其他材料费				0.06
	材料费小计				11.20

表17-4 综合单价分析表

项目编码	AB002		项目名称		梁模板		计量单位			m²
综合单价分析										
定额编号	子目名称	定额单位	工程数量	单价/元				合价/元			
				人工费	材料费	机械费	管理费和利润	人工费	材料费	机械费	管理费和利润
A21-25换	单梁、连续梁模板(梁宽在25cm以内)支模高度为3.6m(实际值为5.5m)	100m²	0.010	2339.37	1089.13	164.61	923.48	23.39	10.89	1.65	9.23
人工单价		小计						23.39	10.89	1.65	9.23
综合工日51元/工日		未计价材料费						0.00			
综合单价/元									45.16		

材料费明细	主要材料名称、规格、型号	单位	数量	单价/元	合价/元
	镀锌低碳钢丝(φ4.0)	kg	0.161	5.11	0.82
	圆钉(50~75)	kg	0.005	4.36	0.02
	松杂板枋材	m³	0.001	1313.52	0.66
	防水胶合板(模板用18)	m²	0.096	37.03	3.54
	隔离剂	kg	0.100	6.74	0.67
	钢支撑	kg	1.122	4.57	5.13
	其他材料费				0.10
	材料费小计				10.93

表 17-5 综合单价分析表

项目编码	AB003		项目名称		梁模板		计量单位			m²
综合单价分析										
定额编号	子目名称	定额单位	工程数量	单价				合价			
				人工费	材料费	机械费	管理费和利润	人工费	材料费	机械费	管理费和利润
A21-26换	单梁、连续梁模板（梁宽在25cm以外）支模高度为3.6m（实际值为5.5m）	100m²	0.010	2523.99	1177.80	164.61	992.90	25.24	11.78	1.65	9.93
人工单价			小计					25.24	11.78	1.65	9.93
综合工日 51元/工日			未计价材料费								0.00
综合单价/元											48.6
材料费明细	主要材料名称、规格、型号							单位	数量		单价/元	合价/元
	镀锌低碳钢丝(φ4.0)							kg	0.177		5.11	0.90
	圆钉(50~75)							kg	0.005		4.36	0.02
	松杂板枋材							m³	0.001		1313.52	0.66
	防水胶合板(模板用18)							m²	0.105		37.03	3.89
	隔离剂							kg	0.100		6.74	0.67
	钢支撑							kg	1.205		4.57	5.51
	其他材料费											0.10
	材料费小计											11.75

表 17-6 综合单价分析表

项目编码	AB004		项目名称		板模板		计量单位		m²
综合单价分析									
定额编号	子目名称	定额单位	工程数量	单价/元				合价/元		
				人工费	材料费	机械费	管理费和利润	人工费	材料费	机械费	管理费和利润
A21-49换	有梁板模板支模高度3.6m(实际支模高度为5.5m)	100m²	0.010	2135.37	1320.84	190.75	853.72	21.35	13.21	1.91	8.54
人工单价			小计					21.35	13.21	1.91	8.53
综合工日 51元/工日			未计价材料费								0.00
综合单价/元											45

(续)

	主要材料名称、规格、型号	单位	数量	单价/元	合价/元
材料费明细	镀锌低碳钢丝(φ4.0)	kg	0.221	5.11	1.13
	圆钉(50～75)	kg	0.017	4.36	0.07
	松杂板枋材	m³	0.003	1313.52	3.68
	防水胶合板(模板用 18)	m²	0.088	37.03	3.24
	隔离剂	kg	0.100	6.74	0.67
	钢支撑	kg	0.944	4.57	4.31
	其他材料费				0.08
	材料费小计				13.20

表 17-7 综合单价分析表

项目编码	AB005	项目名称	挑檐模板	计量单位	m²

综合单价分析								
定额编号	子目名称	定额单位	工程数量	单价				合价			
				人工费	材料费	机械费	管理费和利润	人工费	材料费	机械费	管理费和利润
A21-70	挑檐模板	100m²	0.010	1841.10	1157.38	165.36	860.10	18.41	11.57	1.65	8.60
人工单价		小计					18.41	11.57	1.65	8.60
综合工日 51元/工日		未计价材料费					0.00			
综合单价/元								40.23			

	主要材料名称、规格、型号	单位	数量	单价/元	合价/元
材料费明细	圆钉(50～75)	kg	0.020	4.36	0.09
	松杂板枋材	m³	0.003	1313.52	4.33
	防水胶合板(模板用 18)	m²	0.088	37.03	3.24
	嵌缝料	kg	0.100	1.00	0.10
	隔离剂	kg	0.100	6.74	0.67
	钢支撑	kg	0.690	4.57	3.15
	其他材料费				
	材料费小计				11.59

3) 措施项目费计算

措施项目费计算见表 17-8。

表 17-8 措施项目计价表

工程名称：　　　　　　　　　　　　　　　　　　　　　　　　　　　　　　　　　　第1页

序号	项目编码	项目名称	项目特征描述	计量单位	工程数量	金额/元 综合单价	合价
		模板工程费用		元			15668.77
1	AB001	矩形柱模板	周长在1.8m内，支模高度为5.5m	m²	99.36	38.24	3799.53
2	AB002	单梁、连续梁模板	梁宽在25cm以内，支模高度为5.5m	m²	71.56	45.16	3231.65
3	AB003	单梁、连续梁模板	梁宽在25cm以外，支模高度为5.5m	m²	36.10	48.60	1754.46
4	AB004	有梁板模板	支模高度为5.5m	m²	146.62	45.00	6597.90
5	AB005	挑檐模板		m²	7.09	40.23	285.23
			本页小计				15668.77
			合计				15668.77

注：本表用于以综合单价形式计价的措施项目。

本 章 小 结

本章主要介绍了定额计价模式下模板工程的工程量计算方法及注意事项。

模板工程属于措施项目中可以计算工程量的项目，其清单宜采用分部分项工程量清单的方式编制，列出项目编码、项目名称、项目特征、计量单位和工程量。计算措施项目费时应按分部分项工程量清单的方式采用综合单价计价。

模板工程包括现浇建筑物模板、现浇构筑物模板和预制混凝土模板。现浇混凝土模板按使用的构件不同，分别以胶合板模板、木模板、钢支撑、木支撑配制。套用定额时，注意支模高度。

本 章 习 题

1. 现浇混凝土体积在（　　）以内的构件，其模板按小型构件模板计算。
   A. 0.03m³　　　　　　　　　　　B. 0.05m³
   C. 0.1m³　　　　　　　　　　　D. 0.5m³
2. 阳台、雨篷支模高度超过（　　）时，按施工方案另行确定。
   A. 3.6m　　　　　　　　　　　B. 10m
   C. 20m　　　　　　　　　　　D. 30m
3. 计算墙板模板工程量时，墙板上单孔面积在（　　）以内的孔洞不扣除，洞侧壁模板亦不增加；单孔面积在( )以外应予扣除,洞侧壁模板面积并入相应子目计算。

A. 0.3m² B. 0.5m²
C. 1m²   D. 2m²

4. 在现行的《广东省建筑与装饰工程综合定额》(2010)中,梁、板的支模高度分别套用相应支模高度的定额子目。支模高度超过( )时,按施工方案另行确定。

A. 3.6m B. 10m
C. 20m   D. 30m

5. 计算现浇建筑物模板工程量时,构造柱如与砌体相连的,按混凝土柱宽度每面加( )乘以柱高计算;如不与砌体相连的,按混凝土与模板的接触面积计算。

A. 20cm B. 30cm
C. 40cm D. 50cm

6. 楼梯模板按水平投影面积计算,不扣除宽度( )小于的楼梯井所占面积,楼梯的踏步板、平台梁等的侧面模板不另计算。

A. 300mm B. 500mm
C. 600mm D. 800mm

7. 关于现浇构筑物模板工程量的计算,说法不正确的有( )。

A. 贮水(油)池的模板工程量按不同容量以座计算
B. 用液压滑升钢模板施工的烟囱、筒仓均按混凝土体积计算
C. 倒锥壳水塔的水箱提升按混凝土与模板的接触面积计算
D. 用液压滑升钢模板施工的倒锥壳水塔按混凝土与模板的接触面积计算

第18章

脚手架工程量计算

教学目标

本章主要介绍了综合脚手架、单排脚手架、满堂脚手架、里脚手架、安全挡板等脚手架的概念及内容,以及对应工程量的计算方法。要求学生熟悉脚手架工程的施工工艺和流程,掌握综合脚手架、单排脚手架、满堂脚手架、里脚手架、安全挡板及其他脚手架工程量的计算规则及方法、定额子目的套用及综合单价的计算及分析方法。

教学要求

知识要点	能力要求	相关知识
综合脚手架	(1) 能够根据给定的工程图纸正确计算综合脚手架工程的工程量 (2) 能够准确地套用综合脚手架定额子目	(1) 综合脚手架的使用材料 (2) 综合脚手架的施工工艺和流程 (3) 综合脚手架的内容 (4) 综合脚手架工程量的计算规则 (5) 定额子目套用方法
单排脚手架	(1) 能够根据给定的工程图纸正确计算单排脚手架工程的工程量 (2) 能够准确地套用单排脚手架定额子目	(1) 单排脚手架的使用材料 (2) 单排脚手架的施工工艺和流程 (3) 单排脚手架的内容 (4) 单排脚手架工程量的计算规则 (5) 定额子目套用方法
里脚手架	(1) 能够根据给定的工程图纸正确计算里脚手架工程的工程量 (2) 能够准确地套用里脚手架定额子目	(1) 里脚手架的使用材料 (2) 里脚手架的施工工艺和流程 (3) 里脚手架的内容 (4) 里脚手架工程量的计算规则 (5) 里脚手架定额子目套用方法
安全挡板	(1) 能够根据给定的工程图纸正确计算安全挡板工程的工程量 (2) 能够准确地套用安全挡板定额子目	(1) 安全挡板的使用材料 (2) 安全挡板的施工工艺和流程 (3) 安全挡板的内容 (4) 安全挡板工程量的计算规则 (5) 安全挡板定额子目套用方法

引言

大家都知道，建筑物要往高处建，主要是通过脚手架来实现的。但是大家对脚手架又知道多少呢？脚手架是如何分类的、其构成如何、脚手架工程量的计算包括哪些内容、套用定额时又需注意什么……本章就围绕这些内容展开叙述。

18.1 综合脚手架

1. 综合脚手架的概念及内容

脚手架是专为高空施工操作、堆放和运送材料，并在施工过程中保护工人安全要求而设置的架设工具或操作平台。脚手架虽不是工程的实体，但也是施工中不可缺少的设施之一，其费用也是工程造价的一个组成部分。

装饰装修工程脚手架适用于单独承包建筑物装饰装修工作面的高度在 1.2m 以上的需重新搭设脚手架的工程。它包括综合脚手架及电动吊篮、单排脚手架、满堂脚手架、活动脚手架、靠脚手架安全挡板、独立安全挡板、围尼龙编织布、单独挂尼龙安全网等项目。

综合脚手架一般指沿建筑物外墙外围搭设的脚手架，它综合了外墙砌筑、勾缝、捣制外轴线柱以及外墙的外部装饰等所用脚手架，包括脚手架、平桥、斜桥、平台、护栏、挡脚板、安全网等。高层脚手架(50.5~200.5m)还包括托架和拉杆费用。

钢管脚手架采用钢管撑杆、木跳板或钢板跳板。钢管脚手架的接头一般以钢扣件连接。图 18.1 所示为扣件式钢管外脚手架的构造形式。

装饰装修工程综合脚手架包括钢管脚手架及电动吊篮。电动吊篮是通过特设的支撑点，利用吊索悬吊吊架或吊篮进行装修工程操作的一种脚手架，由吊架和吊篮、支撑设施、吊索及升降装置等组成。图 18.2 所示为电动吊篮的构造形式。

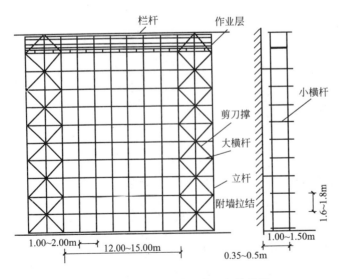

图 18.1 扣件式钢管外脚手架的构造

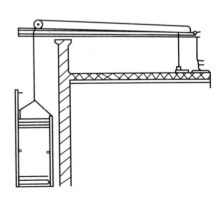

图 18.2 电动吊篮示意图

2. 综合脚手架工程量计算规则

1）建筑工程外墙综合脚手架

(1) 建筑物外墙综合脚手架工程量按外墙外边线的凹凸（包括凸出阳台）总长度乘以设计外地坪至外墙的顶板面或檐口的高度以面积计算，不扣除门、窗、洞口及穿过建筑物的通道的空洞面积。屋面上的楼梯间、水池、电梯机房等的脚手架工程量应并入主体工程量内计算。

外墙综合脚手架的步距和计算高度按以下情形分别确定。

① 有女儿墙者，高度和步距计至女儿墙顶面。

② 有山墙者，以二分之一山尖高度计算，山墙高度的步距按檐口高度计算。

③ 地下室外墙综合脚手架，高度和步距从设计外地坪至底板垫层底。

④ 上层外墙或裙楼上有缩入的塔楼者，其工程量应分别计算。裙楼的高度和步距应按设计外地坪至裙楼顶面的高度计算；缩入的塔楼高度从缩入面计至塔楼的顶面，但套用定额步距的高度应从设计外地坪计至塔楼顶面。

(2) 在多层建筑工程中，上层飘出的，外墙综合脚手架按最长一层的外墙长度计算；下层缩入部分按围护面垂直投影面积，套相应高度的单排脚手架子目，如图18.3所示。

(3) 外墙为幕墙时，幕墙部分按幕墙外围面积计算综合脚手架。

(4) 砌筑石墙的高度在1.2m以上时，按砌筑石墙长度乘以高度计算一面综合脚手架；墙厚在40cm以上时，按一面综合脚手架、一面单排脚手架计算。

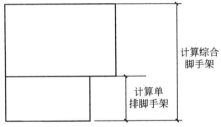

图18.3 单排脚手架及综合脚手架的计算

(5) 现浇钢筋混凝土屋架以及不与板相接的梁按屋架跨度或梁长乘以高度以面积计算综合脚手架，高度从地面或楼面算起，屋架计至架顶的平均高度，单梁高度计至梁面在外墙轴线的现浇屋架，单梁及与楼板一起现浇的梁均不得计算脚手架。

(6) 加层建筑物工程外墙脚手架工程量：加层建筑工程部分按综合脚手架计算，其高度按加层建筑物的高度加2.5m计，脚手架的定额步距按外地坪至加层建筑物外墙顶的高度计。

2）单独装饰外墙综合脚手架

单独装饰外墙综合脚手架工程量按外墙外边线的凹凸（包括凸出阳台）总长度乘以设计外地坪至外墙装饰面高度以面积计算，不扣除门、窗、洞口及穿过建筑物的通道的空洞面积。屋面上的楼梯间、水池、电梯机房等脚手架并入主体工程量内计算。

外墙综合脚手架的步距和计算高度按以下情形分别确定。

(1) 有山墙者，以二分之一山尖高度计算，山墙高度的步距以檐口高度为准。

(2) 上层外墙或裙楼上有缩入的塔楼者，其工程量应分别计算。裙楼的高度和步距应按设计外地坪至外墙装饰面的高度计算；缩入的塔楼高度从缩入面计至外墙装饰面，但套用定额步距的高度应从设计外地坪计至外墙装饰面。

注意事项：

（1）外墙为幕墙时，幕墙部分按幕墙外围面积计算综合脚手架。

（2）在多层建筑物中，上层飘出的，按最长一层的外墙长度计算综合脚手架。

（3）单独制作突出墙面的广告牌的脚手架按凸出墙面周长乘以室外地坪至广告牌顶的高度以面积计算，套外地坪至广告牌顶高度的相应步距的综合脚手架。

（4）屋面的广告牌按其水平投影长度乘以屋面至广告牌顶的高度以面积计算，套外地坪至广告牌顶高度的相应步距的综合脚手架。

（5）外墙电动吊篮按外墙装饰面尺寸以垂直投影面积计算。

3. 综合脚手架计算案例

【例 18-1】 根据图 18.4 所示尺寸，计算建筑物外墙脚手架工程量，并选择套用定额子目。

【解】 本例外墙综合脚手架工程量计算高度与套用定额步距均不相同，应分别计算如下。

（1）计算高度为 15m，步距在 20.5m 内时：

工程量＝(26＋12×2＋8)×15＝870(m²)

（2）计算高度为 24m，步距在 30.5m 内时：

工程量＝(18×2＋32)×24＝1632(m²)

（3）中间主体建筑计算高度不同，但步距均为 60.5m 内：

(a) 计算高度为(51－24)m＝27m：

工程量＝32×27＝864(m²)

(b) 计算高度为(51－15)m＝36m：

工程量＝(26－8)×36＝648(m²)

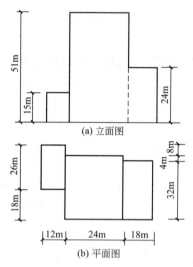

图 18.4 建筑平立面示意图

(c) 计算高度为 51m，步距在 60.5m 内时：

工程量＝(18＋24×2＋4)×51＝3570(m²)

中间建筑外墙脚手架合计：864＋648＋3570＝5082(m²)

外墙综合脚手架工程量小计：

步距在 20.5m 内时工程量为 870m²，套用定额 A22－3。

步距在 30.5m 内时工程量为 1632m²，套用定额 A22－4。

步距在 60.5m 内时工程量合计 5080m²，套用定额 A22－7。

18.2 单排脚手架

1. 单排脚手架的概念及内容

单排脚手架是指为完成外墙局部的个别部位和个别构件、构筑物的施工（砌筑、混凝土墙浇捣、柱浇捣、装修等）及安全所搭设的脚手架。墙外边只有一排立杆，小横杆的一端与大横杆相连，另一端搁在墙上。

图 18.5 所示为单排脚手架的构造形式。

2. 单排脚手架工程量计算规则

单排脚手架的工程量是将定额允许计算的结构及部位按其围护垂直投影面积计算,不扣除门、窗、洞口的空洞面积。

(1) 多层建筑物中下层有缩入的,缩入部分按围护面垂直投影面积套相应高度的单排脚手架计算。

(2) 围墙脚手架按设计外地坪至围墙顶的高度乘以围墙长度以面积计算,套相应高度的单排脚手架,围墙双面抹灰者增加一面单排脚手架。

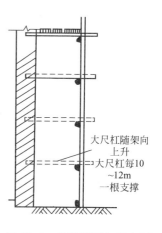

图 18.5 单排脚手架示意图

(3) 砌筑石墙的高度在 1.2m 以上时,按砌筑石墙长度乘以高度计算一面综合脚手架;墙厚在 40cm 以上时,按一面综合脚手架、一面单排脚手架计算。

(4) 吊装系梁、吊车梁、柱间支撑、屋架等(未能搭外脚手架时)搭设的临时柱架和工作台按柱(大截面)身周长加 3.6m 后乘以高,套单排脚手架计算。

(5) 建筑面积计算范围外的独立柱,柱高超过 1.2m 时,按柱身周长加 3.6m 后乘以高度,套单排脚手架计算,已综合考虑在外轴线上的附墙柱的脚手架。

(6) 大型设备的基础高度超过 2m 时,按其外形周长乘以基础高度以面积计算单排脚手架。

(7) 各种类型的预制钢筋混凝土及钢结构屋架,如跨度在 8m 以上,吊装时按屋架外围面积计算脚手架工程量,套 10m 以内单排脚手架乘以系数 2 计算。

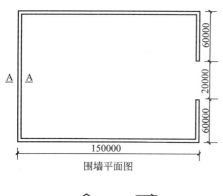

围墙平面图

(8) 凿桩头的高度如超过 1.2m 时,混凝土灌注桩、预制方桩、管桩每凿 1m³ 桩头,计算单排脚手架 16m²;钻(冲)孔桩按直径乘以 4 加 3.6m 再乘以高以面积计算单排脚手架。

(9) 加层建筑物工程外墙脚手架原有建筑物部分的工程量按两个单排脚手架计算,其高度以原建筑物的外地坪至原有建筑物高度减 2.5m 计算。

3. 单排脚手架计算案例

【例 18-2】 计算如图 18.6 所示,高 3.0m,厚 240mm 的围墙砌筑脚手架工程量。

【解】 围墙脚手架按设计外地坪至围墙顶高度乘以围墙长度以面积计算,套相应高度的单排脚手架。

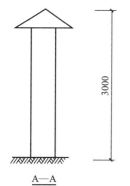

图 18.6 围墙示意图

围墙单排脚手架工程量 = [(150−0.24+140−0.24)×2−20]×3.0 = 1677.12(m²)

18.3 里脚手架

1. 里脚手架的概念及内容

里脚手架又称内墙脚手架，是沿室内面搭设的脚手架，是一种便于墙柱面装饰及天棚装饰的可搭拆架子及桥板的脚手架。

里脚手架包括外墙内面装饰脚手架、内墙砌筑及装饰用脚手架、外走廊及阳台的外墙砌筑与装饰脚手架、走廊柱及独立柱的砌筑与装饰脚手架、现捣混凝土柱及混凝土墙结构及装饰脚手架，但不包括吊装脚手架。如发生构件吊装，该部分增加的脚手架另按有关的工程量计算规则计算，套用单排脚手架。

2. 里脚手架工程量计算规则

楼层高度在 3.6m 以内时，房屋建筑里脚手架按各层建筑面积计算，层高超过 3.6m 时每增加 1.2m 按调增子目计算，不足 0.6m 不计算。在有满堂脚手架搭设的部分，里脚手架按该部分建筑面积的 50% 计算。

注意事项：没有建筑面积部分的脚手架搭设按相应子目规定分别计算。

3. 里脚手架计算案例

【例 18-3】 建筑物如图 18.7 所示，内外墙厚 240mm，轴线均与墙体中心线重合。试计算该建筑物的里脚手架工程量。

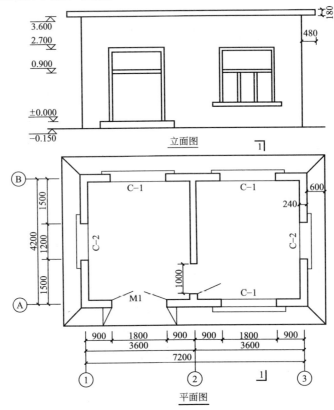

图 18.7 建筑物平立面图

【解】 该建筑物为一单层建筑物,高度为 3.6m,其里脚手架工程量即为其建筑面积。
单层建筑物里脚手架工程量=(7.2+0.24)×(4.2+0.24)=33.03(m²)

18.4 满堂脚手架

1. 满堂手架的概念及内容

满堂脚手架指为完成满堂基础和室内天棚的安装、装饰抹灰等施工而在整个工作范围内搭设的脚手架。

2. 满堂手架工程量计算规则

满堂脚手架工程量按室内净面积计算,其高度在 3.6m 至 5.2m 之间时,按满堂脚手架基本层计算,超过 5.2m 每增加 1.2m 按增加一层计算,不足 0.6m 的不计。计算式表示如下:

$$满堂脚手架增加层 = \frac{楼层高度 - 5.2m}{1.2m}$$

注意事项:楼层高度在 3.6m 以内时,天棚装饰脚手架按天棚面积计算,套活动脚手架。

3. 满堂手架计算案例

【例 18-4】 某建筑物大厅如图 18.9 所示,天棚净高为 7.64m,试计算大厅天棚装饰脚手架工程量。(所注尺寸为轴线尺寸,墙厚为 240mm。)

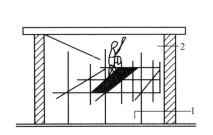

图 18.8 满堂脚手架的构造形式
1—楼地面 2—天棚面

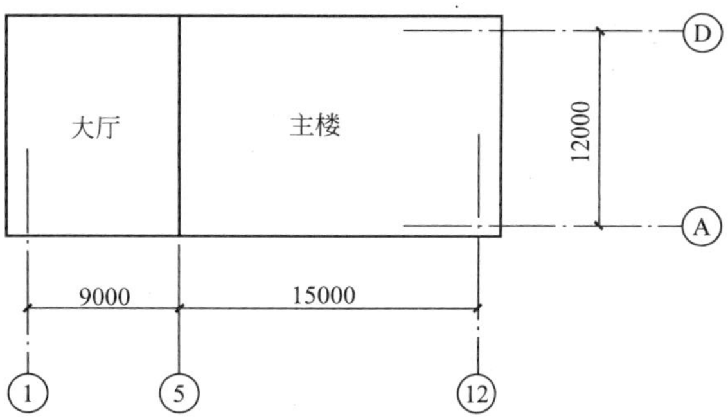

图 18.9 建筑平面图

【解】 天棚净高 7.64m,超过 3.6m 且超过 5.2m,应计算满堂脚手架的基本层和增加层。
天棚装饰满堂脚手架基本层工程量=(9-0.24)×(12-0.24)=103.02(m²)
天棚装饰满堂脚手架增加层:(7.64-5.2)/1.2=2.03,取 2 层。
增加层工程量等于室内净面积,为 103.02m²。

18.5 安全挡板

1. 安全挡板的概念及内容

安全挡板包括靠脚手架安全挡板和独立挡板。

靠脚手架安全挡板是指在多层或高层建筑施工及装饰装修时为了施工操作安全及行人交通安全,以及应立体交叉作业等的要求沿外墙脚手架搭设的安全挡板。

独立挡板也称独立安全防护挡板,是指脚手架以外单独搭设的,用于车辆通道、人行通道、临街防护和施工现场与其他危险场所隔离等的防护,分为水平防护挡板和垂直防护架。

2. 安全挡板工程量计算规则

建筑物独立安全挡板的水平挡板和垂直挡板的工程量应分别计算。水平挡板按水平投影面积计算;垂直挡板按自然地坪至最上一层横杆之间的搭设高度乘以实际搭设长度以面积计算。编制安全挡板预算时,每层安全挡板工程量按建筑物外墙的凹凸面(包括凸出阳台)的总长度加 16m 乘以宽度 2m 计算。建筑物高度在三层以内或 9m 范围内时,不计安全挡板。高度在三至六层或在 9m 至 18m 时,计算一层,以后每增加三层或高度增加 9m 时计一层。安全挡板结算时除另有约定外按实搭面积计算。

单独装饰安全挡板:包括靠脚手架安全挡板和独立安全挡板。

靠脚手架安全挡板:每层按实际搭设中心线长度乘以宽度 2m 以面积计算。

独立安全挡板:水平挡板按水平投影面积计算;垂直挡板按外地坪至最上一层横杆之间的搭设高度乘以实际搭设长度以面积计算。

18.6 其他脚手架工程量的计算

(1) 围尼龙编织布按实际搭设面积计算。
(2) 单独挂尼龙安全网按实际搭设面积计算。

18.7 脚手架工程量计算综合案例

【例 18-5】 图 18.10 所示为某建筑的平面图和立面图,其所用砖为一砖墙,天台面楼梯出口尺寸为 1.5m×1.5m。试计算该建筑物外墙砌筑综合脚手架、里脚手架以及天棚装饰用满堂脚手架的工程量(各脚手架均用钢管脚手架),并用清单计价法进行脚手架措施项目费的报价。(已知图示尺寸界线均与墙体中心线重合。)

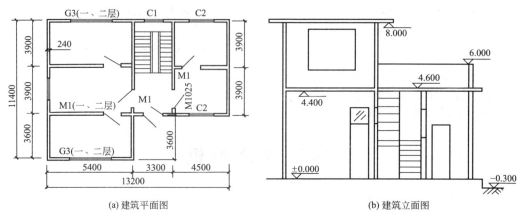

(a) 建筑平面图　　(b) 建筑立面图

图 18.10　某建筑平面、立面示意图

【解】 本例为建筑工程脚手架，包括的内容有：外墙综合脚手架、满堂脚手架、里脚手架。其中：综合脚手架按搭设高度对应的建筑工程综合定额子目是 A21-2，其计量单位为 100m²；满堂脚手架按搭设高度对应的综合定额子目是 A21-2，计量单位为 100m²；里脚手架按其搭设部位对应的综合定额子目是 A21-2，其计量单位为 100m²。根据《建设工程工程量清单计价规范》（GB 50500—2008）的规定，措施项目清单计价可以计算工程量的措施项目，应按分部分项工程量清单的方式采用综合单价计价。所以，投标企业在进行报价时可先按建筑与装饰工程综合定额计算规则计算相应工程量，并进行综合单价分析，再计算措施项目费。

1. 计价工程量

1) 外墙综合脚手架

如图 18.10 所示，该建筑物高跨的套价高度为 8.0+0.3=8.3(m)，套价步距在 12.5m 以内；而低跨的套价高度为 6.0+0.3=6.3(m)，套价步距也在 12.5m 以内，由于套价步距相同，高、低跨的脚手架工程量可合并计算。

$$S_{综}=[(5.4+0.24)\times 2+(11.4+0.24)+3.6]\times(8.3+0.3)+(3.9\times 2+0.24)\times(8.3-4.6)+[(3.3+4.5)\times 2+(3.9\times 2+0.24)]\times(6.0+0.3)=403.30(m^2)$$

2) 满堂脚手架

该建筑物首层层高 4.5m<5.2m，超过 3.6m，应需计满堂脚手架基本层。第二层层高为 (8.2−4.6)=3.6m，故不计满堂脚手架。所以，

$$S_{满}=(5.4-0.24)\times(11.4-0.24\times 3)+(4.5-0.24)\times(3.9\times 2-0.24\times 2)+(3.3-0.24)\times(3.9\times 2-0.24)-1.5\times 1.5=107.18(m^2)$$

3) 里脚手架

楼层高度在 3.6m 以内时，房屋建筑里脚手架按各层建筑面积计算，层高超过 3.6m 时，每增加 1.2m 按调增子目计算，不足 0.6m 不计算。在有满堂脚手架搭设的部分，里脚手架按该部分建筑面积的 50% 计算。

该建筑物首层层高 4.6m，工程量为：

$$(5.4+0.24)\times(11.4+0.24)+(3.3+4.5)\times(3.9\times 2+0.24)=128.36(m^2)$$

增加层系数=(4.6−3.6)/1.2=0.83，计为一层

由于首层已计满堂脚手架，故里脚手架工程量只计 50%。即：

$$首层里脚手架工程量=128.36\times 50\%=64.18(m^2)$$

二层层高 3.6m，只计里脚手架基本层。

$$工程量=(5.4+0.24)\times(11.4+0.24)=65.65(m^2)$$

2. 措施项目单价分析

（1）外墙综合脚手架：套价高度为 8.8m，套价步距在 12.5m 以内时，子目为 A22-2，工程量为 403.30m²。

（2）满堂脚手架：基本层子目为 A22-26，工程量为 109.43m²。

（3）里脚手架：基本层子目为 A22-28，工程量为 (62.31+65.65)=127.96m²；增加层子目为 A22-29，工程量为 62.31m²。

利润按人工费的 18% 计算，管理费按一类地区考虑，其余费用按《广东省建筑与装饰工程综合定额》（2010）考虑。

综合单价分析结果见表 18-1～表 18-4。

表 18-1 综合单价分析表

项目编码	粤 011001001001	项目名称	综合钢脚手架	计量单位	m²
综合单价分析					

定额编号	子目名称	定额单位	工程数量	单价/元				合价/元			
				人工费	材料费	机械费	管理费和利润	人工费	材料费	机械费	管理费和利润
A22-2	建筑工程综合钢脚手架高度在12.5m以内	100m²	0.010	596.19	964.52	112.04	216.52	5.96	9.65	1.12	2.17
人工单价			小计				5.96	9.65	1.12	2.16
综合工日 51 元/工日			未计价材料费						0.00		
综合单价/元										18.89		

材料费明细	主要材料名称、规格、型号	单位	数量	单价/元	合价/元
	镀锌低碳钢丝(ϕ0.7～1.2)	kg	0.005	4.76	0.02
	镀锌低碳钢丝(ϕ1.5～2.5)	kg	0.009	4.88	0.04
	膨胀螺栓(M6×80 镀锌连母)	10个	0.002	3.13	0.01
	杉原木(综合)	m³	0.000	757.12	0.23
	定型板(1000mm×500mm×15mm)	件	0.131	7.30	0.95
	松杂直边板	m³	0.001	1232.31	0.62
	酚醛红丹防锈漆	kg	0.093	18.00	1.67
	松节油	kg	0.029	7.00	0.20
	脚手架钢管底座	个	0.022	4.40	0.10
	脚手架钢管(ϕ51×3.5)	m	0.194	17.77	3.44
	脚手架活动扣(含螺钉)	套	0.098	6.06	0.59
	脚手架直角扣(含螺钉)	套	0.147	6.06	0.89
	尼龙安全网	m²	0.168	2.05	0.34
	脚手架接驳管(ϕ43×350)	支	0.037	5.71	0.21
	其他材料费				0.34
	材料费小计				9.65

表 18-2 综合单价分析表

项目编码	粤 011001003001	项目名称		满堂脚手架		计量单位				m^2
综合单价分析										
定额编号	子目名称	定额单位	工程数量	单价/元				合价/元		
				人工费	材料费	机械费	管理费和利润	人工费	材料费	机械费	管理费和利润
A22-26	建筑工程满堂脚手架（钢管）基本层高3.6m	100m^2	0.010	350.88	247.37	18.67	120.14	3.51	2.47	0.19	1.20
人工单价				小计				3.51	2.47	0.19	1.20
综合工日 51 元/工日				未计价材料费				0.00			
综合单价/元								7.37			

	主要材料名称、规格、型号	单位	数量	单价/元	合价/元
材料费明细	镀锌低碳钢丝(ϕ0.7~1.2)	kg	0.011	4.76	0.05
	圆钉(50~75)	kg	0.019	4.36	0.08
	松杂板枋材	m^3	0.000	1313.52	0.13
	松杂直边板	m^3	0.001	1232.31	0.74
	酚醛红丹防锈漆	kg	0.006	18.00	0.11
	松节油	kg	0.001	7.00	0.00
	脚手架钢管底座	个	0.001	4.40	0.01
	脚手架钢管(ϕ51×3.5)	m	0.070	17.77	1.25
	脚手架活动扣(含螺钉)	套	0.003	6.06	0.02
	脚手架直角扣(含螺钉)	套	0.010	6.06	0.06
	脚手架接驳管(ϕ43×350)	支	0.002	5.71	0.01
	其他材料费				
	材料费小计				2.47

表 18-3 综合单价分析表

项目编码	粤 011001004001		项目名称		里脚手架		计量单位			m²
综合单价分析										
定额编号	子目名称	定额单位	工程数量	单价/元				合价/元			
				人工费	材料费	机械费	管理费和利润	人工费	材料费	机械费	管理费和利润
A22-28 换	建筑工程里脚手架（钢管）民用建筑基本层高3.6m（实际值为4.6m）	100m²	0.010	433.50	154.00	37.35	150.63	4.34	1.54	0.37	1.51
人工单价				小计				4.34	1.54	0.37	1.51
综合工日 51 元/工日				未计价材料费				0.00			
综合单价/元								7.76			
材料费明细	主要材料名称、规格、型号						单位	数量	单价/元	合价/元	
	镀锌低碳钢丝(ϕ0.7~1.2)						kg	0.002	4.76	0.01	
	圆钉(50~75)						kg	0.099	4.36	0.43	
	松杂直边板						m³	0.001	1232.31	0.62	
	酚醛红丹防锈漆						kg	0.005	18.00	0.09	
	松节油						kg	0.002	7.00	0.01	
	脚手架钢管(ϕ51×3.5)						m	0.015	17.77	0.27	
	脚手架直角扣(含螺钉)						套	0.012	6.06	0.07	
	脚手架接驳管(ϕ43×350)						支	0.001	5.71	0.00	
	其他材料费										
	材料费小计									1.49	

表 18-4 综合单价分析表

项目编码	粤011001004002		项目名称		里脚手架		计量单位			m^2
综合单价分析										
定额编号	子目名称	定额单位	工程数量	单价/元				合价/元			
				人工费	材料费	机械费	管理费和利润	人工费	材料费	机械费	管理费和利润
A22-28	建筑工程里脚手架（钢管）民用建筑基本层高 3.6m	100m²	0.010	325.89	111.64	26.14	112.94	3.26	1.12	0.26	1.13
人工单价				小计				3.26	1.12	0.26	1.13
综合工日 51 元/工日				未计价材料费				0.00			
			综合单价/元				5.77				
材料费明细			主要材料名称、规格、型号				单位	数量	单价/元	合价/元	
			镀锌低碳钢丝(ϕ0.7~1.2)				kg	0.001	4.76	0.01	
			圆钉(50~75)				kg	0.072	4.36	0.31	
			松杂直边板				m³	0.000	1232.31	0.49	
			酚醛红丹防锈漆				kg	0.004	18.00	0.06	
			松节油				kg	0.001	7.00	0.01	
			脚手架钢管(ϕ51×3.5)				m	0.011	17.77	0.19	
			脚手架直角扣(含螺丝)				套	0.008	6.06	0.05	
			脚手架接驳管(ϕ43×350)				支	0.000	5.71	0.00	
			其他材料费								
			材料费小计							1.13	

3. 计算措施项目费

措施项目费计算见表 18-5。

表 18-5 措施项目计价表

工程名称： 第1页

序号	项目编码	项目名称	项目特征描述	计量单位	工程数量	金额/元	
						综合单价	合价
		脚手架工程费用		元			9301.68
1	粤011001001001	综合钢脚手架	高度8.5m	m²	403.30	18.89	7618.34

(续)

序号	项目编码	项目名称	项目特征描述	计量单位	工程数量	金额/元	
						综合单价	合价
2	粤011001003001	满堂脚手架	高度为4.6m	m^2	109.43	7.37	806.50
3	粤011001004001	里脚手架	楼层高度为4.6m	m^2	64.18	7.76	498.04
4	粤011001004002	里脚手架	楼层高度为3.6m	m^2	65.65	5.77	378.80
			本页小计				9301.68
			合计				9301.68

注：本表使用于以综合单价形式计价的措施项目。

本章小结

本章主要介绍了综合脚手架、单排脚手架、满堂脚手架、里脚手架、安全挡板等脚手架的概念及内容，以及对应工程量的计算方法。要求学生熟悉脚手架工程的施工工艺和流程，掌握综合脚手架、单排脚手架、满堂脚手架、里脚手架、安全挡板及其他脚手架工程量的计算规则及方法、定额子目的套用及综合单价的计算及分析方法。

本章习题

1. 在《广东省现行的建筑与装饰工程综合定额》(2010)中，脚手架的计算内容有下列哪些？(　　)
   A. 单排脚手架　　　　　　　　　B. 里脚手架
   C. 简单脚手架　　　　　　　　　D. 活动脚手架
2. 满堂脚手架要计算(　　)。
   A. 单层　　　　　　　　　　　　B. 双层
   C. 基本层　　　　　　　　　　　D. 增加层
3. 单独装饰脚手架工程包括(　　)。
   A. 活动脚手架　　　　　　　　　B. 里脚手架
   C. 围尼龙纺织布　　　　　　　　D. 单排脚手架
4. 下列描述正确的有(　　)。
   A. 综合脚手架工程量计算按建筑面积计算
   B. 广东省现行定额脚手架是以钢管脚手架考虑的
   C. 外墙采用钢骨架封彩钢板结构，按综合脚手架计算
   D. 毛石挡土墙计算单排脚手架
5. 综合脚手架包括(　　)。

A. 手架　　　　　　　　　　　B. 护栏
   C. 平桥　　　　　　　　　　　D. 挡脚板
6. 里脚手架包括(　　)。
   A. 内墙砌筑及装饰用脚手架　　B. 外走廊外墙装饰脚手架
   C. 独立柱的砌筑　　　　　　　D. 外墙内面装饰脚手架

部分习题参考答案

第 2 章

一、单项选择题
1. C 2. C 3. A 4. D 5. C 6. B 7. B 8. A 9. A 10. A 11. B 12. B 13. D 14. A 15. B

二、多项选择题
1. BCE 2. ABCDF 3. ABDEF 4. ABC

第 3 章

1. B 2. A 3. A 4. AB 5. D 6. C 7. D 8. C 9. D 10. D 11. B 12. D

第 4 章

二、计算题

第 1 题：

1) 清单工程量

第 1 个清单（表 1）：预制钢筋混凝土桩（方桩）：20×18＝360(m)

表 1　预制钢筋混凝土桩（方桩）工程量清单

工程名称：　　　　　　　　　　　标段：　　　　　　　　　　　第　页 共　页

序号	项目编码	项目名称	项目特征描述	计量单位	工程量	金额/元	
						综合单价	合价
1	010201001001	预制钢筋混凝土桩	现场预制方桩，桩截面为 400mm×400mm，设计桩长 18m，混凝土为 C50（40 石、现场搅拌机拌制）、场外运输 1.5km	m	360		

第 2 个清单（表 2）：接桩：20×2＝40(个)

表 2　方桩接桩工程量清单

工程名称：　　　　　　　　　　　标段：　　　　　　　　　　　第　页 共　页

序号	项目编码	项目名称	项目特征描述	计量单位	工程量	金额/元	
						综合单价	合价
1	010201002001	接桩	预制方桩接桩：钢板焊接接桩	个	40		

2) 计价工程量

第1个清单计价内容：

(1) 打桩工程量：20×18＝360(m)

(2) 预制方桩工程量：(360/100)×16.61＝59.80(m^3)

(3) 桩场外运输：0.4×0.4×18×20＝57.6(m^3)

第2个清单计价内容：接桩：20×2＝40(个)

3) 填写综合单价表

第1个清单综合单价分析表见表3

表3　预制方桩综合单价分析表

工程名称　　　　　　　　　　　　　　　　　　　　　　　　　　　　　第　页　共　页

项目编码	010201001001	项目名称	预制钢筋混凝土桩(方桩)				计量单位	m	清单工程量		360
				综合单价分析							
定额编号	定额名称	定额单位	工程数量	单价				合价			
				人工费	材料费	机械费	管理费	利润	人工费	材料费	机械费	管理费	利润
A2-6换	打预制方桩截面尺寸为400mm×400mm 桩长18m以内单位工程的工程量在500m以内	100m	3.6	714.64	98.43	1585.73	319.84	128.64	2572.70	354.35	5708.63	1151.42	463.10
A4-79换	方桩换为【C50混凝土20石(搅拌机)】	$10m^3$	5.98	610.47	3333.52	9.04	178.11	109.89	3650.61	19934.43	54.06	1065.10	657.11
A4-150+A4-151	构件体积在$1m^3$以上，面积在$5m^2$以上，长5m以上1km内实际运距为1.5km	$10m^3$	5.76	136.17	16.14	928.94	306.22	24.51	784.34	92.97	5350.69	1763.83	141.18
人工单价				小计					7007.64	20381.74	11113.36	3980.35	1261.38
综合工日51元/工日				未计价材料费									
				综合单价						121.989			

	主要材料名称、规格、型号	单位	数量	单价/元	合价/元	暂估单价/元	暂估合价/元
材料费明细	混凝土方桩400mm×400mm	m	−373.78	73.5	—		
	含量：现场预制方桩	m^3	0.17	—			
	松杂板枋材	m^3	0.14	1313.52	178.74		
	草袋片	片	26.89	4.46	119.94		
	麻袋	个	15.30	1.97	30.14		
	金属材料(摊销)	kg	13.10	3.68	48.22		
	水	m^3	64.40	2.8	180.33		
	C50混凝土20石(搅拌机)	$10m^3$	60.40	3266.68	197300.94		
	铁件(综合)	kg	12.10	5.81	70.28		
	其他材料费				—		—
	材料费小计				—		—

第2个清单综合单价分析表见表4

表4 方桩接桩综合单价分析表

工程名称：　　　　　　　　　　　　　　　　　　　　　　　　第　页　共　页

项目编码	010201002001	项目名称			接桩			计量单位	个	清单工程量	40
综合单价分析											
定额编号	定额名称	定额单位	工程数量	单价					合价			
				人工费	材料费	机械费	管理费	利润	人工费	材料费	机械费	管理费	利润
A2-29	方桩接桩电焊接桩包钢板	10个	4	244.8	1334.97	494.35	128.46	44.06	979.20	5339.88	1977.40	513.84	176.24
人工单价			小计					979.20	5339.88	1977.40	513.84	176.24
综合工日 51元/工日			未计价材料费									
综合单价										224.68			

材料费明细	主要材料名称、规格、型号	单位	数量	单价/元	合价/元	暂估单价/元	暂估合价/元
	低碳钢焊条（综合）	kg	63.56	4.9	311.444		
	热轧厚钢板6～7	t	1.088	4590	4993.92		
	钢垫板δ20	kg	4.2	4.5	18.9		
	其他材料费				—		—
	材料费小计				—		—

4）填写报价表

第1个清单报价表见表5

表5 预制钢筋混凝土桩（方桩）报价表

工程名称：　　　　　　　　　　　标段：　　　　　　　　　　　第　页　共　页

序号	项目编码	项目名称	项目特征描述	计量单位	工程量	金额/元	
						综合单价	合价
1	010201001001	预制钢筋混凝土桩	现场预制方桩，桩截面为400mm×400mm，设计桩长18m，混凝土为C50（40石、现场搅拌机拌制）、场外运输1.5km	m	360	121.512	43744.478

第2个清单报价表见表6

表6 方桩接桩工程报价表

工程名称：　　　　　　　　　标段：　　　　　　　　　第　页　共　页

序号	项目编码	项目名称	项目特征描述	计量单位	工程量	金额/元	
						综合单价	合价
1	010201002001	接桩	预制方桩接桩：钢板焊接接桩	个	40	224.68	8986.56

第2题：
1) 清单工程量
$$(0.9+3+9)\times 50 = 645(m)$$
2) 计价工程量
(1) 人工挖孔桩挖土：$V_1+V_2+V_3=28.51(m^3)$
圆柱段：$V_1=(3.14\times 1.6\times 1.6/4)\times(9+0.8)=19.69(m^3)$
变截面段：$V_2=[(3.14\times 1.6\times 1.6/4)+(3.14\times 2.4\times 2.4/4)]\times 3/3=6.53(m^3)$
球冠段：$V_3=3.14\times 0.9^2\times(1.2-0.9/3)=2.29(m^3)$
(2) 人工挖孔桩护壁：同挖土量，为$28.51(m^3)$
(3) 桩芯混凝土：$[28.51-(3.14\times 1.6\times 1.6/4)\times 0.8]\times 8.37/10=22.52(m^3)$

第5章

一、1. A　2. B　3. C　4. C　5. B　6. C　7. B

第6章

一、单选题
1. D　2. D　3. B　4. C　5. B　6. A　7. A

二、计算题
第1题：
(1) 梁：WKL1(1A)，两根：$0.2\times(0.4-0.1)\times(5+1.5-2\times 0.4)\times 2=0.68(m^3)$
WKL2及WKL3：$0.2\times(0.4-0.1)\times(3-0.2)\times 2=0.34(m^3)$
WL1，1根：$0.2\times(0.4-0.1)\times(3-0.2)=0.17(m^3)$
WL2，1根：$0.2\times(0.35-0.1)\times(3-0.2)=0.14(m^3)$
(2) 板：$(5+1.5+2\times 0.5)\times(3+0.5+0.7)\times 0.1-4\times 0.2\times 0.4\times 0.1=3.12(m^3)$
(3) 有梁板合计：$0.68+0.34+0.17+0.14+3.12=4.45(m^3)$

第2题：
梯柱：$0.2\times 0.3\times[1.88-(-0.8)]\times 2\times 2=0.64(m^3)$

第7章

第1题：

1根 KL3(1B)的计算过程见表7。

表7　1根 KL3(1B)钢筋计算汇总表

钢筋名称	规格	形状	单根长/m	根数	总长/m	总重/kg	备注
(1) 梁上部通长筋	B20	⌐‾⌐	$5+1.5+1.8-2\times0.025+[(0.5-0.025\times2)+(0.2-0.025+0.05)+1.414\times(0.5-0.025\times2)+20\times0.02]\times2=11.673$	2	23.346	576.1793	
(2) 左端支座负筋	B18	——	$1.5-0.025+0.4+(5-2\times0.4)/3=3.275$	1	3.275	65.46987	
(3) 右端支座第1排负筋	B18	——	$1.8-0.025+0.4+(5-2\times0.4)/3=3.575$	1	3.575	71.46711	
(4) 右端支座第2排负筋	B20		$(5-2\times0.4)/4+1.8\times0.75=2.4$	3	7.2	177.696	
(5) 梁左端底筋	B14		$1.5-0.025+15\times0.014=1.685$	2	3.37	40.754	
(6) 梁右端底筋	B18		$1.8-0.025+15\times0.018=2.045$	2	4.09	81.76237	
(7) 主跨底筋	B20		$2\times0.6+(5-2\times0.4)=5.4$	2	10.8	266.544	$L_{aE}=0.6$
(8) 箍筋	A8	▱	$(0.25-0.025\times2)\times2+(0.5-0.025\times2)\times2+2\times11.9\times0.008=1.490$	50+17	99.83	394.209	
加密区及悬挑端箍筋根数: 31根			$[(1.5\times0.5-005)/0.1+1]\times2+(1.5-0.05-0.025)/0.1+1+(1.8-0.05-0.025)/0.1+1=50$				
非加密区箍筋根数			$[5-(1.5\times0.5)\times2]/0.2-1=17$				

第2题：
计算过程如下：

(1) $L_{aE}=34\times25=850mm>h_c-$保护层$=625(mm)$
须弯锚：
$$h_c-\text{保护层}+15d=1000(mm)$$
上部通长筋长度=净跨长+左支座锚固+右支座锚固
$$=(7200+7200-325-325)+1000+1000=15750(mm)$$

(2) 下部通长筋长度=净跨长+左支座锚固+右支座锚固
$$=(7200+7200-325-325)+1000+1000=15750(mm)$$

(3) $L_{aE}=34\times25=850\text{mm}>h_c-$保护层$=625(\text{mm})$

须弯锚：
$$h_c-\text{保护层}+15d=1000\text{mm}$$

第一跨左支座负筋的长度（第一排）＝净跨长/3＋支座锚固
$$=(7200-325-325)/3+1000=3183(\text{mm})$$

(4) $L_{aE}=34\times25=850\text{mm}>h_c-$保护层$=625(\text{mm})$

须弯锚：
$$h_c-\text{保护层}+15d=1000(\text{mm})$$

第一跨左支座负筋的长度（第二排）＝净跨长/4＋支座锚固
$$=(7200-325-325)/4+1000=2638(\text{mm})$$

(5) 中间支座负筋的长度（第一排）＝2×max（第一跨净跨长，

第二跨净跨长）/3＋支座宽＝2×(7200－325－325)/3＋650＝5017(mm)

中间支座负筋的长度（第二排）＝2×max（第一跨净跨长，

第二跨净跨长）/4＋支座宽＝2×(7200－325－325)/4＋650＝3925(mm)

(6) $L_{aE}=34\times25=850\text{mm}>h_c-$保护层$=625(\text{mm})$

须弯锚：
$$h_c-\text{保护层}+15d=1000(\text{mm})$$

第二跨右支座负筋的长度（第一排）＝净跨长/3＋支座锚固
$$=(7200-325-325)/3+1000=3183(\text{mm})$$

(7) $L_{aE}=34\times25=850\text{mm}>h_c-$保护层$=625(\text{mm})$

须弯锚：
$$h_c-\text{保护层}+15d=1000(\text{mm})$$

第二跨右支座负筋的长度（第二排）＝净跨长/4＋支座锚固
$$=(7200-325-325)/4+1000=2638(\text{mm})$$

第8章

一、1. D　2. D　3. A　4. C　5. C

二、1. 答：金属构件制作安装工程量按设计图示尺寸以质量计算，不扣除孔眼（0.04m² 内）、切边、切肢的质量，焊条、铆钉、螺栓等不另增加质量，不规则或多边形钢板以其外接矩形面积乘以厚度乘以单位理论质量计算。

多边形钢板质量＝最大对角线长度×最大宽度×面密度（kg/m²）

2. 答：应套定额 A.14.2 栏杆（板）工程，因为 A.6 金属结构工程中的钢栏杆是与钢楼梯、钢平台、钢走道板配套使用的，不适用于其他工程。

按定额 A.14.2 规定，工程量计算规则：栏杆（古式栏杆除外）、栏板、扶手按设计图示尺寸以扶手中心线长度计算，不扣除立柱所占的长度，但应扣除弯头、曲跧长度。设计图有注明的，按照设计图示尺寸扣除弯头、曲跧长度；设计图没有注明的，预算按照30cm 扣除，结算按实际尺寸扣除。

3. 答：按设计图示尺寸以质量计算。不扣除孔眼、切边、切肢的质量，焊条、铆钉、螺栓等不另增加质量，不规则或多边形钢板以其外接矩形面积乘以厚度乘以单位理论质量计算,钢管柱上的节点板、加强环、内衬管、牛腿等并入钢管柱工程量内。

第9章

1. 答:泛水是指采用砂浆或其他防水材料沿女儿墙等上翻的做法,目的是增加此节点处的防水能力。如果图纸有注明,上翻高度就按设计图计算,图纸未注明的按不少于250mm 计算。天沟指屋面上引泄水的沟槽,有倾斜和水平的两种。倾斜的称为斜沟,用来汇集屋面流下的雨水,并将其引入雨水管或水斗,一般用镀锌铁皮做成,钢筋混凝土屋面的天沟(檐沟)是用钢筋混凝土做成的。檐沟:平屋面(坡度为 1‰~3‰)及檐沟、檐口、天沟的基层坡度必须符合设计要求。在与突出屋面结构的连接处及在基层的转角处,均应做成半径为 100~150mm 的圆弧或钝角。为防止由于温差及混凝土构件收缩而使防水屋面开裂,找平层应留分格缝,缝宽一般为 20mm。

2. 答:屋面的正脊又称瓦面的大脊,是指与两端山墙尖同高且在同一直线上的水平屋脊。山脊又称梢头,是指在山墙上的瓦脊或用砖砌成的山脊。斜脊是指四面坡折角处的阳脊。

3. 答:满铺即为满粘法(全粘法),铺贴防水卷材时,卷材与基层采用全部粘结的施工方法。空铺:铺贴防水卷材时,卷材与基层仅在周围一定宽度内粘结,其余部分不粘结的施工方法。条铺:铺贴防水卷材时,卷材与基层采用条状粘结的施工方法,每幅卷材与基层的粘结面不少于两条,每条宽度不小于 150mm。点铺:铺贴防水卷材时,卷材与基层采用点状粘结的施工方法,每平方米粘结点不小于 5 个点,每个点面积为 100mm×100mm。

4.

1)计算屋面防水层工程量

(1)当屋面坡度为 1:4 时,即 $B/A=1/4$ 时,可查得坡度角度 $\alpha=14°02'$,延尺系数 $C=1.0308$ 则:屋面防水层工程量 $=(72.75-0.24)×(12-0.24)×1.0308+0.25×(72.75-0.24+12-0.24)×2=921.12(m^2)$

(2)有女儿墙坡度为 3‰,因坡度很小,按平屋面计算,则:

屋面防水层工程量 $=(72.75-0.24)×(12-0.24)+0.25×(72.75-0.24+12-0.24)×2=894.86(m^2)$

(3)无女儿墙有挑檐,坡度为 3‰时,屋面防水层工程量为:

$$(72.75+0.24+0.5×2)×(12+0.24+0.5×2)=979.63(m^2)$$

2)计算找平层的面积

1:2 水泥砂浆找平,按净空面积计算其工程量:

(1)有女儿墙,屋面坡度为 1:4 时,

$$S=(72.75-0.24)×(12-0.24)×1.0308=878.98(m^2)$$

(2)有女儿墙平屋面时,

$$S=(72.75-0.24)×(12-0.24)=852.72(m^2)$$

(3)无女儿墙有挑檐,坡度为 3‰时,

$S=(72.75+0.24+0.5×2+0.2×2)×(12+0.24+0.5×2+0.2×2)=1014.68(m^2)$

第 10 章

1. AD 2. D 3. AC

第 11 章

1. 答：垫层是指混凝土垫层，砂石人工级配垫层，天然级配砂石垫层，灰土垫层，碎石、碎砖垫层，三合土垫层，炉渣垫层等材料垫层。《建设工程工程量清单计价规范》(GB 50500—2008)：清单中垫层已包括在楼地面工作内容中，不再单独列项计算，应注意的是，包括垫层的楼地面和不包括垫层的楼地面应分别计算工程量，分别编码(第五级编码)列项。《广东省建筑与装饰工程综合定额》(2010)：垫层按照设计图示尺寸以体积计算。

2. 答：其他面层包括：橡胶板楼地面、橡胶卷材楼地面、塑料板楼地面、塑料卷材楼地面、楼地面地毯、竹木地板、防静电活动板、金属复合地板。整体面层：按设计图示尺寸以面积计算，扣除凸出地面构筑物、设备基础、室内铁道、地沟等所占面积，不扣除间壁墙和 $0.3m^2$ 以内的柱、垛、附墙烟囱及孔洞所占面积。门洞、空圈、暖气包槽、壁龛的开口部分不增加面积。其他面层：按设计图示尺寸以面积计算。门洞、空圈、暖气包槽、壁龛的开口部分并入相应的工程量内。

3. 答：台阶面层与平台面层是同一种材料时，平台计算面层后，台阶不再计算最上一层踏步面积；如台阶计算最上一层踏步(加 30cm)，平台面层中心须扣除该面积。相同材质的台阶平台面层可以与地面面层合并。

4. 答：压线条是指地毯、橡胶板、橡胶卷材铺设的压线条，如铝合金、不锈钢、铜压线条等；嵌条材料是用于水磨石的分格、作图案等的嵌条，如玻璃嵌条、铜嵌条、铝合金嵌条、不锈钢嵌条等。

5. 解：木地板工程量 $= 30 \times 50 + 1.5 \times 0.12 \times 2 = 150.36(m^2)$

6. 解：块料楼地面工程量＝主墙间净长度×主墙间净宽度－每个 $0.3m^2$ 以上柱所占面积，块料楼地面工程量 $= 40 \times 30 - 0.6 \times 0.6 \times 6 = 1197.84(m^2)$

7. 解：台阶面层工程量 $= (5.4 \times 0.3 \times 3 + 2.4 \times 0.3 \times 3 \times 2) = 9.18(m^2)$

8. 解：金属复合地板的工程量 $= [(6-0.24) \times (4.5-0.24) \times 2 + (3.6-0.24) \times (3-0.24) + 3.6 \times (3-0.24) + (3.6+4.2-0.24) \times (3.0-0.24) + (4.2-0.24) \times (3+3-0.24) + 5.4 \times (3-0.24) + (5.4-0.24) \times (6-0.24) + 0.24 \times 1 \times 6] = 49.075 + 9.274 + 9.936 + 20.866 + 22.81 + 14.904 + 29.722 + 1.44 = 158.027(m^2)$

第 12 章

一、1. B 2. B 3. D 4. D 5. C 6. D 7. A 8. B 9. A 10. A

二、1. ABCE 2. ABE 3. ABDE

三、1. √ 2. √ 3. × 4. √ 5. × 6. √ 7. × 8. ×

第 13 章

1. ABD 2. A 3. C 4. B 5. A

第 14 章

一、1. C 2. A 3. A 4. A 5. D 6. D
二、1. ABD 2. ABCD 3. ABCDE

第 15 章

1. D 2. A 3. D

第 17 章

1. B 2. B 3. C 4. ABCD 5. A 6. B 7. ACD

第 18 章

1. ABD 2. CD 3. ACD 4. BC 5. ABCD 6. ABCD

参 考 文 献

[1] 广东省住房和城乡建设厅. 广东省建筑与装饰工程综合定额［S］. 北京：中国计划出版社，2010.
[2] 广东省住房和城乡建设厅. 广东省建设工程计价通则［S］. 北京：中国计划出版社，2010.
[3] 广东省建设工程造价管理总站. 建设工程计价应用［M］. 北京：中国计划出版社，2006.
[4] 王朝霞. 建筑工程计量与计价［M］. 北京：机械工业出版社，2006.
[5] 中国建筑标准设计研究院. 国家建筑标准设计图集（03G101－1、04G101－3、04G101－4、06G101－6、08G101－11、09G901－2、09G901－3、09G901－5）［S］.
[6] 蔡红新，贺朝晖. 建筑工程计量与计价［M］. 北京：机械工业出版社，2008.

北京大学出版社高职高专土建系列规划教材

序号	书名	书号	编著者	定价	出版时间	印次	配套情况	
基础课程								
1	工程建设法律与制度	978-7-301-14158-8	唐茂华	26.00	2011.7	5	ppt/pdf	
2	建设工程法规	978-7-301-16731-1	高玉兰	30.00	2012.1	8	ppt/pdf/答案	★
3	建筑工程法规实务	978-7-301-19321-1	杨陈慧等	43.00	2012.1	2	ppt/pdf	★
4	建筑法规	978-7-301-19371-6	董伟等	39.00	2011.8	1	ppt/pdf	★
5	AutoCAD 建筑制图教程	978-7-301-14468-8	郭慧	32.00	2012.2	11	ppt/pdf/素材	★
6	AutoCAD 建筑绘图教程	978-7-301-19234-4	唐英敏等	41.00	2011.7	2	ppt/pdf	
7	建筑工程专业英语	978-7-301-15376-5	吴承霞	20.00	2012.1	5	ppt/pdf	
8	建筑工程制图与识图	978-7-301-15443-4	白丽红	25.00	2011.8	5	ppt/pdf/答案	
9	建筑制图习题集	978-7-301-15404-5	白丽红	25.00	2011.8	5	pdf	
10	建筑制图	978-7-301-15405-2	高丽荣	21.00	2012.1	5	ppt/pdf	★
11	建筑制图习题集	978-7-301-15586-8	高丽荣	21.00	2011.8	3	pdf	
12	建筑工程制图	978-7-301-12337-9	肖明和	36.00	2011.7	3	ppt/pdf/答案	
13	建筑制图与识图	978-7-301-18806-4	曹雪梅等	24.00	2011.9	2	ppt/pdf	★
14	建筑制图与识图习题册	978-7-301-18652-7	曹雪梅等	30.00	2011.9	2	pdf	
15	建筑构造与识图	978-7-301-14465-7	郑贵超等	45.00	2012.1	9	ppt/pdf	★
16	建筑构造与识图	978-7-301-20070-4	李元玲	28.00	2012.1	1	ppt/pdf	
17	建筑工程应用文写作	978-7-301-18962-7	赵立等	40.00	2011.6	1	ppt/pdf	
18	建筑工程专业英语	978-7-301-20003-2	韩薇等	24.00	2012.1	1	ppt/ pdf	★
施工类								
19	建筑工程测量	978-7-301-16727-4	赵景利	30.00	2012.1	5	ppt/pdf /答案	★
20	建筑工程测量	978-7-301-15542-4	张敬伟	30.00	2012.1	7	ppt/pdf /答案	★
21	建筑工程测量	978-7-301-19992-3	潘益民	38.00	2012.2	1	ppt/ pdf	★
22	建筑工程测量实验与实习指导	978-7-301-15548-6	张敬伟	20.00	2011.9	6	pdf/答案	
23	建筑工程测量	978-7-301-13578-5	王金玲等	26.00	2011.8	3	pdf	
24	建筑工程测量实训	978-7-301-19329-7	杨凤华	27.00	2011.8	1	pdf	★
25	建筑工程测量（含实验指导手册）	978-7-301-19364-8	石 东等	43.00	2011.10	1	ppt/pdf	★
26	建筑施工技术	978-7-301-12336-2	朱永祥等	38.00	2011.8	6	ppt/pdf	
27	建筑施工技术	978-7-301-16726-7	叶雯等	44.00	2011.7	3	ppt/pdf/素材	★
28	建筑施工技术	978-7-301-19499-7	董伟等	42.00	2011.9	1	ppt/pdf	★
29	建筑施工技术	978-7-301-19997-8	苏小梅	38.00	2012.1	1	ppt/pdf	
30	建筑工程施工技术	978-7-301-14464-0	钟汉华等	35.00	2012.1	6	ppt/pdf	
31	建筑施工技术实训	978-7-301-14477-0	周晓龙	21.00	2011.8	4	pdf	
32	房屋建筑构造	978-7-301-19883-4	李少红	26.00	2012.1	1	ppt/pdf	★
33	建筑力学	978-7-301-13584-6	石立安	35.00	2011.11	5	ppt/pdf	
34	土木工程实用力学	978-7-301-15598-1	马景善	30.00	2012.1	3	pdf/ppt	
35	土木工程力学	978-7-301-16864-6	吴明军	38.00	2011.11	2	ppt/pdf	★
36	PKPM 软件的应用	978-7-301-15215-7	王 娜	27.00	2011.11	3	pdf	
37	建筑结构	978-7-301-17086-1	徐锡权	62.00	2011.8	2	ppt/pdf/答案	★
38	建筑结构	978-7-301-19171-2	唐春平等	41.00	2011.7	1	ppt/pdf	
39	建筑力学与结构	978-7-301-15658-2	吴承霞	40.00	2012.1	8	ppt/pdf	
40	建筑材料	978-7-301-13576-1	林祖宏	35.00	2011.11	8	ppt/pdf	★
41	建筑材料与检测	978-7-301-16728-1	梅 杨等	26.00	2012.2	6	ppt/pdf	★
42	建筑材料检测试验指导	978-7-301-16729-8	王美芬等	18.00	2011.1	2	pdf	
43	建筑材料与检测	978-7-301-19261-0	王 辉	35.00	2011.8	1	ppt/pdf	
44	生态建筑材料	978-7-301-19588-8	陈剑峰等	38.00	2011.10	1	ppt/pdf	
45	建设工程监理概论	978-7-301-14283-7	徐锡权等	32.00	2011.8	5	ppt/pdf/答案	★
46	建设工程监理	978-7-301-15017-7	斯 庆	26.00	2012.1	4	ppt/pdf/答案	★
47	建设工程监理概论	978-7-301-15518-9	曾庆军等	24.00	2012.1	4	ppt/pdf	
48	工程建设监理案例分析教程	978-7-301-18984-9	刘志麟等	38.00	2011.7	1	ppt/pdf	
49	地基与基础	978-7-301-14471-8	肖明和	39.00	2011.8	6	ppt/pdf	★
50	地基与基础	978-7-301-16130-2	孙平平等	26.00	2012.1	2	ppt/pdf	
51	建筑工程质量事故分析	978-7-301-16905-6	郑文新	25.00	2012.1	3	ppt/pdf	★
52	建筑工程施工组织设计	978-7-301-18512-4	李源清	26.00	2012.1	2	ppt/pdf	★
53	建筑工程施工组织实训	978-7-301-18961-0	李源清	40.00	2012.1	2	pdf	★
54	建筑施工组织项目式教程	978-7-301-19901-5	杨红玉	44.00	2012.1	1	ppt/pdf	

序号	书名	书号	编著者	定价	出版时间	印次	配套情况	
55	建筑材料与检测试验指导	978-7-301-20045-2	王 辉	20.00	2012.1	1	ppt/pdf	★
		工 程 管 理 类						
56	建筑工程经济	978-7-301-15449-6	杨庆丰等	24.00	2012.1	8	ppt/pdf	★
57	施工企业会计	978-7-301-15614-8	辛艳红等	26.00	2011.7	3	ppt/pdf	★
58	建筑工程项目管理	978-7-301-12335-5	范红岩等	30.00	2012.1	8	ppt/pdf	★
59	建设工程项目管理	978-7-301-16730-4	王 辉	32.00	2011.6	2	ppt/pdf	★
60	建设工程项目管理	978-7-301-19335-8	冯松山等	38.00	2011.8	1	pdf	
61	建设工程招投标与合同管理	978-7-301-13581-5	宋春岩等	30.00	2012.1	10	ppt/pdf/答案/试题/教案	★
62	工程项目招投标与合同管理	978-7-301-15549-3	李洪军等	30.00	2012.2	5	ppt	★
63	工程项目招投标与合同管理	978-7-301-16732-8	杨庆丰	28.00	2012.1	4	ppt	★
64	工程招投标与合同管理实务	978-7-301-19035-7	杨甲奇等	48.00	2011.8	1	pdf	★
65	工程招投标与合同管理实务	978-7-301-19290-0	郑文新等	43.00	2011.8	1	pdf	★
66	建筑施工组织与管理	978-7-301-15359-8	翟丽旻等	32.00	2012.2	7	ppt/pdf	★
67	建筑工程安全管理	978-7-301-19455-3	宋 健等	36.00	2011.9	1	ppt/pdf	
68	建筑工程质量与安全管理	978-7-301-16070-1	周连起	35.00	2012.1	3	pdf	
69	工程造价控制	978-7-301-14466-4	斯 庆	26.00	2011.8	6	ppt/pdf	★
70	工程造价控制与管理	978-7-301-19366-2	胡新萍等	30.00	2012.1	1	ppt/pdf	
71	建筑工程造价管理	978-7-301-15517-2	李茂英等	24.00	2012.1	4	pdf	
72	建筑工程计量与计价	978-7-301-15406-9	肖明和等	39.00	2012.1	8	ppt/pdf	★
73	建筑工程计量与计价实训	978-7-301-15516-5	肖明和等	20.00	2011.7	4	pdf	
74	建筑工程计量与计价——透过案例学造价	978-7-301-16071-8	张 强	50.00	2012.1	3	pdf	
75	安装工程计量与计价	978-7-301-15652-0	冯 钢等	38.00	2012.2	6	ppt/pdf	
76	安装工程计量与计价实训	978-7-301-19336-5	景巧玲等	36.00	2011.9	1	pdf/素材	
77	建筑与装饰装修工程工程量清单	978-7-301-17331-2	翟丽旻等	25.00	2011.5	2	pdf	
78	建筑工程清单编制	978-7-301-19387-7	叶晓容	24.00	2011.8	1	ppt/pdf	★
79	建设项目评估	978-7-301-20068-1	高志云等	32.00	2012.1	1	ppt/pdf	★
		建 筑 装 饰 类						
80	中外建筑史	978-7-301-15606-3	袁新华	30.00	2012.2	6	ppt/pdf	
81	建筑室内空间历程	978-7-301-19338-9	张伟孝	53.00	2011.8	1	pdf	
82	室内设计基础	978-7-301-15613-1	李书青	32.00	2011.1	2	pdf	
83	建筑装饰构造	978-7-301-15687-2	赵志文等	27.00	2011.9	3	ppt/pdf	★
84	建筑装饰材料	978-7-301-15136-5	高军林	25.00	2011.7	2	pdf	
85	建筑装饰施工技术	978-7-301-15439-7	王 军等	30.00	2012.1	4	ppt/pdf	★
86	装饰材料与施工	978-7-301-15677-3	宋志春等	30.00	2010.8	2	ppt/pdf	★
87	设计构成	978-7-301-15504-2	戴碧锋	30.00	2009.7	1	pdf	
88	基础色彩	978-7-301-16072-5	张 军	42.00	2011.9	2	pdf	
89	建筑素描表现与创意	978-7-301-15541-7	于修国	25.00	2011.1	2	pdf	
90	3ds Max 室内设计表现方法	978-7-301-17762-4	徐海军	32.00	2010.9	1	pdf	
91	3ds Max2011室内设计案例教程（第2版）	978-7-301-15693-3	伍福军等	39.00	2011.9	1	ppt/pdf	
92	Photoshop 效果图后期制作	978-7-301-16073-2	脱忠伟等	52.00	2011.1	1	素材/pdf	★
93	建筑表现技法	978-7-301-19216-0	张 峰	32.00	2011.7	1	pdf	
94	建筑装饰设计	978-7-301-20022-3	杨丽君	36.00	2012.2	1	ppt	
		房 地 产 与 物 业 类						
95	房地产开发与经营	978-7-301-14467-1	张建中等	30.00	2011.11	4	ppt/pdf	★
96	房地产估价	978-7-301-15817-3	黄 晔等	30.00	2011.8	3	ppt/pdf	★
97	房地产估价理论与实务	978-7-301-19327-3	褚菁晶	35.00	2011.8	1	ppt/pdf	★
98	物业管理理论与实务	978-7-301-19354-9	裴艳慧	52.00	2011.9	1	pdf	
		市 政 路 桥 类						
99	市政工程计量与计价	978-7-301-14915-7	王云江	38.00	2012.1	3	pdf	
100	市政桥梁工程	978-7-301-16688-8	刘 江等	42.00	2010.7	1	ppt/pdf	
101	路基路面工程	978-7-301-19299-3	偶昌宝等	34.00	2011.8	1	ppt/pdf/素材	
102	道路工程技术	978-7-301-19363-1	刘 雨等	33.00	2011.12	1	ppt/pdf	
103	建筑给水排水工程	978-7-301-20047-6	叶巧云	38.00	2012.2	1	ppt/pdf	
		建 筑 设 备 类						
104	建筑设备基础知识与识图	978-7-301-16716-8	靳慧征	34.00	2012.1	6	ppt/pdf	★
105	建筑设备识图与施工工艺	978-7-301-19377-8	周业梅	38.00	2011.8	1	ppt/pdf	★
106	建筑施工机械	978-7-301-19365-5	吴志强	30.00	2011.10	1	pdf/ppt	★

请登录 www.pup6.cn 免费下载本系列教材的电子书(PDF 版)、电子课件和相关教学资源。
欢迎免费索取样书，并欢迎到北京大学出版社来出版您的大作，可在 www.pup6.cn 在线申请样书和进行选题登记，也可下载相关表格填写后发到我们的邮箱，我们将及时与您取得联系并做好全方位的服务。
联系方式：010-62750667，yangxinglu@126.com，linzhangbo@126.com，欢迎来电来信咨询。